Radio

UNA AVENTURA PRÁCTICA EN EL UNIVERSO OCULTO DE LAS ONDAS DE RADIO

Fredrik Jansson

Primera edición original publicada en inglés por Make: con el título *Radio*, ISBN 978-1-68045-677-6 © 2024 Fredrik Jansson. *This translation is published and sold by permission of O'Reilly Media, Inc., which owns or controls all rights to publish and sell the same.*

Título de la edición en español: *Radio*
Primera edición en español, 2025

© 2025 MARCOMBO, S.L. www.marcombo.com
Gran Via de les Corts Catalanes 594, 08007 Barcelona
Contacto: info@marcombo.com

Ilustrador: Charles Platt
Traducción: Sonia Llena
Corrección: Héctor Tarancón
Diseñador: SeeSullivan
Directora de producción: M.ª Rosa Castillo

ISBN: 978-84-267-3915-5
D.L.: B 22112-2024

Impreso en Servicepoint
Printed in Spain

Libro ecológico
Impreso con papel procedente de bosques gestionados de manera eficiente, libre de cloro

CONTENIDO

Experimento 1

Experimento 2

Experimento 3

Experimento 4

Experimento 5

Experimento 6

Experimento 7

Experimento 8

Experimento 9

Experimento 10

PRÓLOGO DE **CHARLES PLATT**

EL MISTERIO Y LA MAGIA DE LA RADIO

Las ondas de radio nos rodean, ya que transmiten una fantástica variedad de datos en miles de frecuencias diferentes. Cada vez que un componente de un dispositivo electrónico se comunica mediante radiaciones electromagnéticas se crea una forma de radio:

- Tu teléfono móvil emite una señal de radio mientras hablas.
- Los equipos de emergencia intercambian mensajes de radio mediante walkie-talkies.
- Un router Ethernet que se conecta por wi-fi con el ordenador es una forma de radio.
- Bluetooth es un enlace de radio entre dispositivos como un teléfono y unos auriculares inalámbricos.
- Cuando abres la puerta del garaje desde el coche pulsando el botón de una cajita de plástico, esa caja contiene un radiotransmisor.
- Si cuentas con una antena parabólica, estás recibiendo transmisiones de radio de un satélite que probablemente se encuentra a más de 35 400 km de distancia.
- Los satélites de baja órbita, como la red Starlink, interactúan con las antenas terrestres mediante ondas de radio.

De alguna manera, las ondas de radio transportan energía de un transmisor a un receptor. Lo damos por sentado, pero hay algo misterioso en la información que viaja por el aire sin necesidad de electrones que la transporten.

Este libro te ayudará a comprender este fenómeno mientras construyes tus propios transmisores y receptores con unos cuantos componentes asequibles. Aprenderás cómo se añade audio a una onda portadora, que una radio FM codifica sus señales de una forma muy distinta a una radio AM, y

F-1 *Mensajeros de Western Union antes de que se inventara el teléfono.*

cómo se puede utilizar un microcontrolador para transmitir por radio y, al mismo tiempo, mostrar la información sobre las señales que recibe.

Para apreciar mejor el mundo moderno de la radio, debemos imaginar cómo era este mundo sin ella.

ENVIAR INFORMACIÓN

En 1800, en Estados Unidos, la única forma de enviar a grandes distancias un mensaje manuscrito era escribirlo y mandarlo a través del Servicio Postal de los Estados Unidos. Además, allí, como no se habían inventado los vehículos de motor ni se habían construido ferrocarriles de costa a costa, las cartas que cruzaban el país se transportaban, en algunas partes del trayecto, en vehículos tirados por caballos o a caballo. Si vivías en Nueva York y querías saber cómo estaban tus parientes que se habían trasladado a California, seguramente no lo sabrías hasta un par de meses más tarde.

En la década de 1840 se desarrollaron los sistemas telegráficos, que solían utilizar un solo cable tendido a lo largo de una vía férrea, con la vía de acero completando el circuito. El cable transportaba señales eléctricas en código Morse, el sistema de pulsos cortos y largos inventado por Samuel Morse. Un telegrafista enviaba los pulsos manualmente golpeando una palanca que cerraba un par de contactos. En el extremo receptor, un electroimán tiraba de un estilete que imprimía sobre una cinta de papel. A continuación,

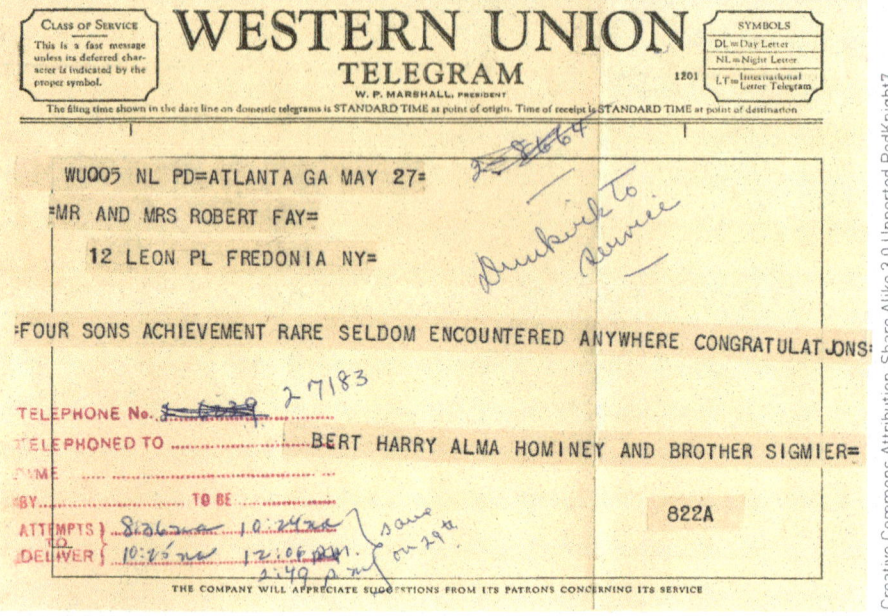

F-2 *Telegrama de Western Union (EE.UU.) con anotaciones sobre un intento de entrega. El mensaje es una felicitación por el nacimiento de un cuarto hijo. Aunque se envió en 1959, el formato se estableció décadas antes.*

un operador transcribía a mano el código al inglés y esa transcripción era entregada en forma de telegrama por un mensajero, a menudo, en bicicleta. La figura **F-1** muestra algunos mensajeros de la época.

La primera línea telegráfica transcontinental se estableció en Estados Unidos en 1861. Para entonces ya se había desarrollado el telégrafo impreso, y los telegramas evolucionaron hacia un formato que permaneció inalterado durante muchas décadas. El texto se imprimía en pequeñas cintas de papel y se pegaba sobre un trozo de papel amarillo, como el ejemplo de la figura **F-2**.

Aunque la tarea de comunicarse por telegrama nos parece ahora primitiva y laboriosa, creó una capacidad de enviar noticias importantes con rapidez que entonces parecía milagrosa.

En la década de 1880 surgió un milagro aún más impresionante: el servicio telefónico. En ese momento, podías oír la voz de otra persona a distancia si esta no era muy grande y se escuchaba con mucha atención. Los sonidos eran débiles, pues aún no se habían desarrollado los amplificadores.

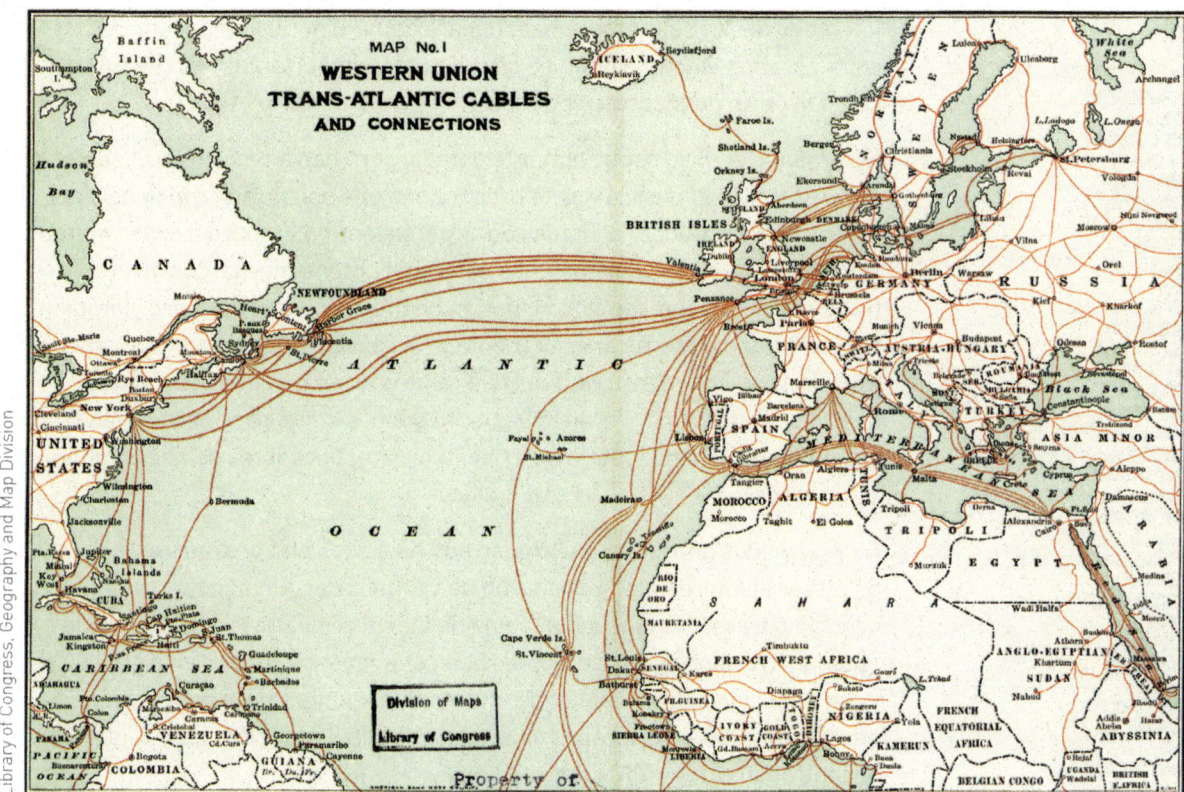

F-3 *Cables submarinos transatlánticos en 1900.*

Aún quedaba un gran obstáculo: los océanos. Se habían tendido cables telegráficos a través del Atlántico, aunque estaban limitados al código Morse, y servían a estaciones fijas en tierra (véase la figura **F-3**). Enviar un mensaje de barco a barco o de costa a costa requería hacer parpadear una lámpara de señales mientras la persona que recibía el mensaje miraba a través de un telescopio. El alcance máximo era solo de unos ocho kilómetros, ya que la curvatura de la Tierra hacía que una nave lejana quedara por debajo del horizonte. Si un almirante en tierra quería enviar nuevas órdenes a un capitán en el mar no podía.

LOS ALBORES DE LA RADIO

En 1895 Guglielmo Marconi estudiaba Física en Italia. Cuando su tutor mencionó que Heinrich Hertz había demostrado la existencia de la radiación electromagnética generando chispas eléctricas y detectándolas en el lado opuesto de una habitación, Marconi se asombró de que nadie hubiera intentado desarrollar este concepto para ganar dinero. Imaginó que la comunicación eléctrica por aire podría ser tan importante, y tan lucrativa, como el envío de mensajes por cable.

No era un científico especialmente dotado, pero había crecido en el seno de una familia adinerada que le proporcionó una sofisticada conciencia del dinero. Era emprendedor, innovador y persistente, y empezó a experimentar. Rápidamente, descubrió que unos cables de antena más largos en el transmisor y en el receptor ampliarían en gran medida el alcance. También descubrió que dicho alcance aumentaba si conectaba a tierra el transmisor y el receptor. Los mensajes que transmitía eran solo pequeñas ráfagas de ruido eléctrico, pero eran lo bastante buenos como para permitir el código Morse. Como todavía no existían los amplificadores se necesitaban auriculares.

A los veintidós años Marconi expuso sus hallazgos en Londres tratando de atraer el interés y la financiación de los militares. Un año más tarde consiguió transmitir una señal a una distancia de cuatro millas utilizando antenas transportadas por globos. Sus esfuerzos atrajeron cierta publicidad y esa publicidad atrajo capital de inversión, que utilizó para perfeccionar su equipo. En 1900, ya era capaz de enviar una señal entre dos barcos que se encontraban a unos 95 km de distancia.

Astutamente, le dio prestigio a su empresa contratando a algunos de los científicos más importantes del mundo, entre ellos Lord Kelvin, que había formulado las dos primeras leyes de la termodinámica, y John Ambrose Fleming, que más tarde inventó el primer tubo de vacío termoiónico.

El objetivo final de Marconi era enviar una señal a través del océano Atlántico entre el suroeste de Inglaterra y Massachusetts. Esta sería la prueba de concepto más importante, y se arriesgó a hacerla pública antes de tiempo.

Se erigieron unas enormes torres de transmisión, pero los fuertes vientos las destrozaron. Tras otros contratiempos, mientras el mundo esperaba a ver si Marconi podía cumplir sus predicciones, instaló antenas más sencillas para enviar una señal preestablecida a una distancia algo menor, a Terranova, donde situó una estación receptora. Durante dos días, un ayudante y él pasaron horas escuchando con auriculares para tratar de detectar chasquidos entre la estática de la radio: en dos ocasiones afirmaron haber oído la señal.

Había escepticismo entre los científicos, pues las ondas de radio, como las ondas de luz, deberían ser bloqueadas por la curvatura de la Tierra. Sin embargo, el ingeniero eléctrico A. E. Kennelly y el físico Oliver Heaviside, trabajando de forma independiente, formularon la teoría de que una capa ionizada en la atmósfera podría hacer rebotar las señales de radio alrededor de la superficie del planeta. A Marconi le gustó esa teoría, ya que validaba sus afirmaciones. La existencia de la capa de Heaviside, como se conoce ahora, no se confirmó hasta muchos años después.

Aun así, la publicidad generada por el experimento transatlántico de Marconi le permitió recaudar más dinero. Patentó todos los conceptos clave y la empresa que creó se convirtió en el principal fabricante internacional de estaciones inalámbricas. Al principio, sus equipos se utilizaban sobre todo para mensajes militares y marinos porque la gente corriente no tenía especial interés en escuchar los pitidos del código Morse. Pero un brillante ingeniero eléctrico llamado E. Howard Armstrong aportó una serie de ideas que mejoraron la calidad de la recepción radiofónica, hasta el punto de que se podía transmitir y recibir voz y música; en ese momento comenzó la verdadera revolución de la radio.

En primer lugar, Armstrong inventó el circuito regenerativo, que utilizaba una retroalimentación positiva a través de un tubo de vacío, lo que permitía a la gente escuchar la radio utilizando un altavoz en lugar de auriculares. En 1913 registró una patente describiendo el concepto y, más tarde, se le ocurrió una idea para un circuito, que denominó superheterodino, que tenía mejor selectividad y estabilidad y generaba menos ruido. En 1919 solicitó una patente para ello.

El espectro de radiofrecuencias se asignó internacionalmente en 1912, pero cualquier aficionado podía instalar un transmisor y había quien utilizaba aparatos de cristal para escuchar las ondas solo para ver qué podía captar. En 1934, el Gobierno federal de EE.UU. promulgó la Ley de Comunicaciones, por la que se concedían licencias a las empresas de telecomunicaciones para transmitir señales sin riesgo de interferirse mutuamente.

Esto permitió una nueva era de la radiodifusión. La radio ya no se limitaba a la comunicación entre dos puntos, sino que las transmisiones irradiaban desde una emisora a miles o, incluso, millones de oyentes, quienes la recibían simultáneamente. Financiada por la publicidad en Estados Unidos (y por el dinero del Gobierno en otros países), la radio llevó al salón de casa música de grandes bandas, cómicos, obras de teatro, retransmisiones deportivas, discursos políticos y locutores. Familias enteras se reunían atentamente en torno al receptor de radio para escuchar emisoras lejanas que retransmitían sus programas favoritos.

Los primeros receptores de radio se guardaban en elegantes muebles, lo que sugería la importancia y la magia asociadas a las voces y la música que viajaba por el aire. Las figuras **F-4** y **F-5** son ejemplos de ello.

La radio se convirtió en el principal medio de entretenimiento en Estados Unidos y rivalizó con los periódicos como fuente de información. Mantuvo ese estatus hasta que la televisión desencadenó otra revolución, y la era en la que millones de personas se sentaban a escuchar comedias o dramas llegó poco a poco a su fin.

Pasaron décadas antes de que la radio volviera a utilizarse para fines de corto alcance, como desbloquear el coche pulsando el botón de un mando a distancia o transmitir la música del teléfono a unos auriculares.

Este libro no solo te enseñará a captar las señales de las emisoras AM y FM —que siguen emitiendo música y voces en todo el mundo—, sino también a transmitir tus propias señales de radio. Con el tiempo, podrás adquirir tu propia licencia de onda corta si así lo deseas.

Estoy seguro de que este será un viaje apasionante.

F-4 *Un receptor de radio de sobremesa chapado en madera auténtica típico de la época.*

F-5 *En los años 30, un receptor como este podía ocupar una posición dominante en un salón.*

FUENTES

- www.elon.edu/u/imagining/time-capsule/150-years/back-1830-1860/
- www.historyofinformation.com/detail.php?entryid=580
- lemelson.mit.edu/resources/samuel-morse
- www.loc.gov/resource/g9101p.ct003867/?r=0.103,0.116,0.777,0.577,0
- *Much Ado About Almost Nothin*g,by Hans Camenzind, a history of electronics, republished in 2023 by Faraday Press
- museumsanfernandovalley.blogspot.com/2008/10/butterfield-stage-on-valleys-el-camino.html
- www.smithsonianmag.com/smithsonian-institution/brief-history-united-states-postal-service-180975627/
- som.csudh.edu/cis/471/hout/telecomhistory/
- www.telegraph-history.org/transcontinental-telegraph/
- truewestmagazine.com/an-in-depth-look-at-the-telegraph-system-in-the-old-west/

PREFACIO

De niño solía desmontar radios y dispositivos electrónicos. Allí descubría placas de circuitos con unas misteriosas cositas pegadas o, si la radio era muy antigua, tubos de electrones de cristal con diminutas estructuras metálicas en su interior. Quería saber cómo funcionaban y construir mis propios circuitos electrónicos, y esto me llevó a leer sobre electrónica en la biblioteca local.

La radio, en particular, me fascina, probablemente porque combina la física abstracta de las ondas de radio (electromagnetismo) y la electrónica. Me di cuenta de que, montando el circuito adecuado, sería capaz de generar o detectar ondas de radio, lo que significaba que podía enviar o recibir mensajes a distancia.

Sin embargo, en la práctica, esta construcción radiofónica era difícil. Consulté, sobre todo, libros de electrónica para radioaficionados sobre construcción de transmisores y receptores: el problema era que, para transmitir en frecuencias de aficionado, hacía falta una licencia. A menudo, también se necesitaban componentes que yo no podía conseguir porque estaban obsoletos o porque la tienda de electrónica local no los tenía en stock. Hoy en día, los componentes son mucho más accesibles, ya que es posible encargarlos en línea en una gran variedad de tiendas.

Mi objetivo con este libro es proporcionar experimentos de radio que se puedan construir con componentes accesibles y que estos se puedan utilizar sin licencia. He intentado que los circuitos sean sencillos (a veces a expensas de las características o el rendimiento), pues creo que se aprende más construyendo un circuito de radio sencillo que planificando uno complicado.

Al final obtuve una licencia de radioaficionado y me lo pasé muy bien también con esa parte de la radio. En el capítulo final del libro te dejo algunos consejos sobre cómo obtener una licencia, junto con otras formas de continuar con la radio como afición.

INTRODUCCIÓN

ANTES DE EMPEZAR

El propósito de esta introducción es proporcionar una orientación rápida sobre los conocimientos que necesitas tener y los componentes que se utilizarán para la parte práctica del libro. Si necesitas información más detallada sobre los componentes, las herramientas, los suministros y los conceptos básicos puedes encontrarla en los Apéndices A, B, C y D.

Espero que tengas algunas nociones básicas de electrónica, por ejemplo en los siguientes temas:

- Cómo insertar componentes en una placa de pruebas.
- Cómo hacer jumpers o puentes para tu placa de pruebas cortando cables de conexión y quitando el aislamiento de los extremos.
- Para qué sirven los resistores.
- Qué aspecto tiene un chip de circuito integrado.
- Cómo utilizar un multímetro para medir la tensión, la corriente, la resistencia y (a ser posible) la capacitancia.

Si no estás familiarizado con estos conceptos, podrás construir los circuitos de este libro siguiendo mis instrucciones. Pero tu proceso de aprendizaje será más significativo si entiendes lo que estás haciendo y, para ello, te recomiendo una guía de nivel introductorio como *Make: Electronics*, de Charles Platt.

EL PROCESO DE APRENDIZAJE

Me gusta el proceso de aprender descubriendo. Esto significa que, en lugar de que yo te diga cómo funciona todo, tú realizas los experimentos y sacas tus propias conclusiones en la medida de lo posible. La experiencia práctica de montar componentes y ver qué ocurre es la mejor manera de aprender, además de ser muy divertida. Con esto en mente, espero que construyas los circuitos de este libro utilizando los componentes que aparecen en el Apéndice A.

El Apéndice B sugiere dónde puedes encontrar estos componentes. Si prefieres no comprarlos, dispones de kits específicos desarrollados para los proyectos de este libro. Los encontrarás en ProTechTrader.com.

Todos estos circuitos pueden montarse con una o dos placas de prueba sin soldaduras. Sin embargo, si deseas conservar alguno, puede que tengas que soldar las conexiones. En este libro no puedo enseñarte a soldar, pero hay muchas guías disponibles por si quieres intentarlo.

PREPARACIÓN

Los proyectos de este libro requieren preparar de forma básica un banco de trabajo o una mesa con algunas herramientas y materiales:
- Una placa de pruebas sin soldaduras.
- Una fuente de alimentación, ya sea una pila de 9 V o un adaptador de CA con una salida de 9 V CC (para algunos proyectos es preferible una pila de 9 V o una fuente de alimentación de sobremesa bien regulada, ya que un adaptador de CA puede crear interferencias de radio).
- Cable de conexión sólido de calibre 22 en rojo, verde, amarillo y azul o negro.
- Un multímetro.
- Alicates de punta larga, cortaalambres y pelacables.
- Un juego de minidestornilladores.
- Surtido de jumpers. Puedes hacerlos tú o comprarlos ya hechos.

ESQUEMAS, DIAGRAMAS Y FOTOGRAFÍAS

En este libro encontrarás tres tipos de ilustraciones.

Las fotografías muestran el aspecto de los componentes y de un circuito acabado. Sin embargo, hay limitaciones, porque no siempre se pueden ver los valores de los componentes o unos pueden quedar parcialmente ocultos por otros. Por lo tanto, incluiré pictogramas de la placa de pruebas utilizando los símbolos que se muestran en la figura **0-1**. Ten en cuenta que los puntitos de color rosa indican la ubicación de los pines que están ocultos bajo un componente

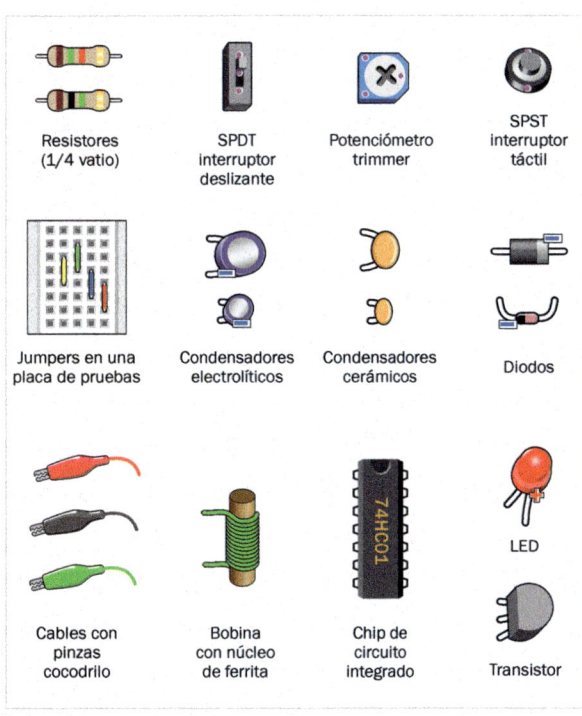

Resistores (1/4 vatio)

SPDT interruptor deslizante

Potenciómetro trimmer

SPST interruptor táctil

Jumpers en una placa de pruebas

Condensadores electrolíticos

Condensadores cerámicos

Diodos

Cables con pinzas cocodrilo

Bobina con núcleo de ferrita

Chip de circuito integrado

LED

Transistor

0-1 *Pictogramas utilizados en el libro.*

0-2 *Significado de los símbolos básicos.*

En los pictogramas, debes recordar el color para los jumpers:

- Los cables rojos se conectan a la alimentación positiva.
- Los cables azules se conectan a la masa negativa.
- Los demás cables son verdes o amarillos.

Cuando quiero explicar cómo funciona un circuito, utilizo símbolos esquemáticos como los que se muestran en la figura **0-2**.

Además, debes recordar estas reglas:

- Cuando en un circuito un cable tiene una conexión eléctrica con otro cable, siempre se conectan con un punto.
- Si un cable se cruza con otro sin un punto, no hay conexión entre ellos.

Los símbolos esquemáticos en otros libros o en Internet suelen mostrar la fuente de alimentación positiva en la parte superior y la masa negativa en la inferior, mientras que la entrada al circuito estará a la izquierda y la salida, a la derecha. Esto es realmente así cuando se trata de esquemas de receptores de radio. He optado por seguir esta convención porque es casi universal. El problema es que si construyes un circuito utilizando una placa de pruebas en su orientación vertical normal, la alimentación se suministra a lo largo de los lados de la placa, mientras que la señal suele fluir de arriba abajo. Si observas un esquema de radio e intentas convertirlo en una placa de pruebas puedes volverte loco.

Es por eso por lo que las placas de pruebas de este libro se representan en horizontal. Siempre puedes girar el libro 90 grados si deseas ver la placa en su orientación más habitual.

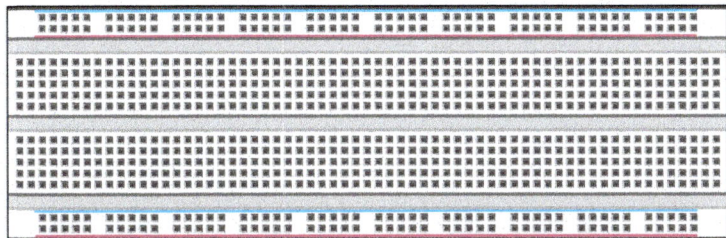

0-3 *Este tipo de placa es la que utilizaré en todo el libro.*

0-4 *Conductores ocultos dentro de una placa de pruebas que conectan los componentes que se insertan en los orificios.*

La figura **0-3** muestra el tipo estándar de placa de pruebas que utilizaré, con 830 orificios, conocidos propiamente como puntos de amarre. Los dos pares de filas de orificios delimitadas por dos líneas de colores se llaman buses, e intentaremos utilizar solo el bus superior, positivo, y el inferior, negativo, de acuerdo con nuestro plan para que la corriente convencional fluya de arriba abajo.

Algunas placas tienen una interrupción a mitad de camino en cada bus, lo que obliga a puentear esos huecos con jumpers. Estas placas son poco comunes, pero, si quieres saber si tu placa tiene buses ininterrumpidos, puedes insertar un fragmento de cable de conexión en cada extremo de un bus, ajustar el medidor para medir la continuidad y comprobar que el bus es continuo de extremo a extremo. Si no es así, añade jumpers para rellenar los huecos entre buses.

La figura **0-4** muestra la configuración de los conductores metálicos ocultos dentro de una placa de pruebas. Estos conductores conectan los puntos de amarre en cada fila y cada bus.

En cada esquema, los componentes se identificarán con abreviaturas como *R1* y *R2* (para los resistores) o *C1* y *C2* (para los condensadores) para que podamos referirnos fácilmente a los componentes. Las abreviaturas más utilizadas son las siguientes:

- *R:* resistor
- *P:* potenciómetro o trimmer
- *C:* condensador
- *IC:* chip de circuito integrado

- *Q:* transistor
- *D:* diodo (incluido el LED)
- *L:* bobina
- *S:* interruptor o pulsador
- *LS:* altavoz

En los pictogramas mostraré los valores reales de los componentes para ayudarte cuando construyas el circuito tú mismo.

SI ALGO NO FUNCIONA

Normalmente, un circuito solo funcionará si lo construyes sin cometer errores. Por desgracia, todos cometemos errores, así que tienes todos los números de que esto ocurra si no procedes de forma metódica.

Sé lo frustrante que es que los componentes no reaccionen, pero, si construyes un circuito que no funciona, enfadarte con él hará que tengas menos probabilidades de ver el fallo. La mejor manera de encontrar el problema es tener paciencia y examinar sistemáticamente cada detalle. Estos son los problemas más frecuentes:

- Has cometido un error de cableado. Esto le pasa a todo el mundo, incluso a mí. Si te alejas de la mesa de trabajo durante media hora y haces otra cosa antes de volver a echar un vistazo será más fácil que detectes el error.
- Es posible que hayas sobrecargado un componente, como un transistor o un chip, y que ya no vuelva a funcionar. Intenta tener algunos repuestos por si acaso y aprende a probar los transistores con tu multímetro.
- Puede que hayas insertado el componente equivocado. Por ejemplo, un resistor de 100 ohmios se confunde fácilmente con uno de 1 K, pues solo una de las bandas tiene un color diferente. Ganarás tiempo si te dedicas previamente a probar cada componente con el medidor antes de insertarlo en la placa.
- Puede haber una mala conexión entre un componente y la tira metálica del interior de la placa de pruebas. Prueba a mover los componentes por separado, a medir las tensiones y, si es necesario, a cambiar ligeramente la ubicación de los componentes clave en la placa.
- Es posible que hayas insertado un componente en una fila de orificios adyacente a la fila correcta. Este es un error muy común.

Si te desesperas, puedes enviarme un correo electrónico para pedirme ayuda, pero primero prueba todo lo demás y ten paciencia mientras esperas una respuesta.

A veces podré responderte el mismo día, sobre todo si me informas de un error que he cometido, pero otras puede que tengas que esperar varios días. Recuerda estos consejos:

- Adjunta fotografías de cualquier proyecto que no funcione. Debo poder ver detalles como los colores de las bandas de los resistores.
- Identifica claramente en qué proyecto has estado trabajando y a qué libro te refieres, e incluye el número de figura del esquema o la fotografía que menciones
- Describe el problema con claridad, como si le contaras al médico qué te duele para que te dé un diagnóstico.

Envía tu mensaje a fjansson@abo.fi con el asunto *HELP*.

INFORMAR DE UN ERROR

No importa cuántas veces lea el texto de este libro y compruebe las ilustraciones; siempre se me escapará algún pequeño error. Si encuentras alguno, avísame. Para ello, puedes utilizar mi dirección de correo electrónico o dirigirte a la página de erratas que tiene O'Reilly and Associates.

La ventaja de enviar un correo electrónico es que podemos hablar del problema si es necesario. La ventaja del sistema O'Reilly es que puedes leer los informes de otras personas y ver si tu problema ya ha sido resuelto. Además, después de enviar el informe al sitio web de O'Reilly, otras personas también podrán leerlo. La página de erratas del sitio web de O'Reilly para este libro se encuentra en: www.oreilly.com/catalog/errata.csp?isbn=9781680456776.

PUBLICIDAD

Si te encuentras con algún problema puedes quejarte. Una forma de hacerlo es a través de los comentarios de los lectores en Internet. Naturalmente, respeto tu derecho a expresarte, pero, si algo no te ha gustado, ponte primero en contacto conmigo para darme la oportunidad de resolver tu queja.

Sé consciente del poder que tienes como lector y, por favor, utilízalo de forma justa. Una sola crítica negativa puede tener un efecto mayor de lo que imaginas. Puede tener más peso que media docena de críticas positivas. ¡Las puntuaciones con estrellas son muy valiosas para mí!

experimento

1

ENERGÍA, A TRAVÉS DEL AIRE

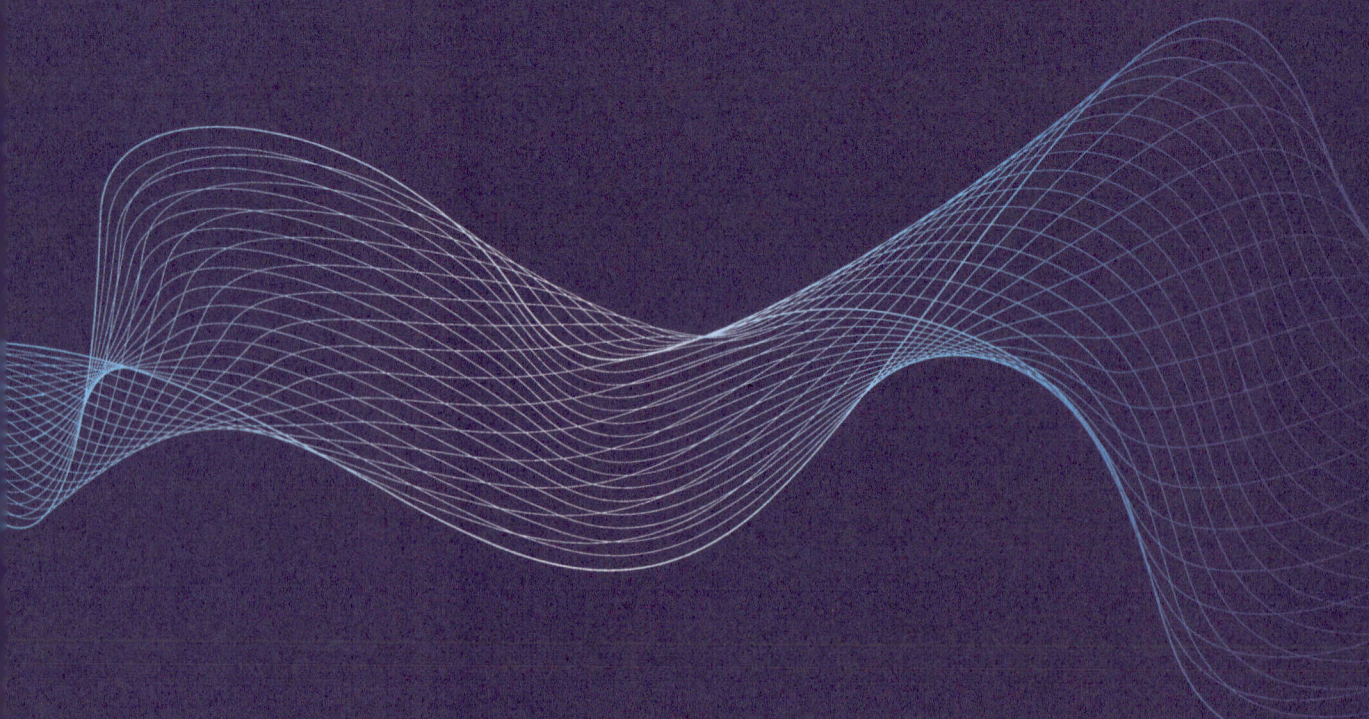

Quizás pienses que un transmisor de radio es una torre de 60 metros de altura situada en el campo o un dispositivo militar muy pesado en un vehículo de combate. Pero un transmisor no tiene por qué ser grande, complicado o caro. Para transmitir por radio puedes utilizar una docena de componentes baratos en la mesa de tu cocina.

En este primer experimento, dos chips temporizadores básicos crearán una *señal* y una *onda portadora*, que son dos de los conceptos más importantes en radio. Una vez aplicada la corriente al circuito, podrás sintonizar su transmisión incluso con la radio AM más barata, o bien podrás construir un minireceptor que solo requiere cinco componentes.

Durante el proceso, explicaré la diferencia entre frecuencia y longitud de onda. Te mostraré un condensador variable, un inductor y un diodo, y enrollarás un alambre alrededor de una barra de ferrita para crear una antena compacta y versátil.

Por el momento no realizarás ninguna transmisión de voz, pero aprenderás las ideas fundamentales que forman la base de la radio.

TODO SOBRE EL AUDIO

Los conceptos de *frecuencia* y *longitud de onda* son fundamentales en radio, así que empezaré con una demostración rápida para que todo quede claro.

Necesitarás:

- Conector a presión para la pila de 9 V o cables cocodrilo para sujetar los terminales (1).
- Pila de 9 V (1).
- Interruptor SPDT con pines separados 1/10" para insertar en la placa (1).
- Chips de circuitos integrados 7555 (2).
- Bloque de conexión de tipo europeo con 12 pares de terminales separados 8 mm o 5/16" (1).
- Cable de calibre 22 para jumpers (rojo, verde, amarillo y azul o negro; 10" de cada color).
- Cable de calibre 22 para la antena y la toma de tierra (un total de unos 12 metros, de cualquier color; puedes unir trozos pequeños, separarlos y utilizarlos más tarde).
- Cable de calibre 26 para bobina (1 m aprox.). El cobre del interior (aislamiento) debe ser sólido, no trenzado.
- Barra de ferrita, diámetro 3/8", longitud 6" (1). Puede ser más larga o un poco más corta, aunque en este caso será menos eficaz.
- Condensador variable, 200 pF, tipo 223P (1). Puede describirse como condensador de sintonización. Deberá contar con una rueda de ajuste de plástico, que deberá añadirse.
- Diodo Schottky BAT48 (1).
- Resistores: 100 ohmios (1), 330 ohmios (1), 2,2 K (2), 10 K (2).
- Potenciómetro trimmer, 500 K (1). La configuración de los pines de los trimmers puede variar y debe ajustarse a tu placa de pruebas; consulta el Apéndice A antes de realizar el pedido.
- Condensadores cerámicos: 10 pF (1), 100 pF (1), 10 nF (3), 0 .1 μF (1).
- Condensador electrolítico, 100μF (1).
- Altavoz, entre 2" y 3" de diámetro (1) . Auricular de alta impedancia; se suelen vender para radios de cristal (1). Alternativa: altavoz piezoeléctrico pasivo (1). Consulta el Apéndice A.
- Un trozo pequeño de cartulina, como una ficha.
- Cinta adhesiva transparente.
- Opcional: caja en la que montar el altavoz (1).
- Opcional: bloque de madera (1), de aprox. 4" x 4" x 2", y tornillos de cabeza plana n.º 2 de ¾" (2).
- Opcional: radio transistor portátil lo más barata posible para probar la señal (1). Debe recibir en AM en la banda de onda media. Las letras AM deben aparecer en el dial de sintonización de la radio, con números a intervalos desde 530 hasta ligeramente por debajo de 1700.

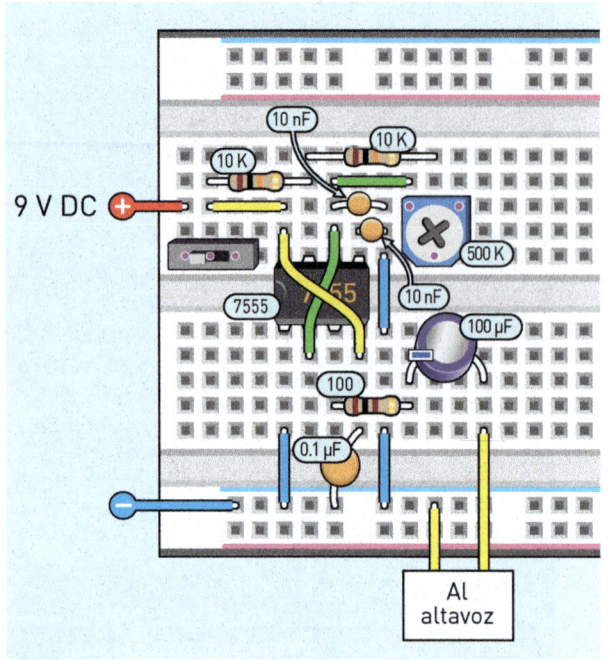

1-1 *Circuito básico para generar frecuencias de audio.*

Recuerda que en todo el libro mostraré las placas horizontalmente porque la corriente en los esquemas suele mostrarse fluyendo de arriba abajo, mientras que las señales en amplificadores y radios suelen mostrarse fluyendo de izquierda a derecha.

La figura **1-1** muestra un circuito de prueba de audio realizado alrededor de un temporizador 7555. Aunque se trata de un circuito muy común, lo utilizaremos pocas veces. Todo está bastante apretado, así que cuenta los orificios de la placa con cuidado cuando insertes los componentes (si te preguntas por qué no usamos el bus positivo de la parte superior de la placa, verás que sí lo usaremos más adelante).

La figura **1-2** muestra la versión esquemática. S1 funciona como interruptor de encendido, por lo que no ocurrirá nada hasta que lo deslices hacia la izquierda. Más adelante, verás por qué necesitamos este interruptor, cuando añadas un receptor en la misma placa. Confía en mí: ¡Ese interruptor es necesario!

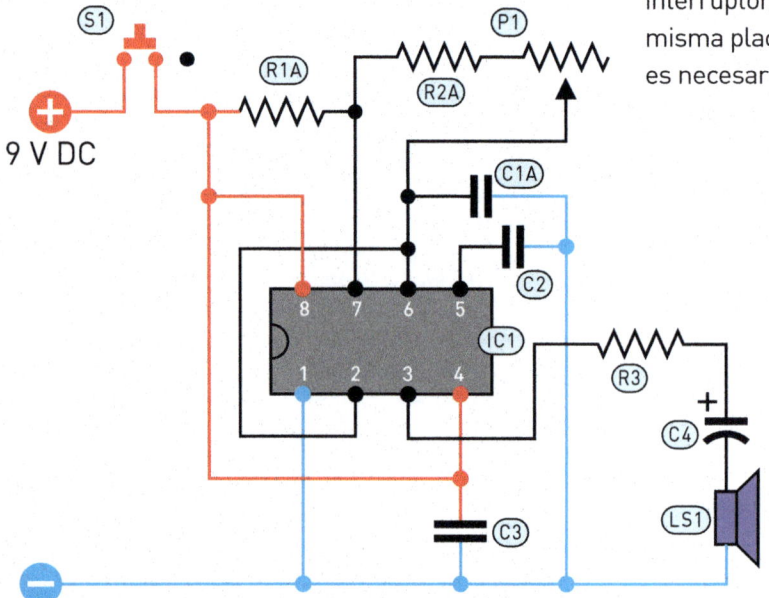

Componentes	
S1	Interruptor deslizante, SPDT
R1A	Resistor de temp., 10 K
R2A	Resistor de temp., 10 K
R3	Lim. de corriente, 100 ohmios
C1A	Cond. de temporización, 10 nF
C2	Cond. de bypass, 10 nF
C3	Cond. de bypass, 0.1 µF
C4	Bloqueo DC, 100 µF
IC1	Chip temporizador 7555
LS1	Altavoz 8 ohmios, 2" mín.

1-2 *Versión esquemática del circuito de la figura 1-1.*

El 7555 (con la etiqueta IC1 en el esquema) es una versión un poco más reciente del antiguo temporizador 555, que es el chip más utilizado y longevo jamás fabricado. El 555 original no es apropiado en este caso, porque genera una salida ruidosa y no funciona lo bastante rápido para la extensión del circuito que vamos a añadir. Las especificaciones de los chips 7555 varían ligeramente de un fabricante a otro pero, por lo que yo sé, todos los chips 7555 funcionarán en los circuitos de este experimento.

CONSEJO
El Apéndice A contiene una descripción detallada de los componentes y el Apéndice B indica dónde puedes obtenerlos. Consulta el Apéndice C si no estás totalmente familiarizado con las unidades de resistencia y capacitancia y abreviaturas como *K*, *µF*, *nF* y *pF*.

En la Figura 1-1, el objeto azul cuadrado con un círculo blanco y una cruz es un ***potenciómetro*** trimmer de 500 K, es decir, una resistencia variable que se puede ajustar girando un tornillo en la parte superior para que su resistencia varíe de 0 ohmios a 500 000 ohmios. El potenciómetro se identifica como P1 en la figura **1-2**.

Como haré referencia a algunos de los pines del temporizador 7555 por su nombre, los he resumido en la figura **1-3**. También me referiré a ellos por su número, así que recuerda que la numeración de los pines en los chips siempre va en el sentido contrario a las agujas del reloj, vistos desde arriba, empezando por la esquina superior izquierda, cuando la muesca semicircular del chip está en la parte superior.

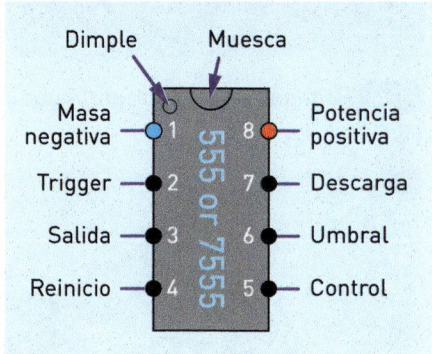

1-3 *Nombres de los pines de un chip temporizador 555 o 7555.*

En cuanto aplicas 9 V DC al circuito y este se enciende, el temporizador emite un flujo de pulsos desde el pin de salida. En el circuito, los pulsos pasan por un resistor de 100 ohmios (para limitar la corriente) y un condensador electrolítico de 100 µF (que bloquea la corriente continua) en su camino hacia el altavoz. La duración de cada pulso positivo viene determinada por tres resistores: R1A, R2A y P1. Los intervalos entre pulsos vienen determinados por R2A y P1. El tamaño del condensador C1A también determina la duración de los pulsos y los espacios entre ellos. Unos resistores de mayor valor y/o mayor capacitancia generarán pulsos y espacios más largos, por lo que el potenciómetro ajustará el flujo de dichos pulsos.

Si deseas saber cómo calcular los resultados de los valores del resistor y el condensador cuando se utiliza un chip 555 o 7555, escribe este término en un buscador en internet:

```
calculadora temporizador 555
```

1-4 *Pequeño altavoz preempaquetado en una caja de 4".*

1-5 *Altavoz de 3" montado en una caja de montaje.*

Hay muchas calculadoras disponibles en Internet, y los valores para un temporizador 555 crearán las mismas frecuencias que cuando se utiliza un temporizador 7555.

Cuando ajustes el trimmer, P1, oirás unos tonos que abarcan la mayor parte del rango de audición humana. ¿Por qué? Como el sonido suele transmitirse por radio, necesitas una fuente para realizar las pruebas. Además, saber cómo funcionan la frecuencia y la longitud de onda como partes de una señal de audio es esencial para comprender las ondas de radio.

Por cierto, algunos potenciómetros no están bien diseñados para ser utilizados en placas de pruebas. Las pequeñas clavijas tienen dobleces que pueden dificultar la inserción completa y el trimmer puede acabar saliéndose de la placa. Puedes solucionar esta situación enderezando o doblando los pines con unos alicates.

CALIDAD DEL SONIDO

Cuando escuchas el sonido de un altavoz desde tu mesa de trabajo, las ondas de presión de aire proceden tanto de la parte trasera del altavoz como de la delantera. Las ondas procedentes de la parte delantera y de la trasera tienden a anularse entre sí, por lo que las frecuencias bajas no se reproducen muy bien y se reduce la sonoridad general del altavoz.

Puedes mejorar radicalmente la calidad del sonido montando el altavoz en una caja. Algunos altavoces pequeños se venden en cajas fabricadas específicamente para este fin, como el de la figura **1-4**, que encontré en una ferretería, diseñado para utilizarse con un timbre de puerta. Pero también puedes fabricarlo tú mismo. Para ello, busca en Internet lo siguiente:

electrónica caja montaje

Puedes comprar la caja de montaje más barata en la que quepa tu altavoz. Incluso una pequeña caja de cartón mejorará notablemente la calidad del sonido. Haz unos agujeros en la tapa y monta el altavoz dentro utilizando pegamento epoxi o tuercas pernos, como se muestra en la figura **1-5**.

Tendrás que conectar los cables a los terminales del altavoz y la mejor forma de hacerlo es soldándolos, pero puedes simplemente dar unas vueltas al cable alrededor de los terminales del altavoz y utilizar unos alicates o unas pinzas de cocodrilo para fijarlos firmemente en su posición.

Si prefieres algo más bonito, puedes gastarte un poco más en una caja como la de la figura **1-6**. Creé el patrón de los orificios de un cuarto de pulgada de la tapa con un programa de dibujo y lo imprimí en papel, como en la figura **1-7**. Lo pegué debajo de la tapa y utilicé un punzón para pinchar el papel marcando así el centro de cada círculo.

La mejor manera de perforar plástico blando es con una broca Forstner, pero si solo tienes brocas normales haz primero agujeros pequeños y luego ve agrandándolos. Para ello, puedes utilizar un avellanador. Si empiezas directamente con una broca grande, es fácil que se clave en el plástico y se ensucie.

Quizás pienses que poner un altavoz en una caja no tiene nada que ver con el tema de la radio, pero muchos de los proyectos de este libro tienen una salida de audio, y sonará mucho mejor si colocas el altavoz en una caja.

1-6 *Una caja de altavoz más bonita.*

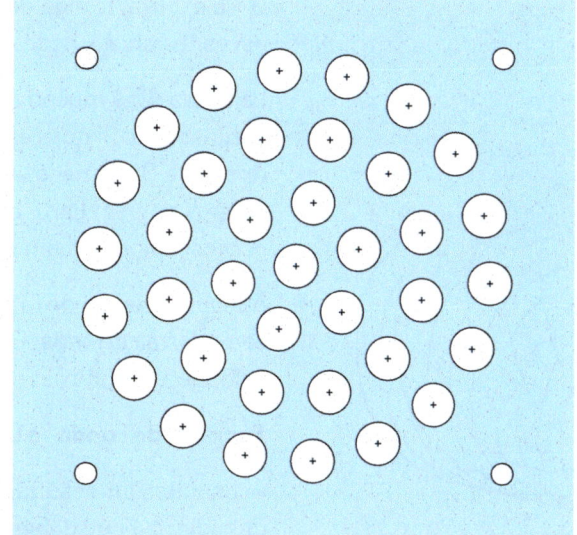

1-7 *Plantilla para perforar la tapa de una caja.*

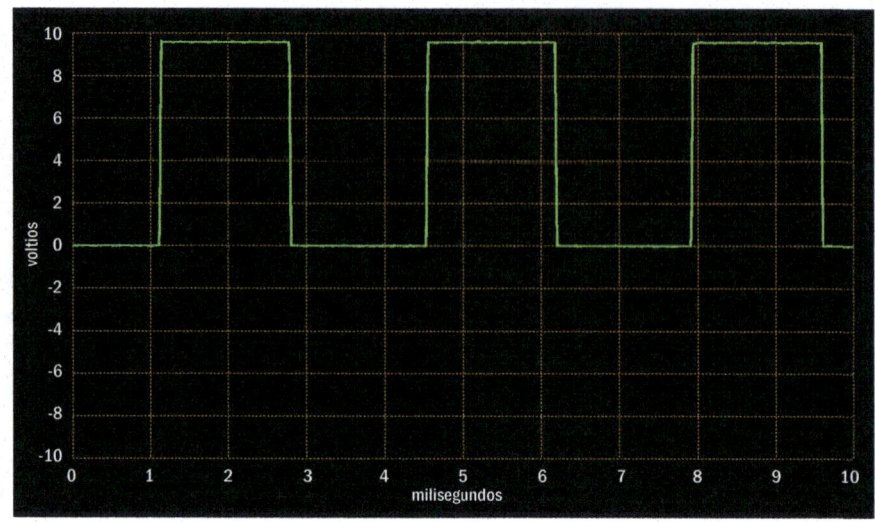

1-8 *Salida de onda cuadrada de un temporizador 7555 funcionando en modo astable.*

FRECUENCIA Y LONGITUD DE ONDA

Voy a explicarte algo de teoría sobre la salida de audio que, aunque no la necesites ahora, necesitarás más adelante.

La figura **1-8** muestra la salida real que aparece en la pantalla de un osciloscopio. Si quieres saber más sobre este componente, consulta el Apéndice D. No necesitas uno para construir y probar los circuitos que se presentan en el libro, pero te resultará extremadamente útil, y ahora hay osciloscopios casi tan baratos como los multímetros.

Aunque la salida de la figura 1-8 está formada por líneas rectas, se conoce como **forma de onda**. Esta es una onda cuadrada, pero encontrarás una selección en Internet si buscas

`formas de onda eléctricas`

y consultas los resultados como imágenes. En breve, te mostraré las ondas de radio, así que debes irte familiarizando con el concepto.

El eje de la izquierda en la figura 1-8 muestra que la salida del 7555 oscila entre exactamente 0 V y 9 V cuando se utiliza una fuente de alimentación de 9 VDC. Esta tensión se reducirá un poco al añadir una carga, como un altavoz, al pin de salida del chip. La señal del osciloscopio mostrada en la figura 1-8 se midió sin carga.

El **periodo** de la salida es una medida de **tiempo** que va desde el inicio de un pulso hasta el inicio del siguiente. En otras palabras, el periodo es la duración del pulso más la duración del intervalo entre este y el inicio del siguiente. En este ejemplo, el periodo se mide en milisegundos (ms). Un milisegundo es $\frac{1}{1000}$ de segundo.

Cuando la señal del 7555 pasa a través del altavoz, el **cono** del altavoz (también conocido como **diafragma**) vibra y convierte cada pulso en una onda de presión en el aire. Cuando una membrana del oído responde a estos pulsos, el cerebro interpreta ese estímulo como sonido.

La **frecuencia** de una señal es el número de pulsos por segundo. Se expresa en **hercios**, en honor al pionero de la electricidad Gustav Ludwig Hertz, y se abrevia como *Hz* (la *H* va en mayúscula porque hace referencia al nombre). Una frecuencia de 100 pulsos por segundo se escribe 100 Hz, mientras que 1000 pulsos por segundo son 1 **kilohercio**, escrito 1 kHz, y 1 000 000 pulsos por segundo son 1 **megahercio**, escrito 1 MHz. La *M* mayúscula significa "mega" (una *m* minúscula en el sistema métrico significa "mili", así que no debes confundirlas).

El oído humano puede captar sonidos que oscilan entre unos 20 Hz y un máximo de 20 kHz, aunque las personas mayores pueden tener dificultades para oír sonidos superiores a 10 kHz, y las personas con problemas de audición como consecuencia del ruido ambiental (o por asistir a conciertos de rock) pueden quedarse solo en los 5 kHz.

AUna onda sonora, formada por regiones alternas de alta y baja presión, viaja por el aire a aproximadamente 343 metros por segundo sobre el nivel del mar (a mayor altitud, el sonido viaja más despacio). La distancia desde el comienzo de una región de alta presión hasta el comienzo de la siguiente se denomina **longitud de onda** (recuerda que el periodo es una medida de tiempo, mientras que la longitud de onda lo es de distancia).

Si **f** es la frecuencia de un sonido, medida en Hz, **p** es el periodo en segundos, **w** es la longitud de onda en metros y **s** es la velocidad en metros por segundo, estos valores se relacionan entre sí mediante dos fórmulas sencillas:

$f = 1 / p$
$s = w * f$

(En este libro, utilizaremos el símbolo **/** como signo de división y ***** como signo de multiplicación).

En el eje de la parte inferior de la figura 1-8 se puede ver que el periodo de esta onda sonora es de unos 3,5 milisegundos, lo que equivale a 0,0035 segundos. Si utilizamos la primera fórmula, **1 / 0.0035 = 286 Hz** (aproximadamente). Esta es la frecuencia de este sonido. Si reescribes la segunda fórmula como

$$w = s \ / \ f$$

puedes ver que la longitud de onda del sonido es de **1,125 / 286**, lo que equivale a 1.2 metros aproximadamente.

LA ONDA PORTADORA

En teoría, podrías desconectar el altavoz del circuito y sustituirlo por un trozo de cable, que funcionaría como **antena transmisora**, irradiando una pequeña cantidad de energía, que podrías captar mediante otro circuito con una **antena receptora**.

En la práctica, las frecuencias más altas pueden transmitir más potencia a distancias más largas. En cualquier caso, si todas las emisoras de radio del mundo transmitieran frecuencias de audio no tendríamos forma de separarlas y escuchar solo una fuente a la vez.

La respuesta a estos dos problemas es añadir la frecuencia de audio a una frecuencia mucho más alta, conocida como **onda portadora**. Así, cada emisora de radio de su zona puede utilizar una frecuencia portadora diferente para que puedas filtrar las que no quieres oír. Si miras el dial de sintonización AM de una radio, verás números que oscilan entre 540 kHz y 1600 kHz, que son frecuencias portadoras.

Para añadir la onda sonora de audio a una onda portadora, todo lo que tienes que hacer en este experimento es conectar un segundo temporizador 7555 que funcione a una frecuencia más alta. Un dato curioso: un 7555 puede funcionar a hasta 2 MHz (que es lo mismo que 2000 kHz), por lo que es bastante capaz de transmitir una señal de radio en la banda de ondas AM, aunque normalmente nunca se utilice con ese fin.

En primer lugar, retira el altavoz del circuito que acabas de construir. También puedes quitar el resistor R3 y el condensador C4. Luego, añade el temporizador 7555 adicional, como se muestra en las figuras **1-9** y **1-10**.

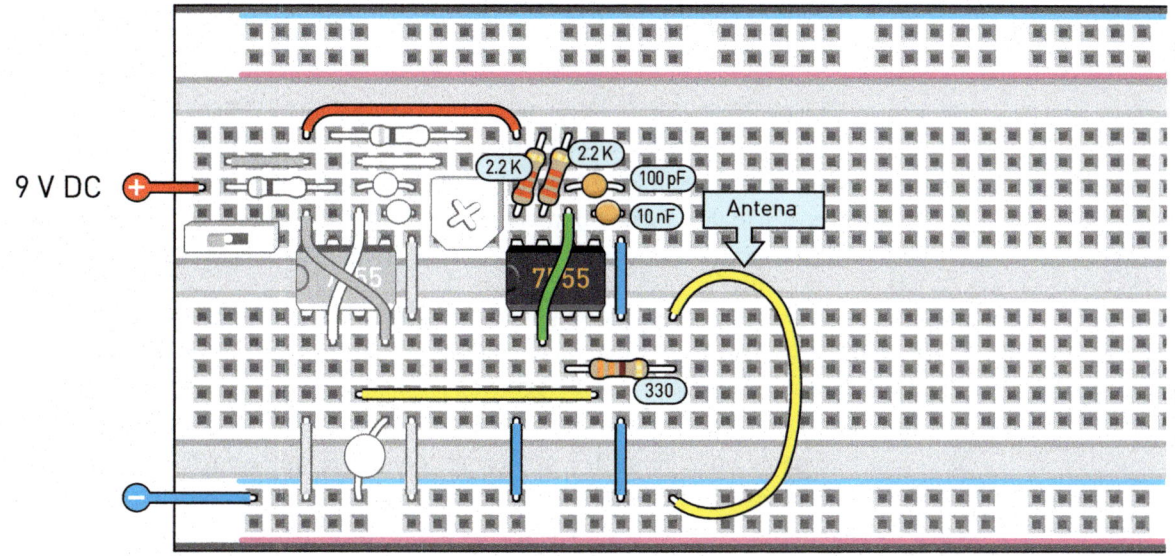

1-9 *Añade un segundo temporizador que funcione a una frecuencia de radio.*

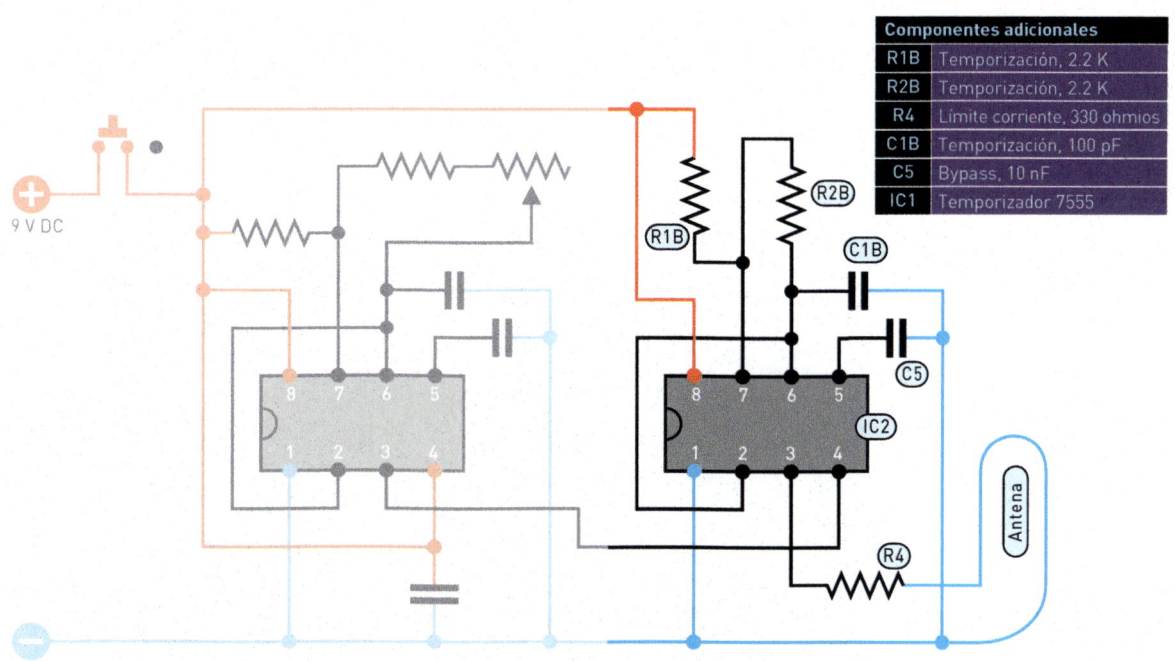

Componentes adicionales	
R1B	Temporización, 2.2 K
R2B	Temporización, 2.2 K
R4	Límite corriente, 330 ohmios
C1B	Temporización, 100 pF
C5	Bypass, 10 nF
IC1	Temporizador 7555

1-10 *Versión esquemática del circuito en placa de la figura 1-9.*

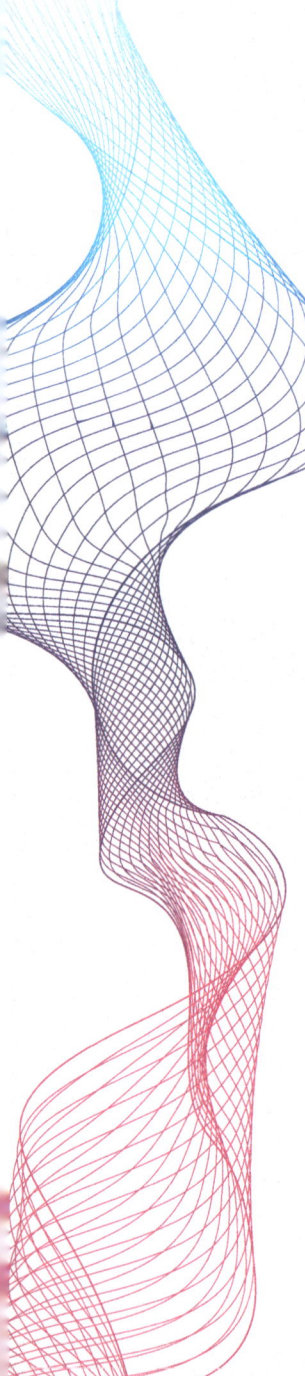

Los componentes que has colocado previamente en la placa de pruebas siguen ahí y seguirán siendo necesarios, aunque ahora mismo están en gris.

Los nuevos valores de los componentes de este circuito generarán una frecuencia portadora en torno a 800 kHz. El círculo de cable amarillo de la figura 1-9, conectado a través de un resistor de 330 ohmios con salida del IC2, es un bucle de aproximadamente 2" de diámetro que funcionará como antena transmisora. El resistor de 330 ohmios evita que el IC2 se sobrecargue.

El circuito funciona de la siguiente manera: el pin 4 del temporizador 7555 es el pin de reinicio, que pone el temporizador en espera cuando la tensión del pin es casi cero (masa negativa), pero permite que funcione al aplicar una tensión cerca de la fuente de alimentación. Observa el cable amarillo horizontal en la figura 1-9, que conecta el pin de salida del IC1 con el pin de reinicio del IC2. Esto significa que la salida del IC1 enciende y apaga el IC2. Recuerda: el IC1 funciona a una frecuencia de audio. Al IC2 no le importa encenderse y apagarse rápidamente, incluso a varios kilohercios.

Observa que el C1B, que puedes ver en la figura 1-10, es de 100 pF (son picofaradios, no nanofaradios. Ten cuidado de no confundir las *p* y las *n*).

Cuando apliques alimentación al circuito no podrás oír nada porque hemos retirado el altavoz. La antena está emitiendo una señal y enseguida te mostraré cómo hacer que se escuche.

Cuando el nuevo circuito está en marcha, el IC2 genera una onda portadora de unos 800 kHz. El IC1 lo enciende y lo apaga. En la figura **1-11**, he añadido un osciloscopio a la salida del IC2 para que puedas ver realmente cómo sucede (en realidad, habría hasta 1000 oscilaciones dentro de cada ráfaga,

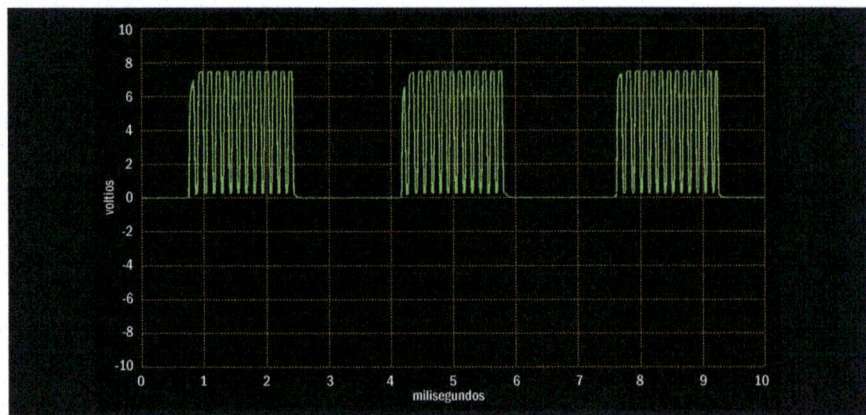

1-11 *Salida del segundo temporizador. El osciloscopio ha reducido las altas frecuencias para que las oscilaciones sean visibles individualmente.*

en lugar de la docena aproximada que se muestra en la figura 1-11. El osciloscopio reduce la muestra para que puedas ver lo que ocurre).

¿Y si no tienes osciloscopio? ¿Cómo sabrás si el IC2 está haciendo algo o no?

Si tienes una radio AM portátil, prueba a sintonizarla lentamente en todo el rango mientras la sostienes cerca de la antena amarilla de la placa de pruebas. En algún momento oirás que la radio recibe claramente la frecuencia de audio que se ha superpuesto a la onda portadora.

¡Enhorabuena! Acabas de probar un transmisor de radio. ¿Pero no sería más interesante construir un auténtico receptor?

Eso está hecho.

RECEPCIÓN LOCAL

En la actualidad, las emisoras de radio utilizan dos tipos principales de transmisión: *frecuencia modulada* (abreviada como *FM*) y *amplitud modulada* (abreviada como *AM*). Las primeras transmisiones de radio eran AM, lo que significa que la intensidad del sonido que salía de la radio era proporcional a la *amplitud*, o tensión, de la señal. Más adelante hablaré de la radio FM. Ahora vas a construir un AMR1, tu primer receptor de radio AM. Hace mucho tiempo, este tipo de radio se denominaba aparato de cristal porque utilizaba un cristal semiconductor como diodo antes de que estos estuvieran disponibles como componentes.

Para construirlo, solo necesitas cinco componentes: una bobina adecuada, un condensador adecuado, un diodo adecuado, un resistor adecuado y un auricular adecuado. En primer lugar, montarás los componentes y los utilizarás para sintonizar los temporizadores 7555 y asegurarte de que todo funciona correctamente. Luego te explicaré cómo funciona todo.

La bobina del AMR1 será un alambre largo envuelto meticulosamente alrededor de una barra de ferrita (la ferrita se muestra en la figura **1-12**.) La ferrita es una sustancia que intensifica el campo magnético creado por una bobina de alambre.

En este libro, utilizaremos para las bobinas un cable de conexión de calibre 26, y no el habitual de calibre 22, porque nos interesa que las vueltas del alambre queden muy juntas. El color del aislamiento no importa, pero asegúrate de que el cobre de su interior es sólido, no trenzado.

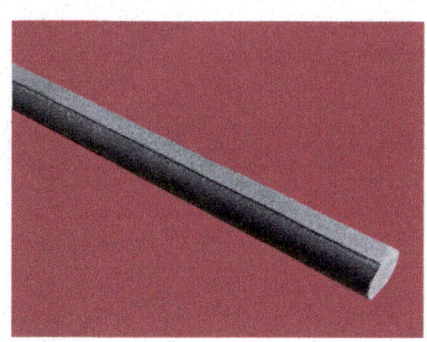

1-12 *Barra de ferrita de ⅜" de diámetro como mínimo.*

1-13 *El primer paso para crear una bobina es hacer una funda de cartón para envolver una barra de ferrita.*

1-14 *Crea un rizo en la cartulina.*

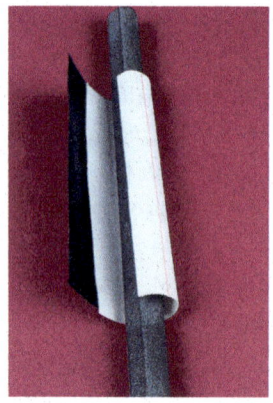

1-15 *Envuelve la barra con la cartulina.*

1-16 *La cartulina pegada alrededor de la barra, con un pequeño espacio para que se deslice.*

Te preguntarás por qué no he utilizado **alambre magneto**, el alambre de cobre con el aislamiento más fino posible. Esto podría maximizar la potencia de una bobina, pues puede estar muy apretada, pero decidí evitar el gasto extra del alambre magneto. Además te resultaría más difícil retirar su aislamiento, ya que hay que rasparlo con un cuchillo o con papel de lija fino.

Enrolla la bobina en una funda de cartulina fina que pueda deslizarse hacia arriba y hacia abajo de la varilla para poder ajustar su efecto. Puedes envolver la cartulina alrededor de la barra de ferrita en cuatro pasos:

Primero, corta un trozo de cartulina de unos 7,5 x 3,8 cm. Pega un trozo de cinta adhesiva transparente sobre uno de sus bordes largos. En la figura **1-13**, hemos utilizado cinta aislante negra para que se vea más claramente, pero la cinta transparente sujetará la cartulina con más fuerza.

A continuación, envuelve la cartulina firmemente alrededor de la barra de ferrita, del grosor de un destornillador, como en la figura **1-14**, sin dejar que la cinta se pegue. Solo estás rizando la cartulina.

Ahora, coloca la barra de ferrita dentro de la cartulina, como en la figura **1-15**. Aprieta la cartulina alrededor de la barra y deja que se afloje un poco para que se pueda mover libremente. Fíjala en su sitio con cinta adhesiva como en la figura **1-16**.

Utiliza otro trozo de cinta adhesiva para fijar el alambre a un extremo de la cartulina dejando sueltos unos 15 cm. Ahora, enrolla 40 vueltas de alambre alrededor de la cartulina. Te será más fácil si puedes sujetar un extremo de la barra en un tornillo de banco, pero no muy fuerte, pues la barra es frágil y puede romperse. Lo mejor es un tornillo de banco con mordazas de plástico.

Puede que te resulte más fácil dar 10 vueltas de alambre sin apretar, luego juntarlas y girarlas para apretarlas. A continuación, añade otras 10 vueltas y así sucesivamente. Por último, utiliza otro trocito de cinta adhesiva para fijar la bobina a la cartulina dejando 15 cm de alambre colgando en el extremo. El resultado debería ser como en la figura **1-17** si lo has hecho con cuidado.

Después, necesitarás un **condensador variable**, también conocido como **condensador de sintonización**. Si alguna vez abres una radio AM grande y antigua, encontrarás un condensador variable formado por placas rígidas de aluminio, como el ejemplo de la figura **1-18**. Un juego de placas es fijo, mientras que el otro rota al girar el botón de sintonización. Entre los conjuntos de placas puede variar desde un 0 % hasta un 100 %.

Los condensadores antiguos de este tipo aún pueden adquirirse de segunda mano en sitios como eBay. A veces se denominan **condensadores de aire** porque las placas están separadas por aire. Pueden ser caros, y es posible que el vendedor no sepa cuál es el rango de capacitancia. El que quiero que utilices, como se muestra en la figura **1-19**, es más barato y mucho más compacto.

Contiene placas flexibles muy finas separadas por finas obleas de plástico y selladas dentro de una caja de plástico. Este componente en particular está disponible en múltiples tiendas. En realidad, contiene dos condensadores en el mismo eje, con valores máximos de 140 pF y 60 pF. Su número es 223P; no pidas por error un 223F, pues tiene menor capacitancia. Conectaremos los condensadores internos en paralelo para crear una capacitancia máxima de 200 pF.

El condensador es más fácil de usar si cuenta con una rueda que encaja en el eje, la cual también se

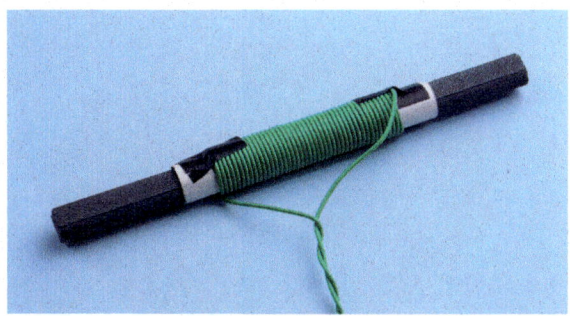

1-17 La bobina terminada.

Adobe Stock-Dmitry Syechin

1-18 Condensador variable de estilo clásico.

1-19 El condensador variable más pequeño y económico recomendado para los proyectos de este libro.

1-20 *Una rueda permite ajustar el condensador más fácilmente.*

1-21 *Trimmers en la parte inferior del condensador.*

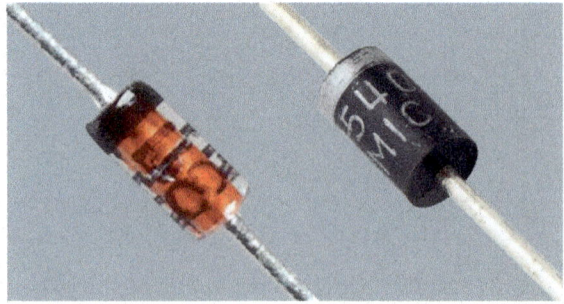

1-22 *Dos tipos de diodos, cada uno de aproximadamente medio centímetro de largo.*

vende como accesorio por separado. Fija la rueda presionándola hacia abajo y asegurándola con un tornillo, como se muestra en la figura **1-20** (las otras fotos no muestran la rueda porque impide ver las conexiones del condensador).

En la parte trasera del condensador verás cuatro pequeñas tuercas y dos tornillos. Cada tornillo está conectado con un diminuto condensador de ajuste semicircular, visible a través de la carcasa transparente del componente. Puedes verlos en la figura **1-21**. Cada trimmer se puede utilizar para ajustar el rango de sintonización. Con un destornillador pequeño de punta plana puedes ajustarlos a su mínima superposición (ver foto).

Ahora necesitarás un **diodo**, que permite el paso de la corriente en una dirección mientras la bloquea en la otra. Los **diodos de silicio** se utilizan comúnmente en electrónica, pero requieren un mínimo de 0.7 V, que el AMR1 no puede proporcionar, pues no dispone de su propia fuente de alimentación. Necesitas un **diodo Schottky** o un **diodo de germanio**, cualquiera de los dos funcionará con solo 0.3 V. En la figura **1-22** se muestran dos ejemplos (ten en cuenta que cada uno mide solo aproximadamente medio centímetro de largo). Aunque los diodos son aparentemente muy distintos, un extremo siempre está marcado con una raya, que puede ser clara u oscura, pero que siempre significa lo mismo: es el extremo desde el que fluye la corriente convencional (de positivo a negativo). En otras palabras, el diodo conduce cuando el extremo marcado del diodo es "más negativo" que el extremo no marcado.

La baja tensión del AMR1 impone otro requisito: necesitas un auricular que tenga una **impedancia alta**. Los auriculares que la gente utiliza con un reproductor de música o un teléfono son de *impedancia baja* y, en este caso, no funcionarán (el término *impedancia* se refiere a la resistencia variable que puede presentar un componente ante una corriente variable). En la lista de la compra del Apéndice A encontrarás un análisis completo sobre auriculares. Puedes optar por utilizar un **transductor piezoeléctrico pasivo** (un altavoz en miniatura) si te cuesta encontrar un auricular de impedancia alta.

El esquema del AMR1 se muestra en la figura **1-23**. Te sugiero que no montes los componentes en la placa, pues queremos demostrar que el receptor de radio funciona sin ningún tipo de alimentación desde esta. Además, nos interesa usar el condensador de sintonización, el cual tiene contactos planos que no caben en una placa de pruebas. La respuesta a estos problemas es un **bloque de terminales** de tipo europeo, como el que se muestra en la figura **1-24**.

Cuenta con tres pares de terminales, cada uno de ellos equipado con un par de tornillos (uno por terminal) que puedes apretar con un minidestornillador. En la foto, solo como muestra, el cable blanco se conecta a través del bloque al cable negro, mientras que el cable amarillo se conecta a través del bloque al cable rojo. El bloque mantiene cada par de cables aislado del otro.

Para nuestros proyectos, al final, necesitaremos doce pares de conexiones. Afortunadamente, existen bloques de este tamaño, diseñados para ser cortados en trozos con una navaja multiusos, como en la figura **1-25**. Tendrás que cortar el bloque en tres partes: una con tres pares de terminales, otra con cuatro y otra con cinco, como puedes ver en la figura **1-26**.

En este experimento utilizaremos el segmento de cinco terminales, pero guarda los otros para usarlos en otros experimentos.

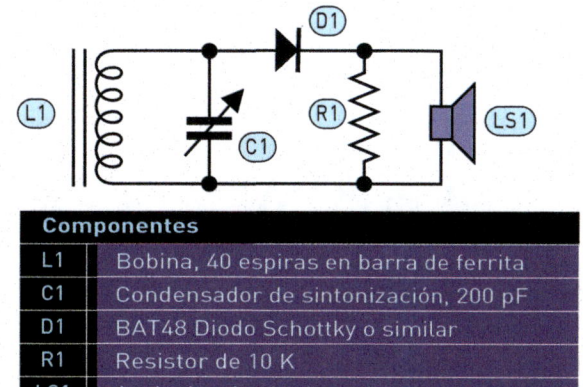

Componentes	
L1	Bobina, 40 espiras en barra de ferrita
C1	Condensador de sintonización, 200 pF
D1	BAT48 Diodo Schottky o similar
R1	Resistor de 10 K
LS1	Auricular de alta impedancia

1-23 *Esquema del receptor ultrasimple AMR1.*

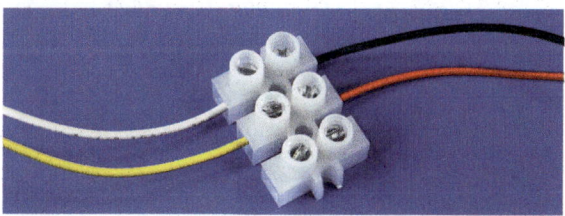

1-24 *Como muestra, este bloque de terminales está conectando el cable blanco con el negro y el amarillo con el rojo.*

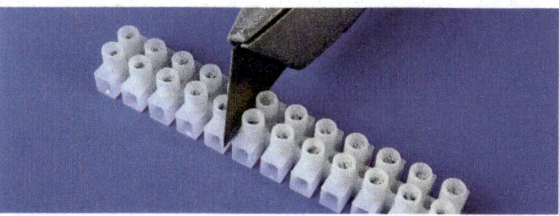

1-25 *Utiliza una navaja multiusos para cortar un bloque de terminales en segmentos.*

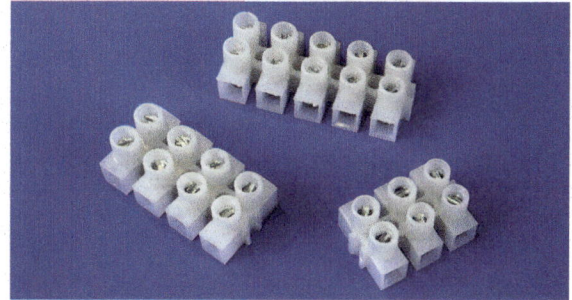

1-26 *Estos son los segmentos que necesitas del bloque de terminales.*

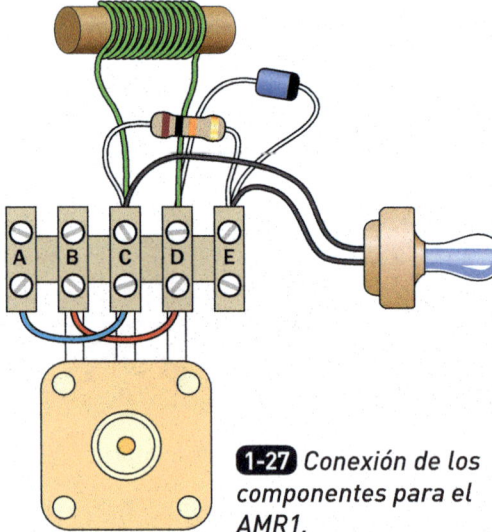

1-27 *Conexión de los componentes para el AMR1.*

1-28 *Conexión del condensador variable preparada.*

1-29 *Aplasta los contactos para que el cable pueda enrollarse fácilmente.*

Hay bloques de terminales de muchos estilos y tamaños, pero el que necesitas tiene terminales espaciados a ⁵⁄₁₆" para que coincidan con el espaciado de los contactos que sobresalen del condensador de sintonización (en una hoja de datos, el espaciado de los terminales de un bloque se denomina *paso*).

La figura **1-27** muestra cómo debes conectar la bobina, el condensador de sintonización, el resistor de 10 K, el diodo y el auricular mediante un bloque con cinco pares de terminales. Si comparas este diagrama con el esquema de la figura 1-23, verás que los cables se han desplazado. Sin embargo, las conexiones son las mismas. El objetivo es introducir dos o tres cables en cada orificio del bloque y apretar los tornillos para mantenerlo todo unido. Parece fácil, pero por desgracia los cables suelen soltarse, sobre todo si mueves el AMR1 de un sitio a otro.

Para fijar los cables, puedes doblarlos antes de insertarlos en el bloque. Te mostraré este proceso paso a paso.

En primer lugar, nos ocuparemos del condensador variable. Debes añadir un par de cables a sus terminales por razones que te contaré en breve (puedes ver las piezas en la figura **1-28**.) Para que la conexión sea segura, aplasta los contactos del condensador con unos alicates antes de enrollar los cables a su alrededor.

La figura **1-29** muestra los contactos una vez aplastados. La figura **1-30** muestra el extremo del cable de conexión enrollado alrededor de uno de los contactos. La figura **1-31** muestra las conexiones restantes. La finalidad del cable rojo es unir los dos condensadores que se encuentran dentro del componente, y la del cable azul ya lo descubrirás. La figura **1-32** muestra el condensador y sus cables instalados en el bloque de terminales. Observa que en la figura 1-27 el cable azul conecta los terminales A y C, mientras que el rojo conecta B y D. La figura 1-32 muestra el montaje real.

1-30 *Cable enrollado alrededor de uno de los contactos.*

1-31 *Listo para su inserción en el bloque de terminales.*

1-32 *El conjunto completo en un lado del bloque de terminales.*

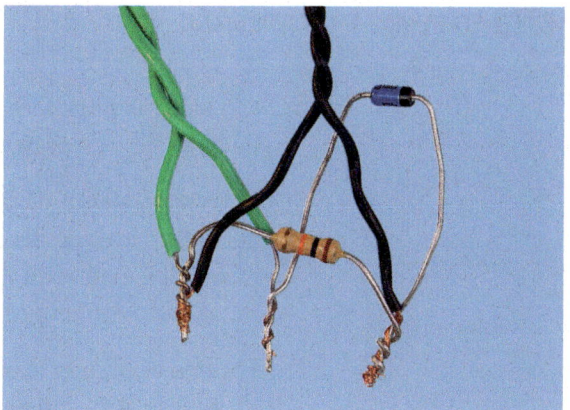

1-33 *Componentes listos para su instalación en el otro lado del bloque de terminales.*

Veamos ahora las conexiones del otro lado del bloque. Puedes retorcer los cables, como se muestra en la figura **1-33**, para que las conexiones sean las mismas que en la figura 1-27.

Los cables negros van al auricular, los verdes a la bobina que has creado y el resistor es de 10 K (con rayas marrones, negras y naranjas). El diodo debe tener su extremo marcado hacia la derecha, pero el auricular, la bobina y el resistor pueden conectarse en cualquier dirección. Ten cuidado de no cortocircuitar los cables que van al resistor con los que están por debajo.

El montaje completo se muestra en la figura **1-34**. He fijado el bloque de terminales a un trozo de madera porque así es más fácil de manejar. Puedes usar un par de tornillos del n.º 2. Si en tu ferretería habitual no tienen

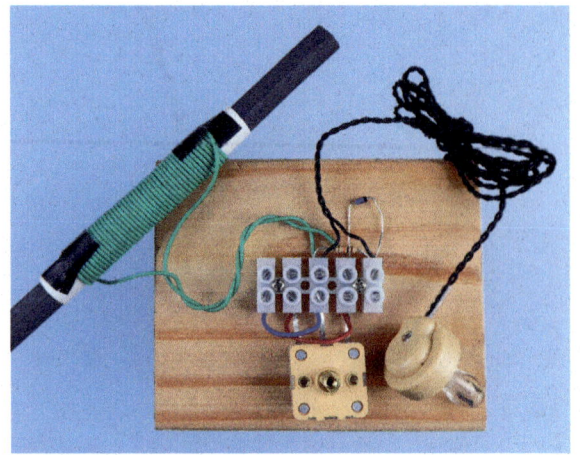

1-34 *El circuito AMR1 completo.*

1-35 *El circuito transmisor montado en la placa.*

tornillos tan finos como estos, puedes utilizar cinta adhesiva de doble cara, pegamento o un poco de cinta aislante.

La mitad superior de cada terminal A y B no se utiliza para nada, pero servirán para algo después de probar el circuito. La mitad inferior del terminal E está vacía y así se quedará, pues solo nos interesa utilizar la mitad superior para conectar tres cables.

Retoma el circuito transmisor y asegúrate de que está encendido. Debería parecerse al de la figura **1-35**, donde el círculo de cable amarillo de la parte inferior es la antena transmisora.

Colócate el auricular en la oreja. No apliques corriente al AMR1, porque no la necesita. Sencillamente coge la barra de ferrita con la bobina enrollada e insértala en el círculo de cable amarillo. Gira el eje del condensador variable y, cerca de la mitad de la escala, escucharás el audio generado por el IC1. Gira el potenciómetro trimmer, P1, en la placa y oirás todo el rango de frecuencias de audio.

Si sacas la barra de ferrita de la antena circular, el volumen disminuye. Esto también ocurre si alejas la bobina del centro de la barra.

Esta sencilla demostración nos dice algo muy importante: *la energía viaja por el aire*.

La salida del IC2 en el circuito de la placa se produce solo a unos 30 miliamperios (mA) a 7.5 V, pero de alguna manera viaja fuera de la antena (el círculo de alambre), a través del aire, y en la bobina de la barra de ferrita. A partir de ahí, pasa por un diodo y llega al auricular, donde hace vibrar un diafragma con la energía suficiente para que lo oigas.

Puedes experimentar sustituyendo el C1B por un condensador de 10 pF en lugar de uno de 100 pF en el circuito transmisor de la figura 1-10. Esto aumentará la frecuencia portadora, y verás que el condensador variable del receptor es ahora más sensible hacia el final del rango (una radio portátil tendrá la misma sensibilidad.) Se trata de un descubrimiento importante: *el condensador variable sintoniza el circuito receptor para que coincida con la frecuencia portadora del circuito transmisor.*

El siguiente paso será modificar el AMR1 para que capte emisiones de radiotransmisores que puedan estar a muchos kilómetros de distancia. Sin embargo, antes de eso, tengo que contarte un par de características del circuito.

CÓMO FUNCIONA

Para empezar, en el esquema de la figura 1-23, puedes ver el diodo etiquetado como D1. ¿Para qué sirve?

Vuelve a la figura 1-11, que muestra la salida del IC2. Esta es la señal que va al círculo de cable, que es la antena transmisora. La señal del osciloscopio muestra que la salida del IC2 ha variado entre 0 V y unos 7.5 VDC.

Ahora, echa un vistazo a la figura **1-36**. Esta señal se midió entre los dos cables de los extremos de la bobina receptora en el AMR1 (tornillos C y D en el bloque de terminales de la figura 1-27). De alguna manera, la bobina capta la transmisión y la convierte en una tensión que va de –0.35 V a +0.35 V. ¿Por qué la tensión varía entre un valor positivo y un valor negativo?

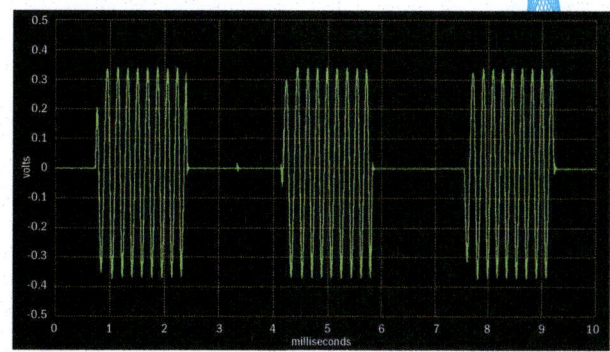

1-36 *Tensión en la bobina receptora del AMR1.*

Porque la tensión es siempre relativa y solo las variaciones de corriente se transmiten del emisor al receptor. Por lo tanto, la señal de la bobina en la barra de ferrita fluctúa en torno a 0 V.

¿Y qué oirías si el diodo no estuviera en el circuito? ¡Nada! Compruébalo tú mismo cortocircuitando el diodo con un trozo de cable entre los tornillos D y E de la figura 1-27.

El diafragma del auricular no puede vibrar a la frecuencia portadora. Las oscilaciones son demasiado rápidas y, aunque el auricular pudiera reproducirlas, el oído no podría interpretarlas como sonido. Además, las oscilaciones son igualmente positivas y negativas, por lo que suman una media de cero.

Al pasar la salida de la bobina a través de un diodo, este bloquea la mitad negativa de cada oscilación y solo fluye la parte positiva. Este proceso de permitir que la corriente fluya en una dirección, pero no en la otra, se conoce como **rectificación** de la señal.

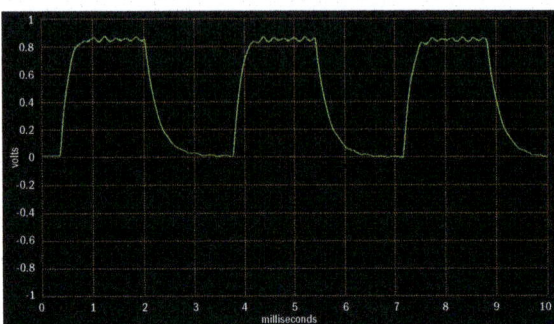

1-37 *Tensión a través del auricular en el AMR1, después de que la señal pase por el diodo, que bloquea las fluctuaciones negativas.*

Puedes imaginar los pequeños pulsos positivos rápidos de la frecuencia portadora que empujan el diafragma del auricular en una dirección. Luego se produce una pausa (que dura una fracción de segundo) y el diafragma se relaja. Esto ocurre entre 200 y 3000 veces por segundo, a la frecuencia de audio fijada por el IC1. Puedes verlo en la figura **1-37**, una señal de osciloscopio captada de los cables al auricular (tornillos C y E en la figura 1-27). *El auricular recorre los picos de cada ráfaga de frecuencia portadora.*

Siguiente pregunta: ¿cómo adapta el condensador de sintonización la frecuencia del receptor a la frecuencia de la onda portadora? Se trata del concepto de **resonancia** eléctrica. Básicamente, la combinación de la bobina y el condensador resonará a una frecuencia determinada y, cuando esa frecuencia coincida con la del transmisor, responderán. Podemos aclararlos con una simple analogía.

1-38 *Experimento para demostrar la resonancia.*

FUNDAMENTOS DE LA RESONANCIA

No hace falta electricidad para ver un ejemplo de resonancia. Un par de pesos y unos trozos de cuerda servirán para hacer una demostración. Los pesos pueden estar hechos de cualquier material; yo sugiero utilizar botellas de agua de plástico que estén medio llenas. Tiende un trozo de cuerda entre los respaldos de dos sillas, como se muestra en la figura **1-38**, y cuelga en ella las botellas. Empuja una de las botellas para que empiece a balancearse y si la otra botella cuelga de una cuerda de diferente longitud apenas se moverá. Ahora, iguala la longitud de ambas cuerdas y el movimiento de la primera botella hará que la segunda se balancee sincronizadamente. La segunda botella resuena con la primera.

En electrónica, podemos utilizar una bobina y un condensador para crear un circuito de resonancia que oscile a una frecuencia determinada, como una botella que cuelga de una cuerda de una longitud determinada. En el circuito receptor que acabas de construir, elegimos la bobina y el condensador para que resonaran con la frecuencia del IC2 en la placa. Si cambiaras el condensador C1B por uno con un valor de 10 pF, la frecuencia portadora cambiaría, el receptor dejaría de resonar con ella y no oirías nada.

Pero ¿cómo resuena exactamente un circuito electrónico?

BOBINAS Y CONDENSADORES

Cuando la corriente pasa por una bobina crea un campo magnético en el centro de dicha bobina. El campo magnético parece producirse instantáneamente, pero, en realidad, existe un pequeño retardo determinado por el tamaño de la bobina y el número de espiras de alambre. Durante ese retardo, la corriente no pasará por la bobina porque se está utilizando energía eléctrica para crear el campo magnético.

Un condensador se comporta de manera opuesta. Un primer pulso de corriente atraviesa el condensador antes de que este acumule una carga estable en sus placas. Este primer pulso se denomina a veces **corriente de desplazamiento**.

RESUMIENDO:
- Una bobina bloquea la corriente inicialmente y luego la pasa.
- Un condensador pasa la corriente inicialmente y luego la bloquea.

¿Qué pasa si pones una bobina en paralelo con un condensador, como en la figura **1-39**? Así es, exactamente, cómo están cableados el condensador variable y la bobina alrededor de la barra de ferrita en el AMR1.

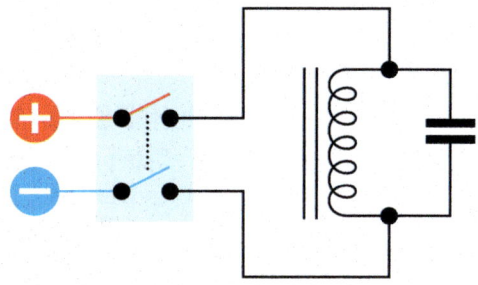

1-39 *Circuito electrónico de resonancia.*

Este circuito básico se conoce a veces como **circuito resonante**, **circuito tanque**, **circuito sintonizado** o **circuito LC** (en el acrónimo *LC*, *C* se refiere a capacitancia y *L* a inductancia, pues un físico llamado Heinrich Lenz fue pionero en el conocimiento de la inductancia durante el siglo XIX).

En la configuración mostrada en la figura 1-39, si pulsas y sueltas el interruptor rápidamente, el condensador se carga mientras la bobina genera su campo magnético. La bobina permite que fluya la corriente, por lo que el condensador se descarga. Pero cuando este no tiene más energía que suministrar, el campo magnético de la bobina se colapsa, lo que libera la corriente eléctrica, que recarga el condensador con la polaridad opuesta. De este modo, el circuito oscila y la corriente eléctrica fluye como el agua en un tanque (de ahí el término "circuito de tanque").

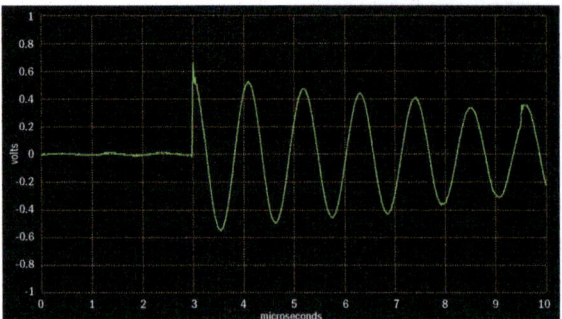

1-40 *Oscilaciones en un circuito resonante.*

Finalmente, al soltar el interruptor, las oscilaciones desaparecerán porque el circuito muestra cierta resistencia. La figura **1-40** en realidad muestra que esto ocurre cuando el osciloscopio se conecta a través de la bobina en el circuito AMR1 y se aplica una tensión momentánea.

Puedes compararlo con el modelo que he descrito antes, el de las dos pesas colgando de cuerdas de igual longitud: cuando empujas un peso, su movimiento se transmite al otro. Pero si no proporcionas una entrada continua, las oscilaciones de las pesas disminuirán gradualmente debido a la resistencia del aire y otros factores.

Ahora bien, supongamos que puedes pulsar el interruptor de la figura 1-39 repetidamente, con una velocidad sobrehumana, en sincronía con la oscilación del circuito. Podrías seguir empujando la oscilación para mantenerla. Por otro lado, si pulsaras el interruptor sin sincronía, interferirías con las oscilaciones y estas se detendrían.

HAZ CUENTAS

Si te preguntas cómo se pueden elegir los valores de una bobina y un condensador para que resuenen a una frecuencia determinada, existe una fórmula para calcularlo. En la fórmula que aparece a continuación, **L** se utiliza para la **inductancia**, que se mide en **henrios**, por Joseph Henry, otro pionero de la electricidad. **C** representa la capacidad en faradios y **f**, la **frecuencia de resonancia** en hercios.

El término **sqrt** significa "saca la raíz cuadrada de la función que sigue entre paréntesis". El término **pi** es el mismo valor que utilizarías para calcular la circunferencia o el área de un círculo: aproximadamente 3,142.

```
f = 1 / (2 * pi * sqrt(L * C))
```

Recuerda que en este libro utilizaré **∗** como signo de multiplicación para evitar confundirlo con la variable **x**, y que el signo **/** indica división. En las fórmulas que contengan paréntesis, primero se realiza el cálculo dentro del paréntesis y, si hay un par de paréntesis dentro de otro par, primero se realiza el cálculo dentro del par interior y, después, el del resto.

En radio, donde se utilizan altas frecuencias, la fórmula es más útil si se multiplican ambos lados por 1 000 000. Aquí, **f** es la frecuencia en MHz. En el lado derecho, como los valores están divididos entre 1, **L** es la inductancia en **µH** (microhenrios) y **C**, la capacitancia en **µF** (microfaradios).

Pero ¿cómo sabemos cuántas espiras de alambre utilizar, y cuál debe ser su diámetro, para crear la inductancia necesaria para proporcionar la frecuencia deseada?

También hay una fórmula para esto, aunque solo aproximada. De hecho, se conoce como **aproximación de Wheeler** y se ilustra en la figura **1-41** (extraída de **Make:Electronics**). Esta figura también muestra algunos ejemplos de inductancia con distintas espiras de alambre en una bobina de un tamaño determinado. Ten en cuenta que estos valores solo se aplican cuando la bobina tiene un núcleo abierto y está enrollada alrededor de un armazón no magnético. En cuanto se inserta una barra de ferrita, la inductancia aumenta.

RECEPCIÓN A LARGA DISTANCIA

Ahora que has comprobado que el circuito AMR1 puede captar una señal generada por los temporizadores del circuito de prueba, ha llegado el el momento de sintonizar señales de radio reales. No hay mucha gente que escuche

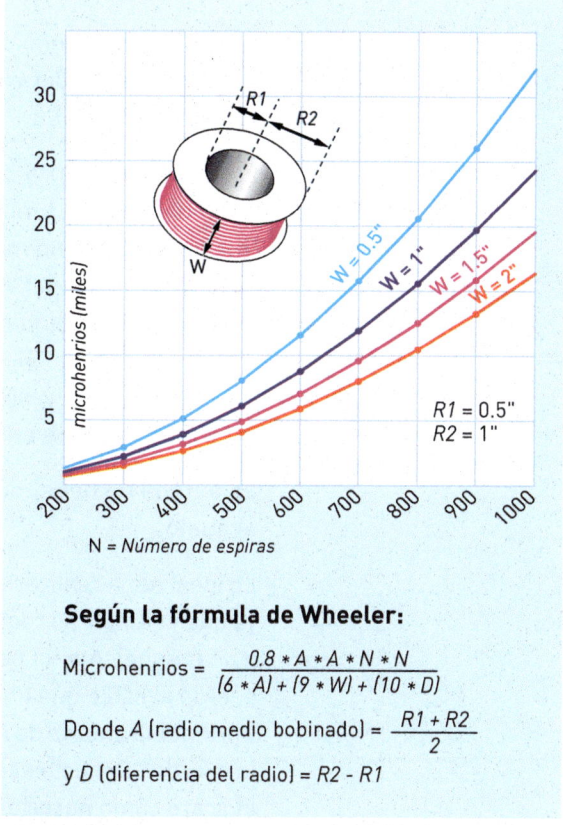

Según la fórmula de Wheeler:

$$\text{Microhenrios} = \frac{0.8 * A * A * N * N}{(6 * A) + (9 * W) + (10 * D)}$$

Donde A (radio medio bobinado) = $\dfrac{R1 + R2}{2}$

y D (diferencia del radio) = $R2 - R1$

1-41 *Ejemplos de inductancia en cuatro bobinas de alambre y una fórmula aproximada. Todas las longitudes están en pulgadas.*

la radio AM, pero las emisoras siguen ahí y siguen emitiendo. El único problema es que el AMR1 no es lo bastante sensible para oírlos tal y como está ahora, por lo que debemos arreglarlo.

La palabra **antena** es confusa porque una antena puede transmitir ondas de radio o recibirlas. En el circuito de prueba, has utilizado una antena transmisora formada por un único bucle de alambre. En este caso, necesitas conectar un trozo de cable mucho más largo al circuito receptor como antena receptora.

Tengo que advertirte de antemano que esto no siempre funciona con el AMR1, ya que aún no hemos añadido una fuente de alimentación para amplificar la salida. Necesitas estar razonablemente cerca de una emisora de radio AM para tener muchas más posibilidades de captar señales por la noche, ya que la AM viaja más lejos tras la puesta de sol. Pero cuando funciona, parece un milagro.

(Si te estás preguntando por qué el Sol interfiere en la recepción de la radio, es porque se apodera de nuestras transmisiones con su propia radiación electromagnética).

La antena receptora debe ser lo más larga posible. Creo que con unos 9 metros debería funcionar, y un alambre grueso puede lograr mejores resultados que uno más delgado. Si dispones de un cable de calibre 14, que se vende para usarlo como cableado de 120 V, sería ideal y está disponible en cualquier ferretería. Puede ser trenzado o sólido; cualquiera de los dos va bien. Si solo tienes un cable de conexión de calibre 22 puedes probarlo, y, si tienes trozos cortos de cable, puedes pelar los extremos y unirlos en serie.

La antena no debe tocar ningún objeto que pueda conectarla con el suelo.

Lo ideal sería realizar este experimento al aire libre, lo que debería ser fácil, ya que el AMR1 no requiere electricidad (si vives en una zona urbana, vete a un parque). Ata un peso a un trozo de cuerda y ata el otro extremo de la cuerda al cable que utilizarás como antena. Lanza el peso hacia un árbol y orienta la antena de modo que el cable no toque el árbol (para eso está la cuerda). Conecta el extremo inferior de la antena al AMR1; en breve te indicaré cómo hacerlo.

Si quieres realizar el experimento en el interior, puedes colgar el cable de la antena en trozos de cuerda atados a apliques de luz o persianas.

También necesitarás un cable de tierra, y me refiero a la tierra real. Si estás en el exterior, lo ideal es tender un cable hasta un poste metálico clavado en la tierra blanda y húmeda. También puedes buscar cualquier objeto metálico grande que esté en contacto con el suelo. Una alambrada sería ideal (siempre que el metal no esté recubierto de plástico).

Si estás en el interior, puedes conectar a tierra el receptor atando un cable a cualquier objeto metálico que tenga conexión, en última instancia, con la tierra del exterior. Por ejemplo, puedes utilizar una tubería de agua de acero o cobre (si es de plástico no funcionará). Como alternativa, puedes conectar el cable de tierra al armazón de acero de un electrodoméstico, como una lavadora, que se conecta a tierra a través del sistema eléctrico doméstico. Del mismo modo, el receptor de audio de gama alta puede estar en una caja de acero y tener un terminal de tierra en la parte posterior.

Para realizar la conexión al electrodoméstico, normalmente hay un tornillo que fija la carcasa de acero al chasis interno. Puedes aflojar este tornillo y colocar un cable de tierra debajo de él o bien hacer un pequeño agujero e insertar tú mismo un tornillo (si no tienes la edad adecuada para hacerlo, es mejor que hables con los adultos de la casa antes de empezar a agujerear electrodomésticos).

Tal vez pienses que todos los enchufes de tu casa tienen toma de tierra. De hecho, es cierto: para eso sirve el pequeño orificio redondo de una toma de corriente, aunque fuera de EE.UU. este orificio puede ser rectangular o una pieza metálica. El problema es que también hay un enchufe con corriente en cada toma, muy cerca de la conexión a tierra, y es potencialmente letal. No quiero que te arriesgues a que una tensión alta viaje por el cable hasta tu auricular y te fría el cerebro. Los accidentes pueden ocurrir y, por tanto:

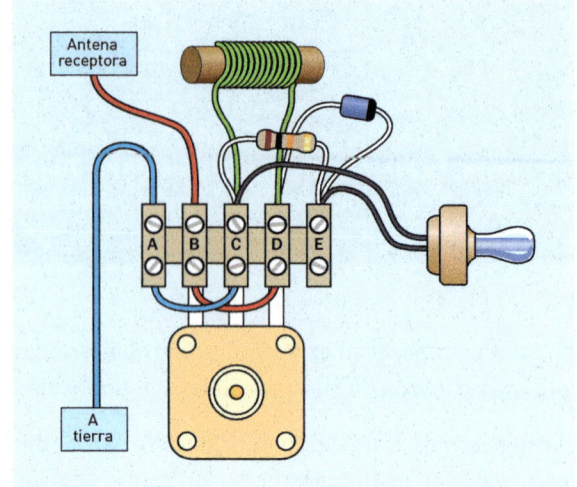

1-42 *Antena y conexiones de tierra al AMR1.*

Ahora, suponiendo que tienes la antena y el cable de tierra, ¿dónde los conectas al AMR1? Echa un vistazo a la figura **1-42**. Aquí puedes ver por qué he incluido esos conectores vacíos etiquetados como A y B y por qué he utilizado previamente un cable rojo: es la fuente de energía para este circuito, derivada de la señal de radio que recibes. Y el cable azul se conecta a tierra.

He modificado el esquema de la figura **1-43** con un símbolo de antena (que parece un paraguas del revés) y un símbolo de tierra (en la parte inferior del circuito). Estos no son los únicos símbolos que la gente utiliza para la antena y la tierra o 2, pero son relativamente comunes en Estados Unidos y reconocibles en otros lugares. Ten en cuenta que en algunos países, especialmente en el Reino Unido, la conexión a tierra se denomina *earth*.

Compara la figura 1-43 con la figura 1-39. ¡Exacto! Si la señal de radio tiene una frecuencia que coincide con el circuito LC, el circuito LC resonará con ella.

PROBAR Y PROBAR . . .

Si estás intentando captar emisoras de radio con el AMR1 dentro de tu casa, el siguiente paso es asegurarte de que no se verá afectado por ruidos eléctricos no deseados. Desconecta el circuito de prueba construido para los temporizadores 7555 y ten en cuenta que algunos aparatos pueden crear interferencias. El regulador de intensidad de una lámpara, por ejemplo,

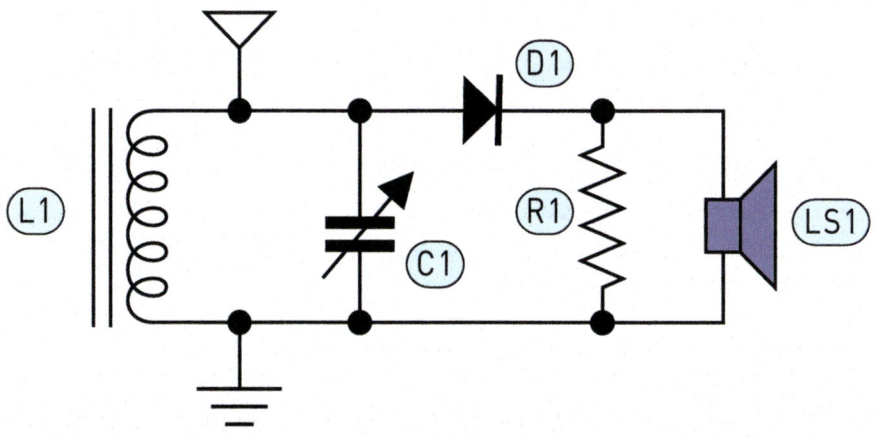

Componentes

L1	Bobina, 40 espiras de alambre calibre 26, barra de ferrita, 3/8" x 6"
VC1	Condensador variable, 200pF
D1	Diodo Schottky o de germanio
R1	Resistor de 10 K
LS1	Auricular de impedancia alta o altavoz piezoeléctrico pasivo

1-43 *Símbolos de antena y tierra añadidos al esquema para el AMR1.*

puede introducir una frecuencia en el cableado de tu casa que el AMR1 captará como un zumbido. Los fluorescentes también crean interferencias. Todo zumbido en el auricular conectado a la radio procede probablemente de un electrodoméstico. Para acabar con él, tendrás que ir apagando cosas hasta que dejes de oírlo.

Ahora, con el auricular insertado en el oído, gira lentamente el condensador de sintonización en todo su rango, sin olvidar que las posibilidades de oír algo serán mucho mayores después de la puesta de sol.

Como muchas emisoras de AM emiten programas hablados, es probable que oigas voces humanas. Alguien, probablemente a muchos kilómetros de tu casa, está hablando por un micrófono en un estudio. Su voz se amplifica en la estación de radio y se fusiona con una onda portadora, y la señal sube por una alta torre de transmisión de acero. A partir de ahí, un misterioso efecto de campo transporta la energía a través del aire, donde induce la corriente justa en la antena para hacer vibrar el diafragma del auricular sin necesidad de electricidad adicional.

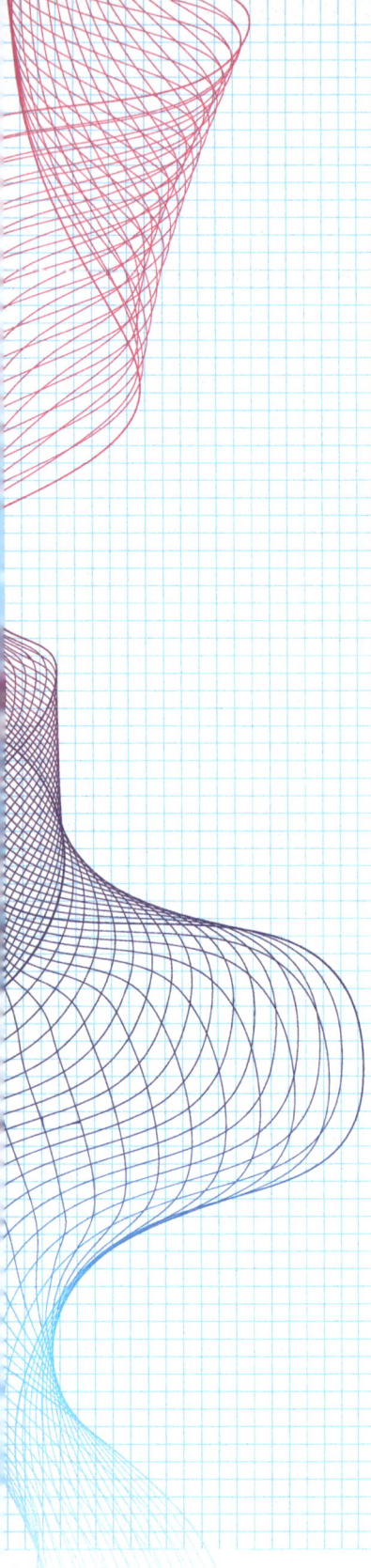

UNAS PALABRAS SOBRE TESLA

Es fácil imaginar cómo Nikola Tesla dio un salto intuitivo y quiso poner en marcha una transmisión de radio para que emitiera energía eléctrica de verdad. Su instalación más ambiciosa, en Colorado Springs, utilizaba una bobina de 30 metros de diámetro que creaba un potencial de hasta 12 millones de voltios. Emitía potencia suficiente para iluminar un tubo fluorescente equipado con una antena a 40 kilómetros. También asustaba a los caballos induciendo descargas eléctricas en las herraduras de sus cascos.

Era una época en la que algunos aspectos de la electricidad y la física no se comprendían del todo y existían teorías contrapuestas para explicarlos. Por desgracia, Tesla depositó sus esperanzas en teorías que resultaron ser erróneas. Creía que el espacio vacío no estaba realmente vacío, sino lleno de una sustancia invisible y misteriosa conocida como *éter*. Creía que, si accedía al éter con la frecuencia adecuada, dispondría de una potencia infinita. Y resultó no ser así.

Si hubiera dedicado menos tiempo y esfuerzo a soñar con la energía eléctrica infinita, probablemente habría podido ganar la carrera para transmitir un mensaje de radio a través del Atlántico. Marconi consiguió ese logro, pero Tesla tenía un transmisor más potente, una antena más grande y un receptor más sofisticado. No creía que los mensajes de radio fueran tan interesantes como la electricidad gratuita.

¿POR QUÉ NO HE UTILIZADO LA VERSIÓN DE LA BOTELLA?

No quisiera aburrirte mencionando de nuevo *Make:Electronics*, pero, en el caso de que tengas un ejemplar, me gustaría explicarte por qué no he construido el AMR1 de la misma manera que el proyecto de radio sin alimentación de ese libro. En ese proyecto, se enrollaba una bobina a una botella de plástico y no se necesitaba ninguna barra de ferrita. Además, no había condensador. Si parece más sencillo, ¿por qué no he hecho yo lo mismo?

La razón es que la barra de ferrita en el AMR1, junto con el condensador de sintonización, consigue mejores resultados. He comparado el AMR1 con la radio de botella y el sonido del AMR1 es más fuerte y claro.

Pero ¿cómo puede funcionar la radio de botella sin condensador? La respuesta es que una antena larga genera su propia capacitancia entre esta y la tierra. Sin embargo, no es ajustable, por lo que la bobina de la radio de botella incluye *derivaciones* que consisten en pequeños bucles en el cable. Esto le permite seleccionar la parte de la bobina que desee habilitando un sistema primitivo para sintonizar la radio.

En la figura **1-44** puedes ver un ejemplo de la radio de botella. Lo incluyo aquí porque, si no lo hubiera mencionado, podrías preguntarte por qué. El esquema correspondiente aparece en la figura **1-45**. Los pequeños puntos en la bobina son las derivaciones.

RETOCAR EL AMR1

Como el AMR1 está funcionando al límite de lo factible, puede que tengas que retocarlo un poco para que funcione bien.

La antena añadirá capacitancia al circuito, dependiendo de su longitud y su orientación, lo que desplazará la sensibilidad del receptor hacia frecuencias más bajas. Puedes compensarlo reduciendo la inductancia de la bobina; solo tienes que deslizarla hacia un extremo de la barra de ferrita (o incluso un poco más allá del extremo).

Con una bobina formada por 40 espiras de cable de calibre 26 alrededor de una barra de ferrita de 15 cm y una antena de 9 metros, comprobé que el receptor era sensible en los siguientes rangos:

Rango de frecuencias (kHz)	Posición de la bobina
650–970	Mitad de la barra
744–1100	Extremo de la barra
1200–1650	⅓ sobre el borde

La frecuencia de las emisiones en AM en América oscila entre algo más de 530 kHz y algo menos de 1700 kHz.

Por cierto, algunos de los primeros aparatos de radio se sintonizaban completamente moviendo un núcleo de ferrita dentro de una bobina.

1-44 *Una radio de botella es más sencilla que el AMR1 pero no funciona tan bien.*

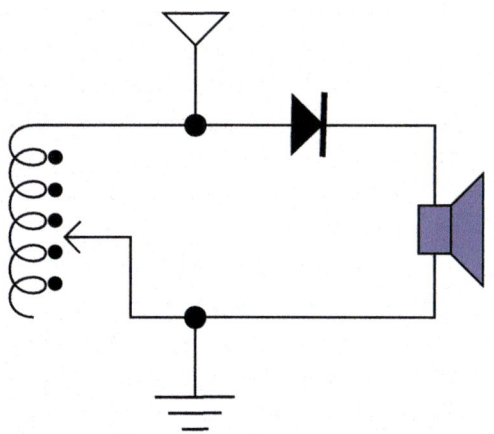

1-45 *Esquema de la radio de botella de la figura 1-44.*

Puedes ajustar el número de espiras de la bobina, teniendo en cuenta que, al hacerlo, una mayor inductancia reduce la frecuencia de resonancia.

También puedes probar con diferentes diodos. En un lugar relativamente alejado de los transmisores de AM, un diodo Schottky BAT48 y un diodo de germanio AA119 tienen un rendimiento similar. Yo utilicé un diodo de silicio 1N4148 y no se oía nada, lo que no fue una sorpresa debido a su mayor tensión umbral. Con otro tipo de diodo Schottky, el 1N5817, tampoco se oía nada, por lo que evidentemente no todos los diodos Schottky funcionan igual.

Si estás en una zona urbana, es posible que oigas más de una emisora de radio, con sus señales fusionándose, porque el AMR1 no es muy selectivo. Si vives en una zona rural, puede que tengas dificultades para captar cualquier señal, pero puedes probar a deslizar la bobina hacia arriba y hacia abajo por la barra de ferrita mientras ajustas también el condensador de sintonización, y recuerda realizar la escucha después de la puesta de sol.

Lo sorprendente es que el AMR1 emite algún sonido a pesar de carecer de fuente de alimentación y de ser un auricular impulsado totalmente por ondas de radio. Como este pequeño receptor toma la energía de una emisora de radio, ¿significa que aumenta la carga del transmisor de la emisora? La respuesta es sí, pero en una medida tan pequeña que nadie notaría la diferencia.

OPCIONES ADICIONALES

Puedes intentar utilizar un transformador de salida para adaptar la salida del circuito LC al auricular. El Eagle P631M (antes LT-44) es una opción. Puedes encontrar sitios en Internet para otros circuitos de radio sin alimentación, entre los cuales:

- web.archive.org/web/20211217082237/makearadio.com/
- crystal-radio.eu/index.html
- hobbytech.com/crystalradio/crystalradio.htm
- www.usefulcomponents.com/main_contents/projects/choccy_block _crystal_radio/choccy_block_crystal_radio.html

RECAPITULEMOS

¿Qué hemos visto hasta ahora y qué será lo siguiente?

Hemos empezado este capítulo demostrando los conceptos de frecuencia, y longitud de onda, utilizando un circuito oscilador simple para generar frecuencias de audio y otro oscilador para crear una onda portadora. Hemos aprendido sobre barras de ferrita, bobinas hechas a mano, condensadores variables, diodos, y cómo combinar estos componentes para crear un receptor básico sin alimentación llamado AMR1. Con esto hemos demostrado el concepto de resonancia en la electrónica.

Hasta aquí hemos llegado con el AMR1. El siguiente paso es construir el AMR2, que utilizará pilas y transistores para lograr tres objetivos: salida de altavoz, sensibilidad a señales lejanas y mejor selectividad para poder elegir entre ellas.

experimento

e×perimento3

2

UNA RADIO REAL

En el Experimento 1, el receptor que hemos denominado AMR1 solo sirve para fines demostrativos. Este detecta el transmisor y puede captar emisoras de radio locales, pero no puede sintonizar transmisiones lejanas.

Para poder oír esas señales lejanas necesitarás un circuito más ambicioso con algo más de *amplificación*. La forma más sencilla de conseguirlo es con unos *transistores bipolares* corrientes. Por si no estás del todo familiarizado con los transistores, voy a hacer un repaso de los conceptos más relevantes. Además, te mostraré cómo dos bobinas de una barra de ferrita pueden actuar como un *transformador*.

Si prefieres escuchar el sonido por un altavoz en lugar de por unos auriculares, deberás aumentar un poco más la señal. Para ello, la forma más sencilla es añadiendo un sencillo chip de circuito integrado conocido como LM386.

Al final de este experimento, habrás construido un AMR2, una "radio de verdad" capaz de captar estaciones a más de 300 kilómetros de distancia.

Necesitarás:

Conserva los componentes con la misma configuración que has utilizao al final del Experimento 1. Seguirás necesitando la misma pila, los bloques de conexión, el altavoz, la barra de ferrita, el condensador variable y el auricular, además de los resistores, condensadores y temporizadores 7555.

La siguiente lista se suma a los componentes del Experimento 1:
- Cable de conexión de calibre 26 de cualquier color (esta vez necesitarás 4.5 metros).
- LED rojo genérico (1).
- Transistores NPN bipolares 2N3904 (3).
- Chip amplificador LM386 (1). Fabricado por Texas Instruments o National Semiconductor (ahora también Texas Instruments).
- Potenciómetro trimmer, 10 K (1).
- Resistores: 22 ohmios (1), 100 ohmios (2), 2.2 K (2), 6.8 K (2), 10 K (2), 47 K (5).
- Condensadores cerámicos: 4 .7 nF (1), 10 nF (5), 47 nF (1), 0.1 µF (3).
- Condensadores electrolíticos: 10 µF (2), 100 µF (1), 470 µF (2).
- Un trozo pequeño de cartulina, como una ficha de 6.3 × 3.8 cm
- Cinta adhesiva transparente.

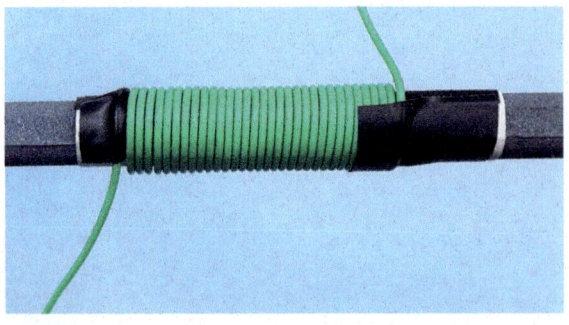

2-1 *La primera capa de cable consta de 31 espiras, fijadas con cinta adhesiva en ambos extremos.*

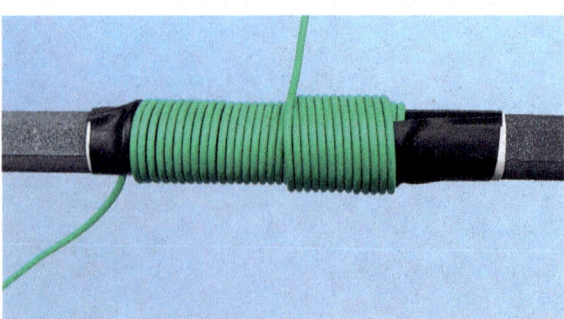

2-2 *Añade la segunda capa.*

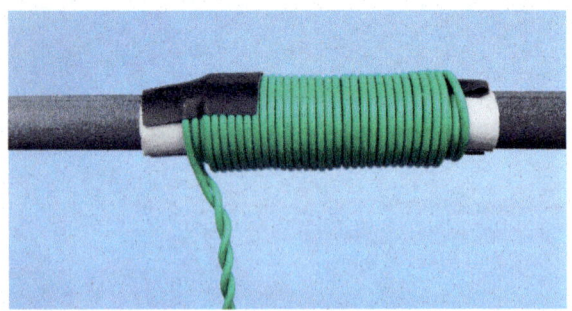

2-3 *La primera bobina ya está terminada.*

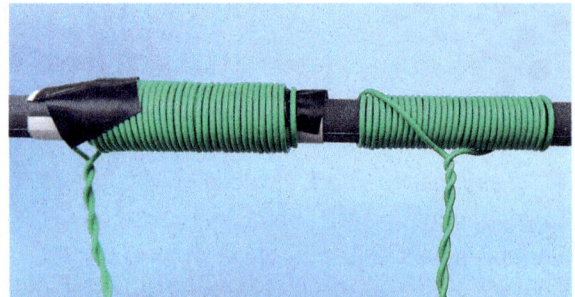

2-4 *La segunda bobina se envuelve directamente alrededor de la barra de ferrita, pues no se deslizará.*

¿Qué vas a oír? Tendrás que sintonizar el rango de frecuencias AM para averiguarlo. ¡El espectro radioeléctrico está lleno de sorpresas!

UN DISEÑO DE DOBLE BOBINA

El AMR2 eliminará la necesidad de un cable de antena y un cable de tierra. La misma barra de ferrita que has utilizado anteriormente será la antena, y la amplificación del transistor compensará su menor salida.

Necesitarás dos bobinas separadas, que interactuarán entre sí. Para entender cómo funciona puedes realizar una prueba rápida y sencilla.

En primer lugar, retira el alambre que has enrollado alrededor de la barra de ferrita en el experimento anterior. Necesitarás una bobina más grande, formada por 63 espiras de cable de calibre 26. Para que no ocupe demasiado espacio, la crearás en dos capas. Con 3 metros de alambre será suficiente y, si es necesario, puedes utilizar trozos de alambre separados con sus extremos pelados trenzados.

Como debes deslizar la bobina a lo largo de la barra, tienes que envolverla alrededor de una nueva funda de cartulina fina, similar a la que has hecho anteriormente. Esta vez, el trozo de cartulina debe ser de 6.3 × 3.8 cm y lo enrollarás alrededor de la barra de ferrita con el borde largo paralelo a la barra. Fíjala con cinta adhesiva dejando la suficiente holgura para que se deslice a lo largo de la barra, como antes.

Deja que cuelgue 15 cm al principio y utiliza un trocito de cinta de 1.2 cm para fijarlo a la cartulina. Ahora, empieza a dar vueltas lo más cerca posible. Cuando llegues a las 32, añade otro trozo de cinta adhesiva para impedir que se desenrollen. Consulta la figura **2-1**.

Ahora, continúa enrollando el alambre en la misma dirección, pero en una nueva capa sobre la primera, volviendo hacia su punto de partida, como se muestra en la figura **2-2**. Termina con un otro trozo de cinta adhesiva, como en la figura **2-3**.

Para esta demostración de bobina doble necesitas una segunda bobina formada por 31 espiras de cable de calibre 26. Enróllalo firmemente alrededor de la misma barra, en la misma dirección que la primera bobina, pero lo más cerca posible del extremo opuesto como se muestra en la figura **2-4**. No deberá deslizarse, por lo que no requiere funda alguna. Una vez creada, si retuerces los extremos aislados, no necesitarás cinta adhesiva para mantenerlos en su sitio. Un metro y medio de alambre será suficiente, incluyendo los 15 cm en cada extremo.

Ya puedes utilizar el circuito de prueba del experimento anterior para comprobar cómo se comunican ambas bobinas entre sí. La interacción funciona mejor a alta frecuencia, por lo que necesitarás el IC2 en vez del IC1. Para mayor claridad, puedes ver el circuito en solitario en la figura **2-5**. Compáralo con el de la figura 1-10, que muestra el IC1 y el IC2. Pero como no utilizaremos el IC1 no lo conectaremos con el IC2. Por lo tanto, desconecta el cable amarillo que iba al pin 4 del IC2, como se muestra en la figura **2-6**.

2-5 *Circuito de prueba para mostrar la comunicación entre dos bobinas.*

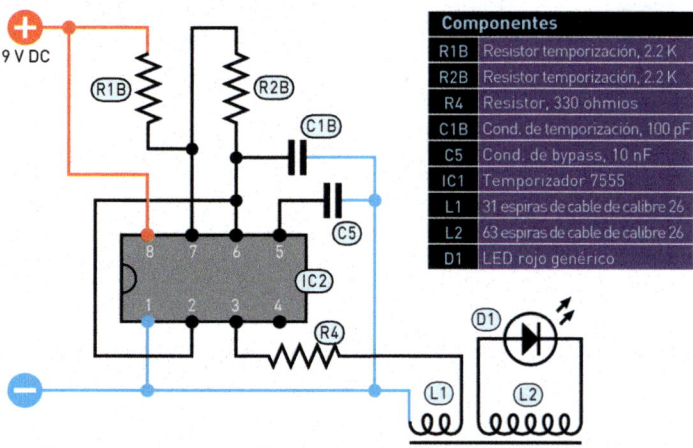

Componentes	
R1B	Resistor temporización, 2.2 K
R2B	Resistor temporización, 2.2 K
R4	Resistor, 330 ohmios
C1B	Cond. de temporización, 100 pF
C5	Cond. de bypass, 10 nF
IC1	Temporizador 7555
L1	31 espiras de cable de calibre 26
L2	63 espiras de cable de calibre 26
D1	LED rojo genérico

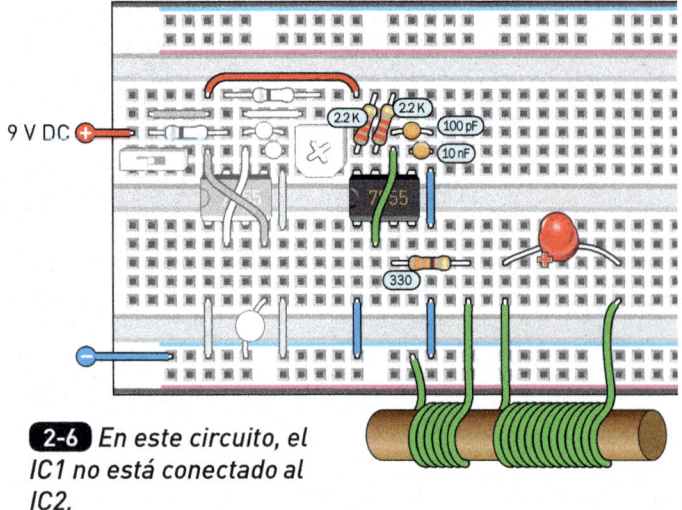

2-6 *En este circuito, el IC1 no está conectado al IC2.*

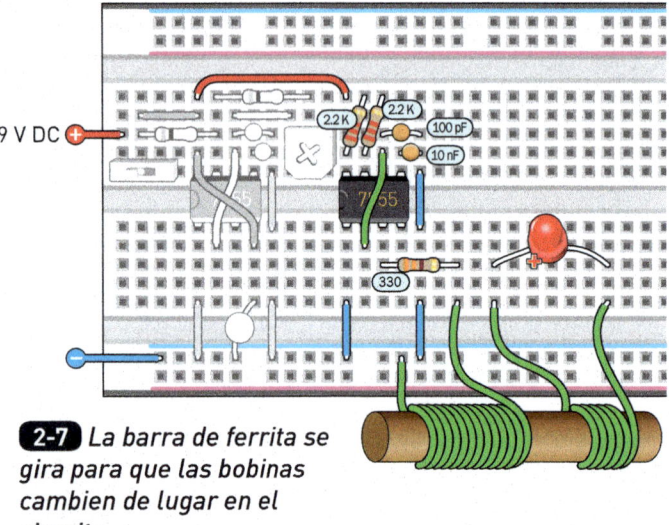

2-7 *La barra de ferrita se gira para que las bobinas cambien de lugar en el circuito.*

9 V DC

9 V DC

Retira también la antena amarilla del Experimento 1 (por el momento).

Como no utilizaremos el IC1 de inmediato y lo hemos desconectado del IC2, en las figuras 2-5 y 2-6 solo aparecen las partes actualizadas del circuito. La bobina más corta (31 espiras) de la barra de ferrita se ha insertado donde estaba la antena y la más larga (63 espiras) solo está conectada con un LED.

El LED puede insertarse en la placa de cualquier forma, ya que bloqueará la mitad de las oscilaciones, al igual que hizo el diodo en el Experimento 1. No habrá tensión suficiente para dañarlo cuando esté bloqueando la corriente.

Si deslizas la bobina de 63 espiras hacia arriba y hacia abajo por la barra, el LED se iluminará y se atenuará en función de la interacción de la segunda bobina con la primera. Una bobina de la barra *induce* tensión y corriente en la otra bobina con la potencia suficiente para encender el LED.

Ahora, desconecta las bobinas, gira la barra de ferrita y vuelva a conectarlas, como se muestra en la figura 2-7. La bobina de 63 espiras se conecta a la salida desde el IC2, mientras que la de 31 alimenta el LED. ¡Y no pasa nada!

La primera configuración suministraba la tensión justa al LED, mientras que la otra no podía suministrar la tensión mínima que este requiere. Desafortunadamente, no se puede verificar con un multímetro, porque no responderá a una tensión de frecuencia tan alta aunque lo configures para medir CA. Aun así, el LED te dice todo lo que necesitas saber.

MATEMÁTICAS DE TRANSFORMADORES

La bobina que conectes a la salida del IC2 es la *primaria* en este experimento, y la que acciona el LED es la *secundaria*. Utilizaremos algunas abreviaturas para escribir una fórmula que quizás necesites más adelante:

- *TP*: espiras en la bobina primaria
- *TS*: espiras en la bobina secundaria
- *VP*: tensión aplicada a la bobina primaria
- *VS*: tensión medida en la bobina secundaria

Y la fórmula es:

TP / TS = VP / VS

En otras palabras, si el número de espiras de la primaria con respecto a la secundaria es 1:2, como en la figura 2-6, las tensiones tienen la misma relación. El doble de espiras en la secundaria debería inducir el doble de tensión. ¿Significa esto que recibe algo a cambio de nada? No, porque hay otra fórmula que te dice cómo se comporta la corriente.

- *IP*: corriente que pasa por la bobina primaria
- *IS*: corriente absorbida por la bobina secundaria

TP / TS = IS / IP

En otras palabras, puede que obtengas el doble de tensión, pero solo puedes consumir la mitad de la corriente. La potencia total suministrada a la bobina primaria es la misma que la tomada de la secundaria, ya que la potencia se define como la tensión multiplicada por la intensidad.

Pero espera un momento. En el experimento que acabas de realizar, cada pulso aplicado a la primaria será de unos 9 V, ya que el temporizador tiene una fuente de alimentación de 9 V. Así, con la bobina de 31 espiras conectada a la salida del temporizador, la bobina secundaria debería haber suministrado 18 V. ¿Y por qué no ha pulverizado el LED?

Porque la fórmula solo te da el doble de voltaje en teoría. En realidad, la conversión es mucho menos eficiente que el 100 %. Aunque hubieras utilizado docenas o cientos de espiras de alambre magneto apretado, no se alcanzaría el 100 % de eficiencia. Unas pocas docenas de espiras de cable

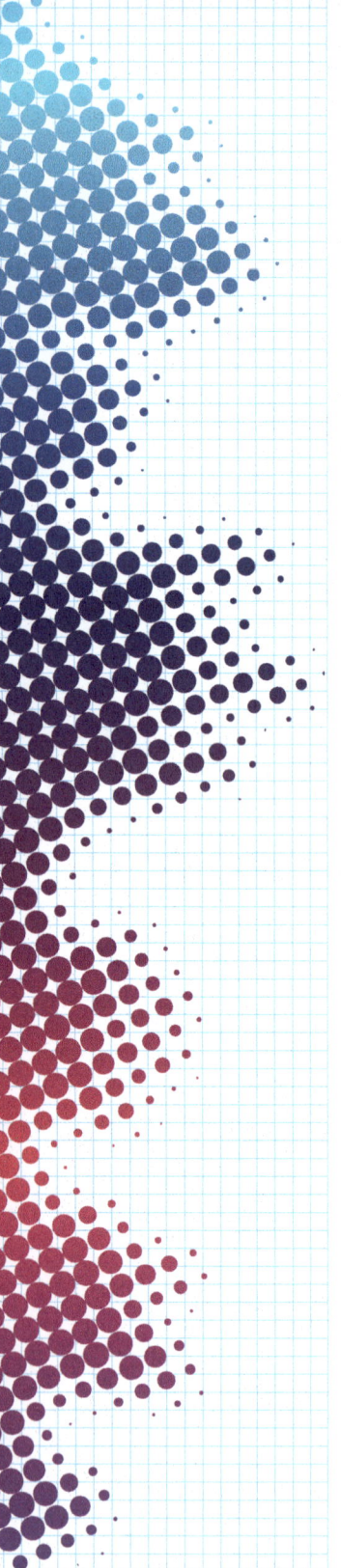

de conexión son solo un 5 % de eficiencia, pero suficientes para generar este valioso mensaje:

Una relación de 1:2 entre las espiras de la bobina primaria y las de la secundaria proporcionará la tensión suficiente para que el LED brille.

Una relación de 2:1 no.

POTENCIA TRANSFORMADORA

Cuando dos bobinas comparten un mismo núcleo y aumentan (o disminuyen) la tensión, funcionan como un *transformador*.

El mundo tal como lo conocemos no podría funcionar sin transformadores. La electricidad se distribuye a través de líneas eléctricas de larga distancia a 25 000 V o incluso más. Después, esta tensión se reduce y se vuelve a reducir, hasta que la energía distribuida a través de cables en postes en zonas rurales puede ser de 500 V, momento en el que un último transformador suministra 220 V a una vivienda.

Este sistema se utiliza para ahorrar dinero. ¿Recuerdas la ley de Ohm? Si **V** representa la tensión medida en voltios, **i** representa la corriente en amperios y **R**, la resistencia en ohmios:

$$V = i * R$$

Quizás también recuerdes la fórmula de la potencia, si **W** representa la potencia en vatios, **V** representa los voltios e **i** los amperios:

$$W = i * V$$

En la segunda fórmula, podemos eliminar **V** y colocar **i** * **R** de la primera:

$$W = i * i * R$$

Si se transporta potencia eléctrica con un cable con resistencia *R*, la potencia *W* perdida en dicho cable es proporcional al cuadrado de la corriente. Esta energía se pierde en forma de calor. Evidentemente, sería una buena idea transmitir energía con la menor corriente posible. ¿Cómo podemos hacerlo?

La forma más obvia es aumentando la tensión.

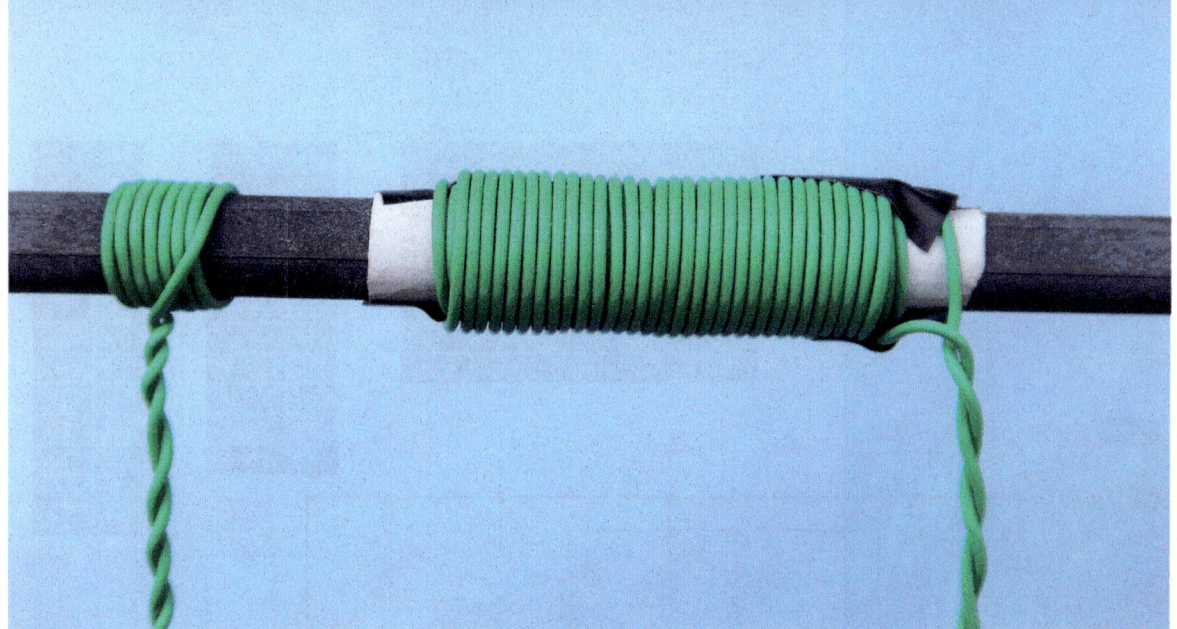

2-8 *La bobina de 31 espiras ha sido sustituida por una de 7 espiras.*

Hasta aquí este inciso sobre la teoría de los transformadores. Ahora bien, ¿por qué se necesita un transformador en un receptor de radio? Porque la salida de corriente de la bobina de la antena tiene que ser lo suficientemente alta como para satisfacer los requisitos de los transistores que vamos a utilizar para amplificar la señal.

CONFIGURACIÓN DEL AMR2

Puedes conservar la bobina que has creado, la de 63 espiras, pero la bobina más pequeña, de 31, no tiene el tamaño adecuado para la radio. Desenróllala y reutiliza un poco de cable para hacer una bobina de solo 7 espiras, cerca de un extremo de la barra, como se muestra en la figura **2-8**. La bobina de 63 espiras aún debe poder deslizarse (no importa si las espiras de las bobinas van ambas en la misma dirección).

La bobina pequeña también puede moverse si no la has apretado demasiado. La idea es que puedas deslizar la grande para ajustar el rango de sintonización y mover la pequeña para optimizar la intensidad de la señal. En caso de señales débiles, si mueves la bobina pequeña justo al lado de la grande aumentarás la intensidad de la señal a expensas de la selectividad; para señales fuertes, puedes alejar la bobina pequeña para aumentar la selectividad incidiendo menos sobre el circuito resonante.

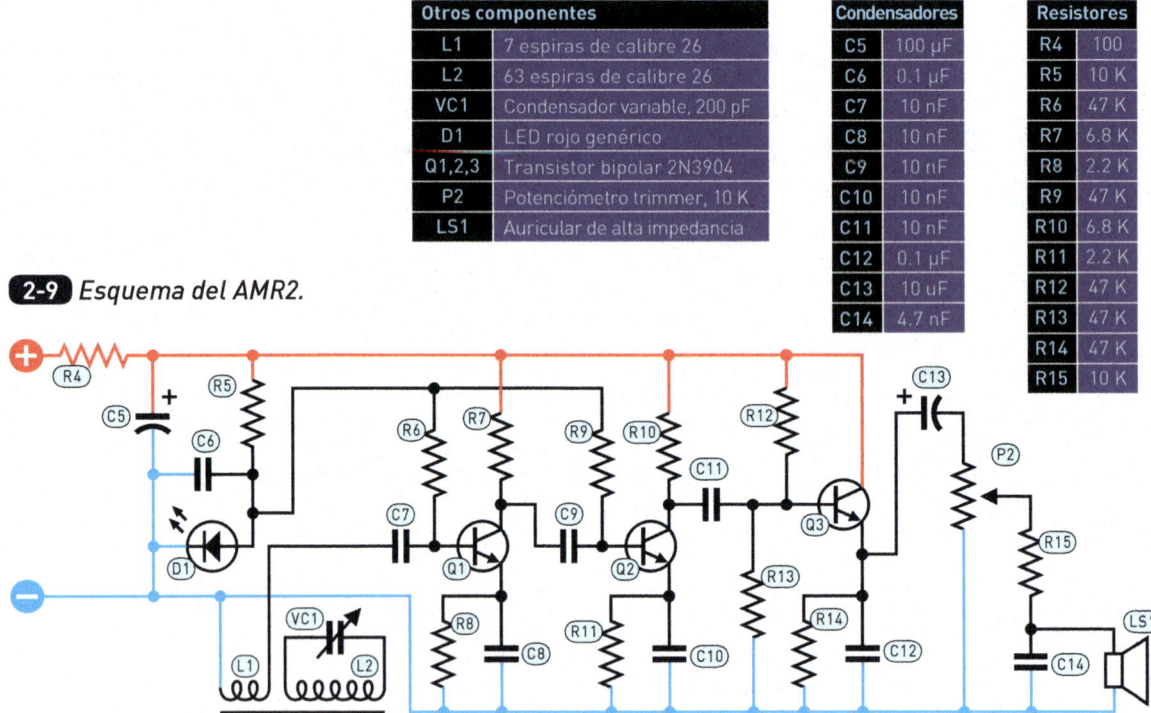

Otros componentes	
L1	7 espiras de calibre 26
L2	63 espiras de calibre 26
VC1	Condensador variable, 200 pF
D1	LED rojo genérico
Q1,2,3	Transistor bipolar 2N3904
P2	Potenciómetro trimmer, 10 K
LS1	Auricular de alta impedancia

Condensadores	
C5	100 µF
C6	0.1 µF
C7	10 nF
C8	10 nF
C9	10 nF
C10	10 nF
C11	10 nF
C12	0.1 µF
C13	10 uF
C14	4.7 nF

Resistores	
R4	100
R5	10 K
R6	47 K
R7	6.8 K
R8	2.2 K
R9	47 K
R10	6.8 K
R11	2.2 K
R12	47 K
R13	47 K
R14	47 K
R15	10 K

2-9 *Esquema del AMR2.*

Con una relación de espiras de 63:7, puedes ver que si la bobina grande es la antena y la salida de la bobina pequeña va a un amplificador de transistor, esta disposición aumentará la corriente por un factor de 9:1, necesario para los transistores en el circuito.

La figura **2-9** muestra el esquema del AMR2. Aquí no aparece el circuito de prueba con los dos temporizadores, pero debes colocarlo en la placa porque lo usarás en breve. La figura 2-9 solo muestra los componentes nuevos y adicionales, ya que no están conectados eléctricamente con los antiguos. El diseño de la placa se muestra en la figura **2-10** con el circuito de prueba en gris.

Observa que hemos vuelto a colocar la antena donde estaba en la figura 1-9, junto con el jumper del pin 3 del IC1 al pin 4 del IC2. Los dos temporizadores 7555 ya están listos para transmitir una señal de prueba desde la antena a la barra de ferrita, que funcionará como antena receptora

Ahora ya sabes por qué no hemos utilizado el bus positivo en la placa de pruebas anterior: lo reservábamos para el AMR2 (supongo que tu placa de pruebas tiene buses positivos y negativos que se extienden de extremo a

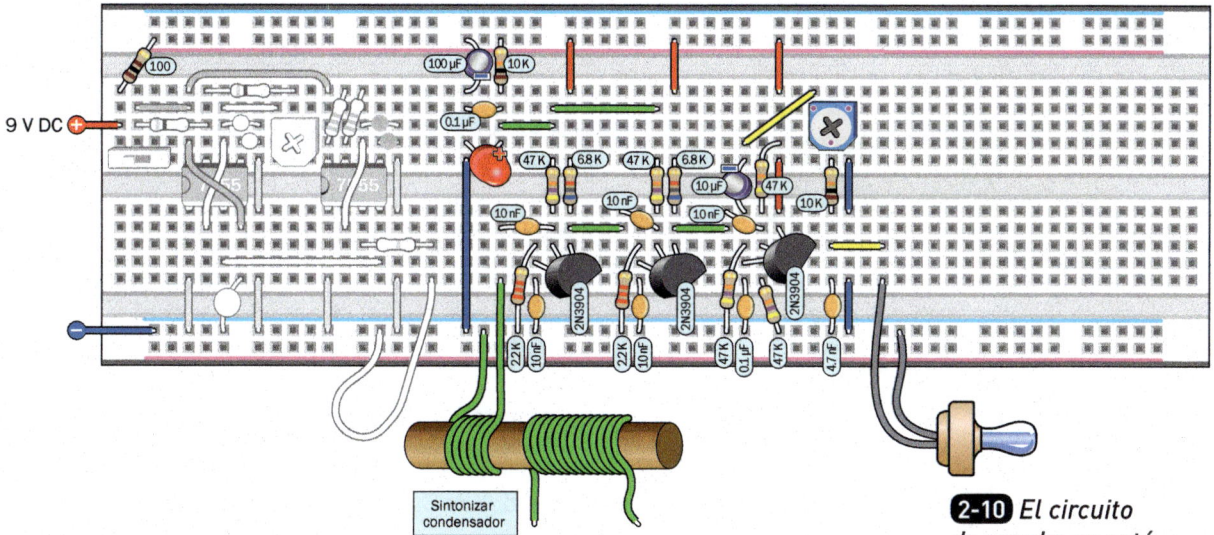

9 V DC

Sintonizar
condensador

2-10 *El circuito de prueba no está conectado con el circuito de radio porque la bobina de 63 espiras de la barra de ferrita lo captará.*

extremo de la placa sin interrupción en el medio. De no ser así, tendrás que añadir unos jumpers en el centro).

Fíjate en el resistor de 100 ohmios de la parte superior izquierda, etiquetado como R4 en la figura 2-9. Dicho resistor suministra energía a través del bus a los nuevos componentes del centro de la placa. R4 trabaja con C5 para proporcionar energía filtrada a los transistores para evitar que oscilen. En un circuito amplificador, la oscilación puede producirse si la salida puede retroalimentar a la entrada, incluso a través de la fuente de alimentación. Recuerda:

¡No excluyas el resistor R4!

Como la bobina de 63 espiras (identificada como L2) se utiliza ahora como antena, se cablea en paralelo con el condensador variable de 200 pF (identificado como VC1) para ajustar la resonancia del circuito cuando se buscan emisoras de radio. L2 no está conectada a la placa de pruebas, solo aumenta la corriente a través de L1, que se conecta mediante un pequeño condensador de acoplamiento a Q1, el primer transistor. Q1 inicia el proceso de amplificación de las señales de radio.

L2 debe conectarse con el condensador de sintonización, como se muestra en la figura **2-11** en la página siguiente. Desconecta el condensador de sintonización de la función que hacía en el Experimento 1. Ahora conéctalo a través de la pieza de tres posiciones del bloque de terminales que has construido anteriormente.

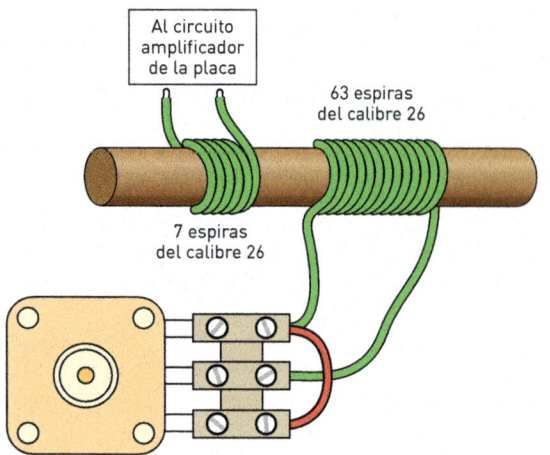

2-11 *Añade el condensador para ajustar la resonancia de la bobina.*

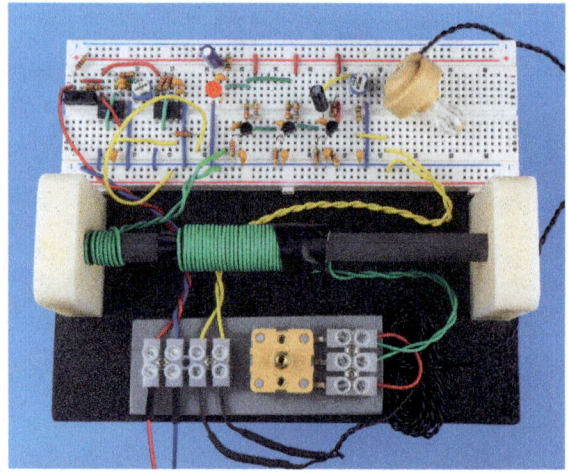

2-12 *El proyecto terminado con los componentes montados sobre piezas cuadradas de plástico para facilitar su manipulación.*

Puedes montar la barra de ferrita, el condensador de sintonización y la placa de pruebas sobre un trozo de plástico o contrachapado para que queden bien sujetos. De lo contrario, si la barra y el condensador se deslizan, es probable que arranquen algunos cables de la placa. En la Figura **2-12** se ha añadido un bloque adicional formado por cuatro pares de terminales en la parte inferior izquierda para tratar la fuente de alimentación y la salida al auricular.

LA PRUEBA DEL AMR2

No esperes alimentar el AMR2 con el típico adaptador de CA. Si lo intentas, lo más probable es que oigas un pitido, ya que los adaptadores suelen tener una salida ruidosa que será captada por la barra de ferrita que hace de antena y será amplificada por los transistores del circuito. Cuando pruebes el AMR2, empieza siempre utilizando una pila de 9 V. Afortunadamente, la radio no consume mucha energía; debería funcionar sin parar durante un par de días con la misma pila.

Aplica la tensión de la pila al extremo de la placa, como se muestra en la figura 2-10. Gira completamente el potenciómetro trimmer P2 en sentido antihorario, como se muestra en la figura 2-9. Ahora, utiliza el interruptor deslizante del extremo izquierdo de la placa para encender los dos temporizadores 7555. Asegúrate de que la salida del IC1 (desde el pin 3) se conecta al pin de reinicio del IC2 (pin 4), y que la salida del IC2 (desde el pin 3) se conecta a través de la antena de alambre.

Ponte el auricular en la oreja y gira el P2 en el sentido de las agujas del reloj. Así controlas el volumen. Deberías oír el tono de prueba, captado por L2, la bobina más grande. Al ajustar P1, deberías detectar todo el rango de frecuencias de prueba de audio. Ajusta el condensador de sintonización (VC1) y oirás fuertemente el tono de prueba en el punto en el que el receptor está sintonizado a la misma frecuencia que el IC2.

Si todo va bien, desconecta el circuito de prueba, pues ya no lo necesitarás. Puedes subir el volumen al máximo y empezar a buscar emisoras de radio.

Durante el día, es posible que no encuentres muchas. Aproximadamente una hora después de la puesta de sol, todo empieza. Si giras lentamente el condensador de sintonización, es probable que captes al menos dos o tres emisoras. Ten en cuenta que el rendimiento de la barra de ferrita es direccional. Para obtener los mejores resultados, la barra debe estar a 90 grados de la dirección desde la que llegan las emisiones de radio.

Tres o cuatro horas después de la puesta de sol, la radio alcanza su nivel máximo de rendimiento. Puede que algunas emisoras empiecen a aparecer y desaparecer lentamente. Esto se debe a que una señal lejana puede llegar por múltiples caminos al rebotar en un nivel superior de la atmósfera conocido como capa de Heaviside (véase la página ix). Cuando un trayecto es ligeramente más largo que otro, las fases de la transmisión pueden anularse. Entonces las condiciones de la atmósfera cambian ligeramente y el efecto desaparece permitiendo que vuelva el sonido de la emisora de radio. Esto forma parte de la experiencia de escuchar la frecuencia AM, ya que las señales de fuentes lejanas luchan por encontrar el camino hasta la antena. Tal vez esto parezca un inconveniente respecto a la FM, pero estas tienen un alcance mucho menor, solo de entre 50 a 60 kilómetros. La AM puede llegar desde 10 veces esa distancia dependiendo de la potencia del transmisor. Un sofisticado receptor de comunicaciones AM con una antena adecuada puede captar emisoras de radio en el rango de frecuencias medio a más de 1600 kilómetros de distancia.

¿Y SI NO FUNCIONA?

Primero, espera a que oscurezca. En un lugar remoto, puede que no escuches ninguna emisora de radio durante el día (por eso incluimos el circuito de prueba, para confirmar que la radio funciona).

A continuación, recuerda desconectar las fuentes de interferencias posibles, pues, al amplificar las señales de radio, también se amplifican las interferencias. De hecho, pueden anular las señales de radio. Incluso una vez apagada una lámpara LED de escritorio, el transformador-rectificador que la alimenta puede seguir produciendo algún pitido o zumbido. Es posible que tengas que desconectar completamente los dispositivos de ese tipo si están cerca del AMR2.

Los fluorescentes son una mala fuente de ruido, incluso los anillos de luz con una lupa en el centro, muy populares entre la gente que monta

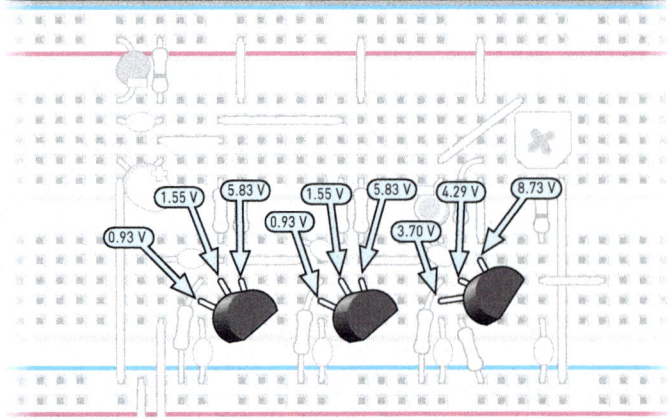

2-13 *Estas son las tensiones aproximadas (relativas a la masa negativa) si no has cometido errores de cableado.*

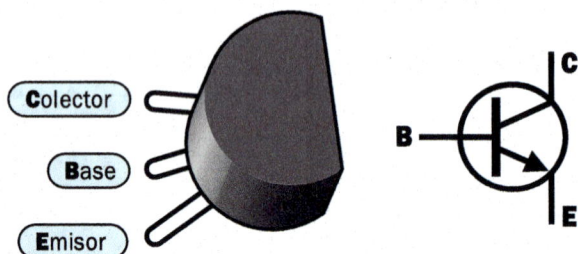

2-14 *Nombres de los conductores de los transistores 2N3904.*

cosas. Las luces electroluminiscentes decorativas también pueden crear interferencias.

Por último, si la señal de los auriculares no es lo suficientemente alta, elimina el R15 y sustitúyelo por un cable jumper.

Cuando busques emisoras de radio, empieza con L2 lo más cerca posible de L1 en la barra de ferrita, como cuando utilizabas dos bobinas para iluminar un LED. Este acoplamiento es más fuerte y le proporciona una señal más fuerte a la radio. Por desgracia, un acoplamiento más fuerte hace que el circuito de resonancia sea menos selectivo, por lo que puede parecer que las estaciones se solapan. En general, es preferible un acoplamiento más débil que proporcione una intensidad de señal adecuada para mantener la selectividad lo más alta posible. Si mueves L2, puede que tengas que reajustar VC1 para compensar.

¿Y si no oyes nada, ni siquiera la señal del generador de pruebas? Probablemente hayas cometido un error de cableado, pero también podría tratarse de malas conexiones entre los jumpers y los clips metálicos en la placa (es triste que con los años las placas de prueba no solo hayan bajado de precio, sino también de calidad). Ajusta el medidor para medir voltios en CC y conecta el cable negro a la masa negativa de la placa (si lo necesitas, utiliza cables cocodrilo). A continuación, comprueba la tensión en los conductores de los transistores. La figura **2-13** muestra las tensiones en CC obtenidas con una fuente de alimentación de 8.92 V. Si tus valores difieren significativamente, es posible que hayas cometido un error de cableado o que el valor de un resistor sea incorrecto.

También puedes probar los transistores con el medidor teniendo en cuenta que C identifica el colector, B es la base y E es el emisor. La figura **2-14** identifica los conductores de un transistor 2N3904, mientras que la figura **2-15** muestra la prueba de este tipo de transistor. No te confundas, pues es posible que tengas que darle la vuelta al transistor para que los conductores coincidan correctamente.

No olvides ajustar el medidor para probar transistores NPN (no PNP). Si los cables se encuentran en los orificios correctos, la lectura debería ser de unos 220. Este valor es la capacidad de amplificación del transistor, también conocido como valor beta. Si el medidor pita, o muestra un mensaje de error o un valor inferior a 100, puede ser que hayas insertado el transistor incorrectamente o que esté dañado.

2-15 *Prueba de un 2N3904 con un medidor.*

Ten en cuenta que el LED de este circuito no es solo un indicador de alimentación. Junto con R5 y C6, su función principal es proporcionar una tensión constante de unos 1.6 V para las bases de los amplificadores del transistor. Con el circuito en funcionamiento, yo obtuve una tensión de 1.68 V en el conductor derecho del LED, marcado con un signo + en la figura 2-10. Si insertas el LED al revés (con el conductor largo a la derecha en lugar de a la izquierda), el circuito no funcionará.

¿Y si oyes emisoras de radio, pero todas están en un extremo del rango de tu condensador de sintonización? Prueba a retirarlo del bloque de terminales y ajustar los minicondensadores de ajuste que hay debajo (los dos tornillos que se muestran en la figura 1-21). También puedes cambiar el número de espiras de cable de la barra de ferrita. La inductancia de cada bobina es proporcional al número de vueltas al cuadrado, elegido para satisfacer el rango de frecuencias en la banda de radiodifusión AM de onda media, pero esto puede no ser adecuado para esta barra de ferrita en particular y el cable utilizado para crear las bobinas. Si no captas ninguna emisora en el extremo inferior de dicho rango de frecuencias AM, prueba a quitar algunas espiras de la bobina.

¡Ten en cuenta que el circuito todavía no dispone de amplificador de potencia! Lo añadiremos en el siguiente y último paso de este experimento y podrá suponer una gran diferencia en la captación de emisoras de radio.

CÓMO FUNCIONA

Si observas el esquema de la figura 2-9, verás que los dos primeros transistores, Q1 y Q2, actúan como amplificadores de tensión y que la disposición de los componentes alrededor de cada uno de ellos es idéntica. Si piensas que Q1 aplica una amplificación inicial y Q2 la aumenta aún más, estás en lo cierto.

El tercer transistor, Q3, actúa como detector de picos y demodula la señal AM (en el AMR1 hemos utilizado un diodo para este fin).

La forma en que Q1 y Q2 están cableados se conoce como **configuración de emisor común**. En cada transistor el emisor está compartido con la base y el colector; e interactúa con ambos. Cuando la tensión aplicada a la base aumenta, la resistencia interna efectiva del transistor disminuye y fluye más corriente entre el colector y el emisor. De este modo, el transistor es un amplificador de corriente. Aun así, consideremos la consecuencia de la reducción de la resistencia efectiva. Como el colector tiene ahora menos resistencia entre sí y la masa su tensión cae. Pero si la tensión en la base disminuye, la resistencia efectiva del transistor aumenta, así como la tensión en el colector.

De este modo, si la salida se toma del colector, tiene un rango de tensión mayor que el rango aplicado a la base.

Como este circuito trabaja con señales de radio que varían rápidamente, se utilizan condensadores de acoplamiento como C7, C9, C11 y C13, que bloquean la CC y solo permiten que pasen las fluctuaciones, y eso es justo lo que queremos.

(El diseño de amplificadores de transistores es un tema complicado. Se han escrito libros enteros sobre ello. Como este es un libro sobre radio y dispongo de poco espacio, no trataré este tema).

C14 y R15 forman un filtro de paso bajo que elimina las frecuencias altas de la señal de audio antes de que llegue al auricular o al amplificador de audio. Esto reduce el ruido y el sonido especialmente agudo que puede formarse cuando distintas emisoras de AM interfieren entre sí. Puedes probar con valores diferentes para C14 como 2.2 nF o 10 nF, o quitarlo por completo.

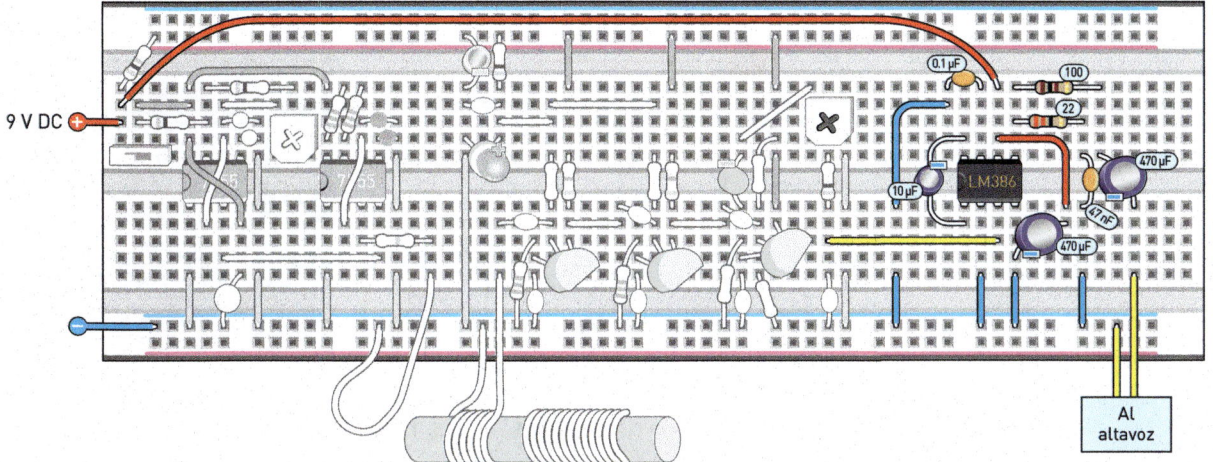

9 V DC

Al altavoz

2-16 *Se ha añadido el chip amplificador LM386 con un cable amarillo horizontal que conecta su entrada con el resto del circuito.*

AÑADIR POTENCIA DE AUDIO

Aunque los transistores que has instalado en el circuito proporcionan cierta amplificación, no suministran la potencia suficiente para activar un altavoz. Para ello, puedes completar el circuito del AMR2 añadiendo un LM386, un chip de la vieja escuela que puede amplificar su entrada por 200.

Añadir el LM386 es muy fácil: simplemente desconecta el auricular y añade el nuevo cable amarillo horizontal que ves a la derecha en la figura **2-16**.

En esta figura, observa el cable largo rojo de alimentación, necesario porque el bus positivo se ha reservado para la alimentación filtrada de los transistores. El pin 6 del LM386 es el pin de alimentación, mientras que el 5 es la salida y el 3 es la entrada.

La figura **2-17** de la página siguiente muestra un esquema de cómo se añade el LM386 al circuito anterior. En este esquema R17 y C18 son opcionales; puentean el altavoz para reducir la cantidad de siseo que se oiría normalmente en transmisiones AM. Puedes probar a eliminar estos componentes. R18 evita que el altavoz consuma demasiada corriente; C19 protege el altavoz de la tensión continua; C17 elimina las fluctuaciones de la fuente de alimentación; y C15 es un condensador de bypass para eliminar el ruido.

Una característica interesante del LM386 es que permite ajustar su relación de amplificación insertando componentes entre los pines 1 y 8. Si estos pines no se conectan, el factor de amplificación por defecto es de 20:1.

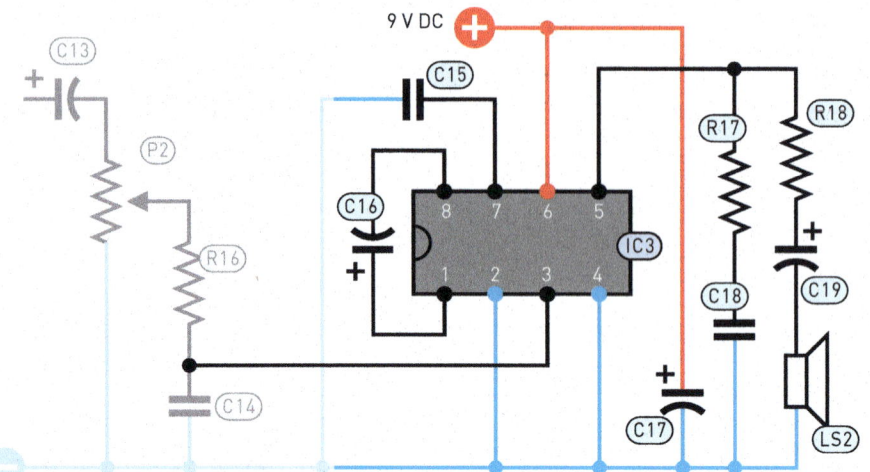

Componentes adicionales	
C15	Cerámico 0.1 uF
C16	Electrolítico 10 uF
C17	Electrolítico 470 uF
C18	Cerámico 47 nF
C19	Electrolítico 470 uF
R17	22 ohmios
R18	100 ohmios
IC3	LM386
LS2	Altavoz (8 ohmios)

2-17 *Esquema del diseño de la placa de pruebas de la figura 2-16.*

Si se inserta un condensador de 10 µF (como se muestra en la figura 2-17), la amplificación aumenta a 200:1. Los valores intermedios para C16, utilizados en serie con resistencias, permitirán diferentes valores de amplificación. Si te interesa, en las especificaciones del LM386 encontrarás más detalles y algunos ejemplos de circuitos.

FUENTES Y LECTURAS COMPLEMENTARIAS

Para el diseño de los tres transistores del AMR2 me inspiré en dos fuentes: la HJW Electronics Breadboard Six Transistor Radio BBRK-1, de Henry J. Walmsley, que puedes encontrar en www.usefulcomponents.com/main_contents/projects/breadboard_trf _radio/breadboard_trf_radio.html, y el libro Build Your Own Transistor Radios, de Ronald Quan. Si necesitas más teoría sobre el proceso de diseño de amplificadores de transistores, te recomiendo otras fuentes: Practical Electronics for Inventors, de Paul Scherz y Simon Monk, tiene una breve pero buena sección sobre amplificadores de transistores. The Art of Electronics, de Paul Horowitz y Winfield Hill, también contiene la teoría necesaria, pero un poco más repartida.

En cuanto a los recursos en línea, te recomiendo www.electronics-tutorials.ws/amplifier/amp_2.html.

Aquí encontrarás varios circuitos amplificadores y teoría sobre su funcionamiento.

The Bipolar Transistor Cookbook, publicado en varias partes en el sitio web Nuts and Volts, contiene amplificadores, entre otros muchos circuitos de transistores. Entra en www.nutsvolts.com/magazine/article/bipolar_transistor_cookbook_part_3.

RECAPITULEMOS

Hemos empezado esta sección explicando cómo pueden interactuar las bobinas para modificar la corriente y la tensión. También hemos visto cómo una bobina puede transmitir la potencia suficiente a otra para encender un LED. Este principio básico se utiliza tanto en los transformadores de la red eléctrica que suministra electricidad a los hogares como en las radios, donde la señal debe transformarse para adaptarse a las necesidades de los transistores. En el AMR2 hemos visto cómo los transistores bipolares pueden amplificar una señal de radio para que sea lo suficientemente potente como para alimentar un altavoz.

Ahora que ya tienes una radio funcional, es el momento de dar el siguiente paso: construir un transmisor que pueda emitir música, voz y otros sonidos, a escala limitada, que el AMR2 sea capaz de recibir.

experimento

3

TRANSMISOR AM DE VERDAD

El transmisor que construiste en el Experimento 1 era un dispositivo básico que solo podía enviar tonos de prueba. Podríamos considerarlo como un AMTcero.

Ahora le toca el turno al AMT1, que está construido en torno a un solo transistor pero que puede enviar voz y música. Podrás captar su señal con una radio comercial o recibirla con el AMR2, el receptor que construiste en el Experimento 2 (siempre que no necesites reutilizar esos componentes para este circuito).

La potencia de un transmisor casero está limitada por normativas que varían de un país a otro. En este experimento, también estará limitada mediante un único transistor. Aun así, si alguna vez has deseado ejercer de DJ en familia, emitiendo programas de radio que otras personas pueden sintonizar en casa, este dispositivo es un paso hacia ese objetivo. Es un pequeño paso, pero demuestra las posibilidades.

NOTAS SOBRE UNO DE LOS COMPONENTES

Nota sobre los inductores: un inductor se parece a un resistor, pero contiene una pequeña bobina. Recuerda que H significa "henrios", que estos son las unidades de inductancia y que µH significa "microhenrios." Los inductores también se clasifican por la corriente continua máxima

Necesitarás:

Para este experimento necesitarás algunos componentes nuevos, que encontrarás descritos en el Apéndice A y en el Apéndice C:

- Inductor, 22 µH, máximo 40 mA (1).
- Cable de audio de al menos 1 metro de longitud, con clavija de audio de 1/8" en cada extremo (1).
- Adaptador de audio a placa base (1). Consiste en una toma de audio de 1/8" (también conocida como jack de audio) que se conecta con pines que pueden enchufarse a la placa base o terminales de tornillo.
- Cualquier dispositivo de audio que tenga una salida de auriculares desde una toma de 1/8" (1).

Si no te importa desmontar los circuitos de los Experimentos 1 y 2, puedes reutilizar esos componentes y solo necesitarás algunos adicionales:

- Resistores: 1 K (3), 4 .7 K (2).
- Condensadores cerámicos: 2 .2 nF (1), 47 nF (1), 1 µF (1).
- Receptor de radio AM (1). Antes lo he enumerado como una opción, pero si desmontas el AMR2, necesitarás otra manera de recibir las señales de radio AM transmitidas, y una radio portátil es la opción más fácil.

Si *no* quieres desmontar los circuitos anteriores y reutilizar los componentes, puedes ignorar la lista anterior. Puedes utilizar el AMR2 como receptor de radio, pero necesitarás estos componentes para el AMT1:

- Una segunda placa de pruebas (1).
- Un condensador de sintonización adicional, 200 pF, tipo 223P (1).
- Resistores: 1 K (3), 4 .7 K (2), 10 K (1).
- Condensadores cerámicos: 2 .2 nF (1), 47 nF (1), 0.1 µF (1), 1 µF (1).
- Condensador electrolítico, 10 µF (1).
- Transistores NPN bipolares 2N3904 (1).
- Cable de conexión adicional, de calibre 22 o 26, para hacer una antena de cuadro de 4" (0.6 metros).

TEMAS LEGALES

Como el espectro radioeléctrico de AM es un recurso limitado, a los organismos públicos les gusta limitarlo. Según el país en el que vivas, pueden existir normas estrictas que limiten la potencia y el alcance del transmisor que construyas.

En Estados Unidos, un transmisor casero para la banda AM está autorizado a emitir con una potencia de hasta 100 mW, ridícula comparada con los 50 000 vatios de algunas emisoras de radio "de verdad". Además, la antena (incluido el cable que va a ella y el que va a tierra) no puede medir más de 3 metros.

Si quieres conocer todos los detalles, busca en Internet `Normativa FCC parte 15`

Nuestro circuito para el AMT1 solo utiliza una pequeña antena de cuadro y está alimentado por mucho menos de 100 mW, por lo que creemos que debería ser totalmente legal en Estados Unidos. En otros países, las normas pueden ser más estrictas. Como no puedo comprobarlas todos, te sugiero que, si te preocupa este tema, busques en Internet.

Por supuesto, no hay nada que te impida comprar componentes y unirlos para crear un transmisor. Los problemas pueden surgir cuando lo enciendas y lo utilices, sobre todo si interfieres en la recepción de radio de otras personas. Te mostraré cómo minimizar el riesgo de que esto ocurra, pero no asumo ninguna responsabilidad si decides sobrepasar los límites. Eso es cosa tuya.

que pueden pasar. Sustitúyelos por un valor nominal de corriente superior, nunca inferior, al que yo especifique.

Nota sobre las fuentes de audio: en este proyecto puedes utilizar como fuente de audio para el transmisor casi cualquier dispositivo que tenga un conector para auriculares. Un ordenador portátil, un reproductor MP3, un radiocasete o (incluso) un viejo teléfono móvil puede servir. Muchos dispositivos modernos ya no tienen un jack para auriculares; tendrás que comprobarlo. Lo ideal sería que consiguieras algo barato de segundo mano, como un reproductor de CD o incluso un antiguo reproductor de casetes.

CREAR UNA ONDA PORTADORA

En el Experimento 1 mencioné que un transmisor necesita una onda portadora de una frecuencia entre 530 kHz y 1700kHz para ser clasificado como una radio que opera en la banda AM. En ese caso, utilizamos un temporizador 7555 para generar la onda, pero era una onda cuadrada, lo que no es ideal. En realidad, una portadora debería ser una *onda sinusoidal*. En breve explicaré detalladamente esta diferencia; de momento, estos son los fundamentos más importantes:

- Un circuito LC puede funcionar como oscilador y generar una onda sinusoidal.
- Un circuito LC también puede detectar una onda sinusoidal resonando contra ella.

Volvamos a la figura 1-40, que muestra una onda sinusoidal creada en un circuito LC por un pulso de tensión inicial. Para utilizarla como portadora, necesitamos sostenerla con la energía suficiente para que siga funcionando indefinidamente. ¿Y cómo podemos hacerlo? Con un transistor conectado como amplificador.

Si te preguntas cómo funciona, piensa en un micrófono conectado a un sistema de altavoces sencillo. Si llega demasiado sonido de los altavoces al micrófono, se oye un pitido, silbido o chirrido que suele denominarse **retroalimentación acústica**. Ese es lo que queremos, aunque la frecuencia debe ser ajustable y necesitamos una forma de evitar que las oscilaciones se descontrolen.

En este experimento partimos con una placa de pruebas vacía, ya sea porque es nueva o porque has retirado todos los componentes que colocaste en ella en los Experimentos 1 y 2.

La figura **3-1** muestra la disposición de la placa para un circuito oscilador simple que será la base del AMT1, y la figura **3-2** muestra el esquema. La antena transmisora es un bucle formado por dos espiras de cable de calibre 22 o 26 de unos 10 cm de diámetro. Para ello necesitarás algo más de 60 cm de cable. Puedes utilizar trozos de cinta adhesiva para mantener unidas las espiras.

Se alimenta con una pila de 9 V. Cuando construiste el AMR2, mencioné que un adaptador de CA tiende a introducir ruido que interfiere con la recepción de radio. Un adaptador de CA también interferirá con la transmisión de radio, a menos que su salida esté muy suavizada.

Cuando observes el circuito te darás cuenta de que no tiene entrada. Eso es porque, en este punto, el circuito simplemente generará una onda portadora. En el siguiente paso añadiremos una entrada de audio.

También verás que no hay ninguna salida audible o visible desde el circuito, aparte de la antena, que transmite una onda portadora a casi 1 MHz. Entonces, ¿cómo sabremos si funciona?

3-1 *Primer paso en el montaje del AMT1.*

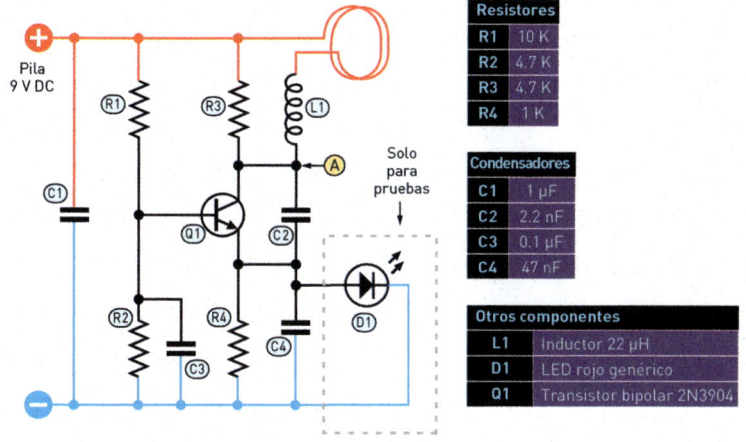

3-2 *Esquema de la disposición de la placa de la figura 3-1.*

Resistores	
R1	10 K
R2	4.7 K
R3	4.7 K
R4	1 K

Condensadores	
C1	1 µF
C2	2.2 nF
C3	0.1 µF
C4	47 nF

Otros componentes	
L1	Inductor 22 µH
D1	LED rojo genérico
Q1	Transistor bipolar 2N3904

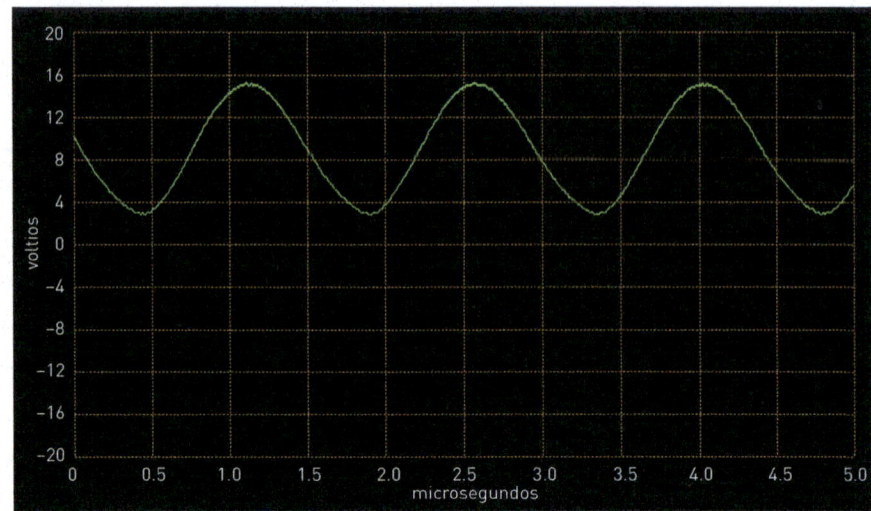

3-3 *Onda portadora generada por el AMT1 vista en un osciloscopio.*

Si tienes un osciloscopio, conéctalo entre el punto A del esquema y la masa negativa. Deberías ver una onda sinusoidal suave como la que se muestra en la figura **3-3**.

Si no tienes uno, puedes probar el circuito de otras dos formas. En primer lugar, incluye un LED, como se sugiere en el diagrama de la placa y en el esquema. El LED debe encenderse cuando apliques corriente al circuito. Esto no garantiza que el circuito funcione, pero proporciona cierta seguridad.

Ahora, retira el LED. Mientras aplicas alimentación al AMT1, enciende el AMR1, el AMR2 o cualquier receptor de radio AM comercial. Si tienes cerca fuentes de radiointerferencias apágalas.

Mantén la radio cerca de la antena de cuadro y gira el condensador de sintonización muy lentamente desde 650 kHz hasta 750 kHz. Al girar el dial, deberías notar que desaparece el silbido de la estática que se oye normalmente en una radio AM, y la radio se queda en silencio. En este punto estás sintonizando la onda portadora del transmisor. No hay sonido porque aún no hemos añadido el audio.

Mientras la radio está sintonizada en el punto silencioso, desconecta la alimentación del transmisor: la estática del altavoz de la radio se reanuda. Vuelve a conectar la alimentación al circuito y la estática volverá a parar.

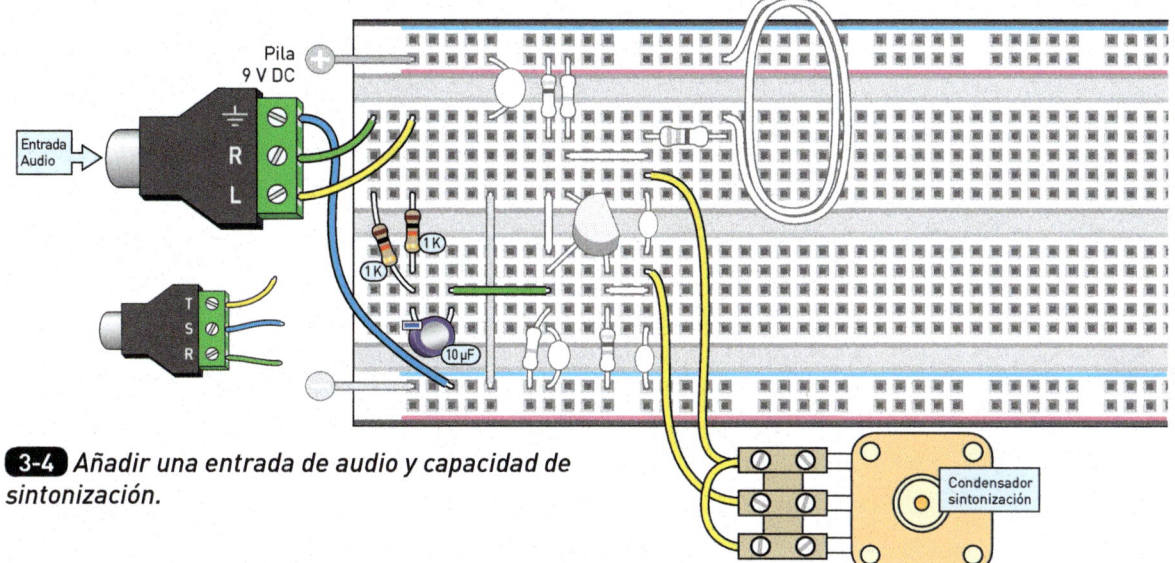

3-4 *Añadir una entrada de audio y capacidad de sintonización.*

AÑADIR EL AUDIO

El siguiente paso es añadir una entrada de audio y un condensador de sintonización, como se muestra en las figuras **3-4** y **3-5**. El condensador de sintonización es como el que ya has utilizado y lo añadimos para que puedas ajustar la frecuencia de transmisión, por si hay una emisora de radio cerca de donde vives cuya frecuencia quieras evitar.

El componente del extremo izquierdo de la placa es un adaptador en el que se conecta un jack de audio con tres terminales de tornillo. La mayoría de los adaptadores tienen sus terminales etiquetados como *L* (canal izquierdo), *R* (canal derecho) y el símbolo de tierra. Algunos tienen tornillos con las letras *T*, *S* y *R* (que significan "punta", "manguito" y "anillo" en el jack). Esos tornillos tienen la misma función que *L*, tierra y *R*. La figura 3-4 muestra este tipo de adaptador con el mismo código de colores de los cables que el tipo más común.

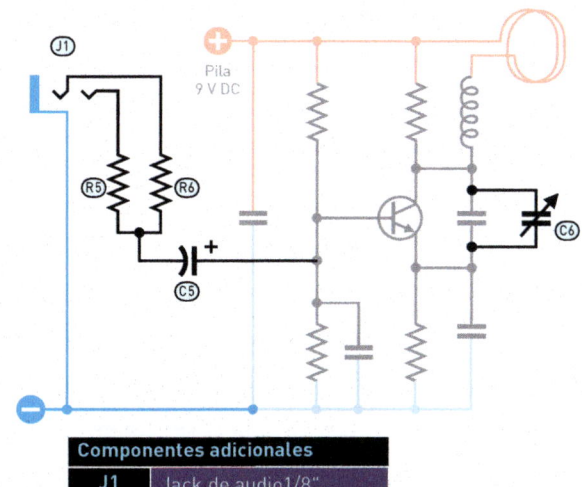

Componentes adicionales	
J1	Jack de audio 1/8"
R5	Resistor 1 K
R6	Resistor 1 K
C5	Condensador 10 µF
C6	Cond. sintonización, 200 pF

3-5 *Esquema de la disposición de la placa en la figura 3-4.*

Con un cable de audio con una toma de 1/8" en cada extremo conecta una fuente de audio al adaptador. Lo más probable es que la fuente esté en estéreo y que la toma del cable de audio sea estéreo. Como nuestro transmisor solo funciona en mono, utilizamos R5 y R6 para unir los dos canales. Así, las rápidas fluctuaciones de la señal de audio pasan a través de C5 a la base de Q1.

¿Es segura la fuente de audio cuando está conectada a este circuito? Naturalmente, he tomado medidas para minimizar cualquier riesgo:

- El circuito solo se alimenta con una pila de 9 V.
- C5 aísla el dispositivo de audio de la tensión continua en el AMT1.
- Como precaución, antes de enchufar el cable de audio puedes introducir el multímetro entre la pila y la placa para comprobar el consumo de corriente. Si es mucho más de 3 mA, puede ser que hayas cometido un error en el circuito.
- Las salidas de auriculares de los dispositivos de audio suelen ser resistentes en comparación con interfaces más modernas, como los puertos USB.
- Los resistores de 1 K conectados a la entrada de audio de nuestro dispositivo ofrecen una protección adicional.

Cuando el cable de audio se conecta a la salida de auriculares de un radiocasete, u otro reproductor de música, normalmente se suprime la salida del altavoz del reproductor. Aplica corriente al AMT1, enciende la radio y colócala como antes. Ajusta el condensador de sintonización si es necesario; la radio ya debería captar la música que estás emitiendo.

La mayoría de las radios AM cuentan con una antena de barra de ferrita, que es direccional y que puedes girar para optimizar su recepción. También puedes subir el volumen de la fuente de audio para crear una entrada más potente, pero a partir de cierto punto la música se distorsiona. Esto se conoce como **recorte**, y se produce cuando la entrada supera la capacidad de amplificación del transistor.

Prueba a alejar la radio para averiguar el alcance que puedes conseguir. Yo pude captar la señal desde una distancia de 2 metros. No parece mucho, pero este transmisor funciona con un solo transistor y una antena de cuadro de 10 cm. En realidad, el AMT1 solo pretende demostrar las posibilidades.

No olvides desconectar la pila cuando hayas terminado la prueba.

Te voy a contar algo empezando por el concepto de onda sinusoidal.

SENO

Hace más de 2000 años, la gente dividía un círculo en 360 grados, quizás porque cada año tiene unos 360 días.

Un cuarto de círculo tiene un ángulo en el centro, de 90 grados, denominado ángulo recto. Si los dos lados de un triángulo adyacente a un ángulo recto variaran en longitud, podría parecerse a lo que se muestra en la figura **3-6**. ¿Y si queremos saber el tamaño del ángulo A? Pues podrías definirlo midiendo con mucho cuidado dos lados del triángulo, como el lado **O** (opuesto al ángulo) y el lado **H** (la hipotenusa del triángulo; aunque esta palabra ya no se utiliza demasiado sigue siendo el término correcto). Luego, divide **O / H**. Esta fracción se llama *seno* del ángulo, que lo define unívocamente. En matemáticas sería:

```
sin(A) = O / H
```

(La abreviatura *sin* se utiliza universalmente en fórmulas de este tipo).

La fracción de **O** dividida por **H** es un número que oscila entre casi cero (cuando el ángulo es muy pequeño y el lado **O** es muy corto) y casi 1 (cuando el ángulo es de casi 90 grados y el lado **O** es casi tan largo como el lado **H**).

Ahora, imagina que un objeto atado al extremo de una cuerda está orbitando un punto, como en la figura **3-7**. Podemos dibujar una serie de triángulos donde **O**, ilustrado como líneas rojas, varía en función del ángulo en el centro. La figura 3-7 muestra estos valores en intervalos de 15 grados, porque 15 se divide perfectamente entre 360. Observa que **O** parte de cero y se alarga a medida que los ángulos aumentan de tamaño y luego vuelve a acortarse cuando el objeto gira más allá del punto medio.

En la parte derecha de la figura 3-7 los valores del lado **O** se han reordenado a intervalos regulares pensando en el espaciado horizontal como una línea temporal. Como la altura de cada línea es proporcional al seno del ángulo que la creó, una curva suave a través de los extremos superiores de las líneas se conoce como **onda sinusoidal**.

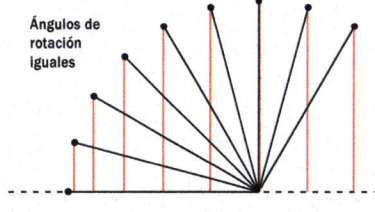

Seno del ángulo A = $\frac{O}{H}$

3-6 *¿Cómo medir el ángulo A?*

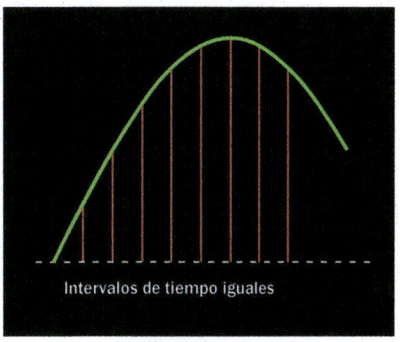

Ángulos de rotación iguales

Intervalos de tiempo iguales

3-7 *Cómo se construye una onda sinusoidal.*

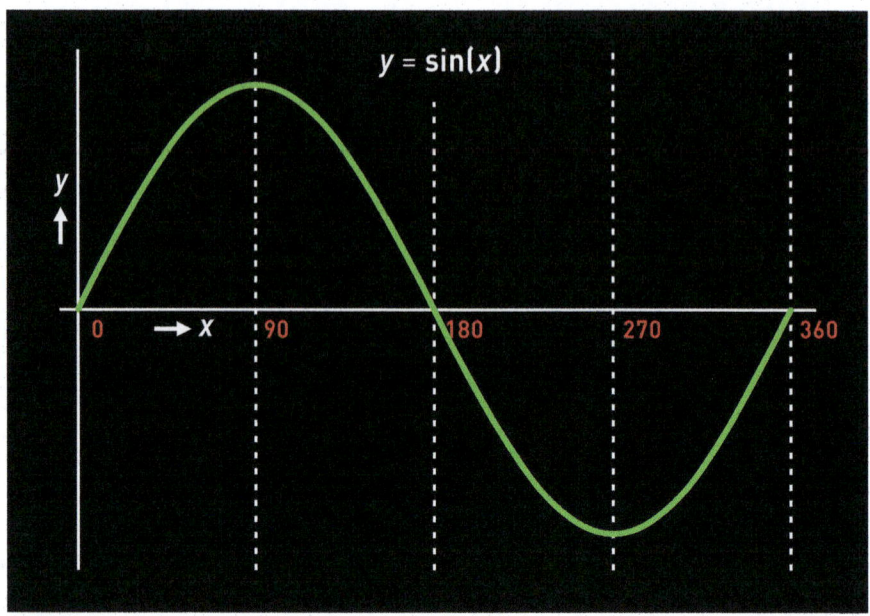

3-8 *Forma en que se suele representar una onda sinusoidal en los libros de texto.*

En la figura **3-8** se muestra el ciclo completo de una onda sinusoidal tal y como aparece normalmente en los libros de texto, con un eje vertical denominado **y**, un eje horizontal denominado **x** y la fórmula que crea la curva, que es

$y = \sin(x)$

Si introduces esta fórmula en un buscador web, te aparecerá una onda sinusoidal en pantalla. Se puede dividir en pasos de 90, 180, 270 y 360 grados, que se corresponden con los ángulos de la parte izquierda de la figura 3-7 cuando el objeto que orbita alrededor de un punto da toda la vuelta y vuelve al lugar de origen.

¿Por qué es importante? Primero, las ondas sinusoidales aparecen por todas partes:

- Si colocas un objeto pesado en un muelle de extensión vertical y dejas que dicho objeto rebote en el extremo del muelle, puedes trazar su movimiento como una onda sinusoidal.
- El movimiento de un péndulo oscilante puede expresarse como una onda sinusoidal (siempre que no oscile demasiado).

- Si coges una botella de refresco vacía o casi vacía y soplas ligeramente por encima del cuello, el aire en su interior resuena creando ondas de presión que suenan con un tono suave y agradable. Si representas estas rápidas variaciones de la presión atmosférica en el tiempo se forma una onda sinusoidal.
- Si trazáramos las tensiones de la corriente alterna de una toma de corriente de nuestra casa durante un periodo de tiempo, formarían una onda sinusoidal.
- La tensión en un circuito LC se puede representar como una onda sinusoidal, como se muestra en la figura 1-40.

El último elemento de esta lista es el que nos interesa. Como un circuito LC oscila naturalmente de esta forma, puedes utilizarlo en un receptor para que resuene con una onda sinusoidal de una frecuencia coincidente. Esto nos lleva a una conclusión importante: un circuito LC en un receptor de radio puede detectar una frecuencia portadora que coincide con un transmisor, ignorando otras frecuencias, *siempre que la portadora sea una onda sinusoidal*.

Esta capacidad es realmente asombrosa si tenemos en cuenta los miles o millones de señales de radio que hay en el espectro electromagnético. La radio AM es solo un pequeño segmento de este espectro. La radio de onda corta, la radio FM, las emisiones de televisión por aire a la antigua usanza, las emisiones por microondas, las transmisiones de telefonía móvil, las señales de los satélites... La cacofonía electrónica continúa día y noche a nuestro alrededor. Pero un circuito sencillo como el que utilizamos en el AMR2 lo filtrará todo, excepto una onda portadora en una banda estrecha de frecuencias.

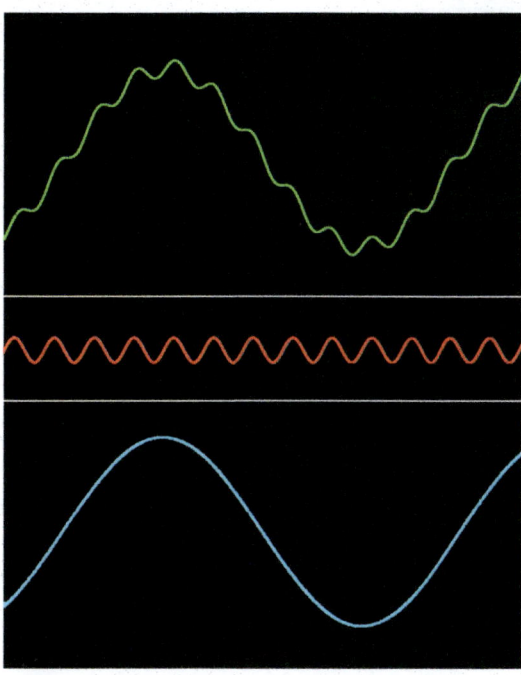

Para hacernos una idea de este proceso, piensa que una onda compleja como la de la parte superior de la figura **3-9** es en realidad la suma de las dos formas de onda que se muestran a continuación. Un circuito LC puede extraer cualquiera de ellas de la onda compleja mientras bloquea la otra.

3-9 *Un circuito LC debería poder extraer cualquiera de las ondas sinusoidales de la onda compleja de la parte superior.*

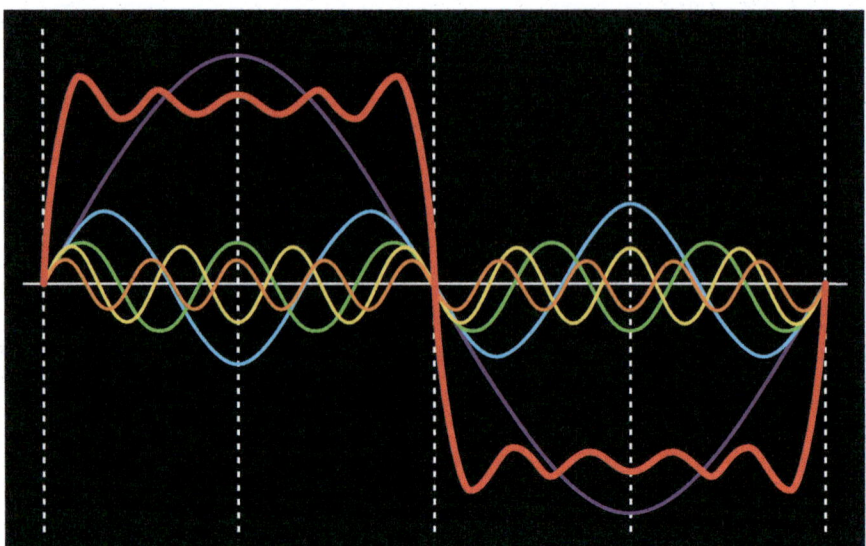

3-10 *Se puede demostrar matemáticamente que una onda cuadrada, en rojo, se puede crear combinando muchas ondas sinusoidales más pequeñas, mostradas aquí en otros colores.*

¿Y si un transmisor crea una onda cuadrada? Resulta curioso que se pueda construir una onda cuadrada ensamblando un montón de ondas sinusoidales de frecuencia creciente. Esto es lo que se sugiere en la figura **3-10**, donde la curva roja más gruesa es el resultado de añadir todas las demás ondas de diferentes colores. Cuantas más curvas de frecuencias más altas añadidas, más cerca estará la curva roja de ser una onda cuadrada (por supuesto, el tamaño de cada onda adicional tiene que ser el adecuado, y existe una fórmula para definirlo, aunque es demasiado compleja para tratarla en este libro).

Las curvas de mayor frecuencia se conocen como los **armónicos** de la frecuencia de la onda cuadrada.

Como el circuito LC de un receptor de radio resuena con ondas sinusoidales, considerará que una onda cuadrada está formada por varias ondas sinusoidales. En consecuencia, si utilizaras una portadora de onda cuadrada se detectaría en todo el espectro radioeléctrico, lo que causaría interferencias y confusión. Solo utilizamos una onda cuadrada en nuestra primera demostración porque era adecuada con temporizadores 7555 y la potencia de transmisión era tan pequeña que no causaría ningún problema.

Este es el mensaje que debes recordar:

• En el mundo de la radio, todas las ondas portadoras son sinusoidales.

Y te estarás preguntando: ¿cómo funciona el circuito simple del AMT1 para crear la salida de onda sinusoidal?

ENTENDER EL AMT1

En primer lugar, recuerda cómo funciona un transistor: una tensión aplicada a su base controla la corriente que entra por el colector y sale por el emisor, siempre que la tensión de la base sea al menos 0.6 V superior a la del emisor. En la figura 3-2, R1 y R2 proporcionan una **tensión de polarización** a la base para que esta permanezca en el rango activo.

R3 y R4 ayudan a ajustar las tensiones adecuadas en el colector y el emisor.

R3 proporciona una tensión de salida en el punto A, ya que la tensión en A depende de la corriente a través de R3 según la ley de Ohm, y el transistor controla esta corriente.

Fijémonos ahora en los condensadores C1, C2 y C4. Si sigues las conexiones a través de ellos y alrededor de la parte superior del circuito, verás que el camino se completa a través de la antena y la bobina, L1. Esto es similar, pero no exactamente igual, al circuito LC básico que presentamos en la figura 1-39. El condensador C1 tiene un valor relativamente alto, por lo que no desempeña un papel muy activo, pero permite que circule la corriente alterna de alta frecuencia.

La función del transistor Q1 es detectar la oscilación en el circuito LC (con la conexión a la placa inferior de C2) y aumentar la tensión a la placa superior de C2 en los momentos adecuados para mantener la oscilación, como si empujaras a un niño en un columpio.

Se trata de un bucle de retroalimentación positiva, como el que se produce entre los altavoces y un micrófono en un auditorio.

El condensador C3 en la base del transistor tiene dos efectos: en primer lugar, estabiliza la tensión de base y es necesario para mantener el oscilador en funcionamiento. En segundo lugar, al estabilizar la tensión de base, filtra las altas frecuencias de señal de audio alimentada a la base. Junto con R5 y R6 (que se muestran en la figura 3-5) forma un filtro de paso bajo.

Técnicamente, este es un ejemplo de **circuito amplificador de base común**, ya que la base del transistor se mantiene a una tensión constante. Es un circuito difícil de entender porque la entrada está realmente en el emisor, y las fluctuaciones de la corriente que fluye por el cable horizontal hacia el emisor controlan las fluctuaciones en la bobina conectada al colector.

Este tipo de amplificador no se ve tan a menudo como un amplificador de emisor común como el que usamos en el AMR2, pero tiene una propiedad que lo hace especialmente útil en el circuito oscilador: es **no inversor**. Un amplificador de emisor común invierte la señal; cuando la tensión de base sube, la tensión de salida en el colector baja, y esto hace más complicado disponer de la retroalimentación positiva necesaria para la oscilación.

El circuito AMT1 es también un ejemplo de **oscilador Colpitts**, que se caracteriza porque utiliza una bobina con dos condensadores (C2 y C4) para crear el circuito de resonancia, con una retroalimentación extraída de entre los dos condensadores.

Si observas la disposición del circuito en la figura 3-5, verás que la entrada de audio está cableada a través del condensador C5 a la base del transistor. Por consiguiente, mientras el circuito oscila, la tensión variable en la base modula la amplitud de las oscilaciones de alta frecuencia (por razones complicadas, el cambio de tensión de la base en el amplificador de base común influye en la **ganancia del amplificador**, que es cuánto amplifica el amplificador una señal. Podemos utilizar esta afirmación para controlar la amplitud de la señal que produce el oscilador).

Cuando reajusté mi osciloscopio para mostrar la frecuencia en kilohercios en lugar de en megahercios, la salida del transmisor (medida en el punto A del circuito de la figura 3-2) se parecía a la captura de pantalla de la figura **3-11**. De hecho, esta señal en concreto se creó grabando un bajo.

El osciloscopio no capta realmente las oscilaciones con precisión porque la frecuencia de muestreo es demasiado baja. Es difícil mostrar señales AM con osciloscopios digitales porque las escalas de tiempo de la onda portadora y las frecuencias de audio son muy diferentes.

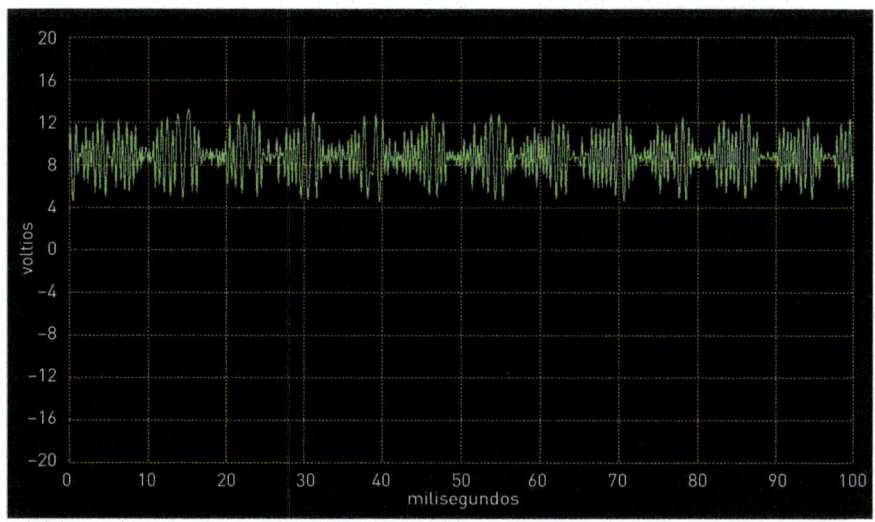

3-11 *Señal de audio añadida a la salida del AMT1.*

CALIDAD DE SONIDO Y SOBREMODULACIÓN

Sin señal de audio en la entrada, el oscilador emite una señal sinusoidal de amplitud constante, como en la figura 3-3. Con una señal de audio añadida, la amplitud de esta señal varía con la tensión momentánea de la señal de audio: cuando esta es positiva, la amplitud es mayor, mientras que cuando es negativa la amplitud es menor. Aumentar la amplitud de la señal de audio en la fuente (tal vez mediante un control de volumen) aumenta el tamaño de las variaciones de amplitud en la salida.

¿Qué ocurre si sigues aumentando la amplitud de la entrada de audio? En particular, las partes negativas de la señal de audio resultan problemáticas porque, si la tensión en la base del transistor es demasiado baja, el oscilador se detendrá por completo. En ese caso, la señal de salida empieza a parecerse más a una onda cuadrada y es un problema porque disminuye la calidad del sonido de la transmisión y causa interferencias en frecuencias cercanas.

Saber cuándo se produce esa sobremodulación puede ser difícil sin un osciloscopio. He elegido los valores de los componentes del circuito para evitar la sobremodulación con una señal de salida de línea a todo volumen, pero como las salidas de los equipos de audio pueden ser distintas, puede que esto no sea suficiente. Bajar un poco el volumen de la fuente de audio proporciona cierto margen de seguridad.

AUMENTAR EL RANGO

Si utilizas una antena de cuadro de mayor diámetro, o con más espiras, puedes aumentar el rango de transmisión. Experimenta cuanto quieras, pero recuerda que en Estados Unidos el límite son 3 metros de cable, y que otros países tienen sus propias normativas. Ten en cuenta también que al cambiar la antena de cuadro cambiará también la frecuencia del transmisor.

La frecuencia también puede cambiar si hay objetos magnéticos grandes cerca del AMT1 u objetos que puedan magnetizarse, los cuales pueden afectar a la inductancia o a la capacitancia de la antena.

Lo ideal sería ajustar la frecuencia de transmisión con un circuito LC dentro de una caja metálica protegida de influencias externas. Los equipos de radio antiguos suelen contener pequeñas cajas metálicas que rodean las partes delicadas del circuito y en los equipos modernos se encuentran soldadas a una placa de circuito.

Si deseas una estabilidad aún mayor, puedes utilizar un cristal de cuarzo en lugar de un circuito LC para ajustar la frecuencia. Los circuitos de radio modernos casi siempre lo usan. Los cristales de cuarzo también se utilizan a menudo con microcontroladores para ajustar con precisión la frecuencia del reloj. La Raspberry Pi Pico que utilizaremos para nuestro próximo experimento utiliza un cristal de 12 MHz, a partir del cual genera todas las señales de reloj que utiliza (específico para tener una precisión de 30 partes por millón).

FUENTES

El oscilador LC que he mostrado procede de uno que se encuentra en *Build Your Own Transistor Radios*. Puedes leer más sobre osciladores en *The Bipolar Transistor Cookbook*, Parte 5, en Nutsvolts.com.

Encontrarás un transmisor de AM más sofisticado con explicación en www.geojohn.org/Radios/MyRadios/AMXmitr/AMXmtr.html.

Puedes obtener más información sobre teoría de los transistores, incluida la forma en que la corriente del emisor afecta a la ganancia del amplificador, en *Practical Electronics for Inventors*, de Paul Scherz y Simon Monk.

RECAPITULEMOS

Ya hemos visto cómo transmitir y recibir señales de amplitud modulada mientras hemos ido aprendiendo conceptos como las ondas sinusoidales, los armónicos, la sobremodulación y la necesidad de un condensador de acoplamiento al conectar una fuente de audio con un amplificador.

El rango y la calidad del AMT1 dejan mucho margen de mejora, pero si quieres ser un DJ no solo difundiendo música, sino también añadiendo tu propia voz, puedes hacerlo fácilmente con un ordenador como fuente de música y mezclando tu voz con unos auriculares conectados a un puerto USB.

A continuación, presentaré la Raspberry Pi Pico, un potente microcontrolador que tiene aplicaciones inesperadas, pero importantes, en la radio.

experimento

4

RASPBERRY
PI PICO

Un *microcontrolador* es un chip programable que controla otros dispositivos. ¿Y qué tiene que ver eso con la radio? Puede que el microcontrolador que estoy recomendando no se haya diseñado principalmente pensando en la radio, pero es tan potente que puede funcionar lo suficientemente rápido como para generar una onda portadora y medir frecuencias. Su nombre es Raspberry Pi Pico..

En este experimento aprenderás a configurar la Pico con el ordenador utilizando cualquiera de los tres sistemas operativos principales: Windows, Macintosh o Linux. Aprenderás a utilizar el software conocido como IDE, y te mostraré algunos pasos para solucionar problemas si algo no funciona exactamente como esperas.

Añadirás una pequeña pantalla LCD a la Pico que mostrará mensajes de estado e información útil, como las frecuencias de radio. Después, instalarás un programa (que a veces se le llama sketch). Todos los sketches de este libro están en línea, por lo que puedes abrirlos desde el IDE o pegarlos en la ventana.

Al final de este experimento, serás capaz de mejorar tu experiencia en la construcción de receptores y transmisores de radio.

Necesitarás:

- Placa Raspberry Pi Pico (1). Te recomiendo la marca genuina del fabricante con el logotipo de la frambuesa.
- Cable USB con conector de tipo A en un extremo y conector de tipo B en el otro (1).
- Pantalla LCD modelo 1602 con capacidad I2C (1). Disponible en varios fabricantes.
- Diodos *Schottky BAT48* (2). Es el mismo tipo de diodo que utilizaste en el Experimento 1, pero ahora necesitas dos.
- Interruptor momentáneo (1). También llamado pulsador.
- Jumpers (al menos 4, de 15 cm de longitud, de diferentes colores). Deben ser flexibles con un conector en cada extremo, tipo *macho-hembra* (enchufe en un extremo, clavija en el otro, como se muestra en la figura 4-3).

4-1 *Placa Raspberry Pi Pico con pines soldados.*

4-2 *Cable USB con conector tipo A en un extremo y tipo B Micro en el otro.*

4-3 *Jumper flexible con clavija en un extremo y enchufe en el otro.*

NOTAS SOBRE LOS COMPONENTES

La placa Pico está disponible en cuatro formatos: **Pico simple** y **Pico W** inalámbrico (sin pines de cabezal) y **Pico H** y **Pico WH** (con pines de cabezal soldados). Debes disponer de pines de cabezal para conectar la placa Pico a tu placa de pruebas, por lo que si compras una placa Pico sin pines tendrás que comprarlos por separado y soldarlos tú mismo. Gastarás muy poco más si la compras con los pines de cabezal, por lo que te sugiero que lo hagas. Para nuestro experimento no necesitamos las capacidades inalámbricas de las versiones W o WH, así que una Pico H irá genial.

La Pico se conecta al ordenador mediante un cable USB con conectores de tipo A y tipo B, como ves en la figura **4-2**. Debe ser un cable de transferencia de datos, no solo de carga.

Necesitarás jumpers flexibles con una clavija en un extremo y una toma en el otro, como ves en la figura **4-3**. Sobre todo no compres jumpers con clavija en ambos extremos.

OBTENER LOS SKETCHES

La placa Pico necesita instrucciones que tú le proporcionas en forma de programa. Este programa es conocido como **sketch** entre los usuarios de la marca de microcontroladores Arduino, y yo también voy a utilizar este término.

Escribir un sketch requiere ciertos conocimientos de lenguaje de programación, pero, si no quieres enfrentarte a ello, siempre puedes buscar en Internet un sketch que haya escrito otra persona y cargarlo en el microcontrolador. De hecho, puedes encontrar todos los sketches que necesitas para este libroen GitHub, un sitio web para desarrollar y publicar software, en github.com/fjansson/MakeRadio.

Una vez dentro de dicha página web, sigue estos pasos:
- Haz clic en el nombre de la carpeta que desees.
- Haz clic en el nombre del sketch que desees.
- Pulsa Control-A (Comando-A en Mac) para seleccionar todo el texto.
- Pulsa Control-C (Comando-C en Mac) para copiar el texto.

Después, pega el texto en una aplicación de tu ordenador conocida como **_entorno de desarrollo integrado_**, o **IDE**. El texto se cargará como sketch en el microcontrolador a través de un cable USB.

Ahora bien, ¿cómo se consigue el IDE, el software que hace posible todo esto? Yo te mostraré cómo hacerlo.

¿POR QUÉ PICO?

Lanzada en 2021, la placa Pico es potente pero barata. La utilizaremos para controlar un chip receptor de FM, medir frecuencias de señal y generar señales a frecuencias conocidas con precisión mientras se muestra información en una pantalla LCD. La Pico es lo suficientemente rápida como para generar señales en la banda de radiodifusión de AM, y la utilizaremos para hacer un transmisor de AM con mejor calidad de sonido que el que construimos en el Experimento 3.

Algunos lectores se preguntarán: ¿y por qué no utilizamos un Arduino?

En comparación con los Arduinos de gama baja (como el Arduino UNO, que se basa en el microcontrolador Atmel ATmega 328P), la Pico es menos cara y mucho más potente. Existen otras placas Arduino con más potencia de cálculo y otras prestaciones, pero hay muchos modelos y es confuso y, además, me resultaría difícil probarlos todos y determinar cuáles harán exactamente lo que queremos para nuestros objetivos.

La Pico se ha popularizado rápidamente entre los fabricantes y creo que seguirá existiendo durante mucho tiempo. Puedes programarla desde tu ordenador utilizando el **_IDE de Arduino_**, una interfaz que resulta muy familiar a mucha gente y que nos permite utilizar la enorme variedad de bibliotecas de código disponibles en Internet.

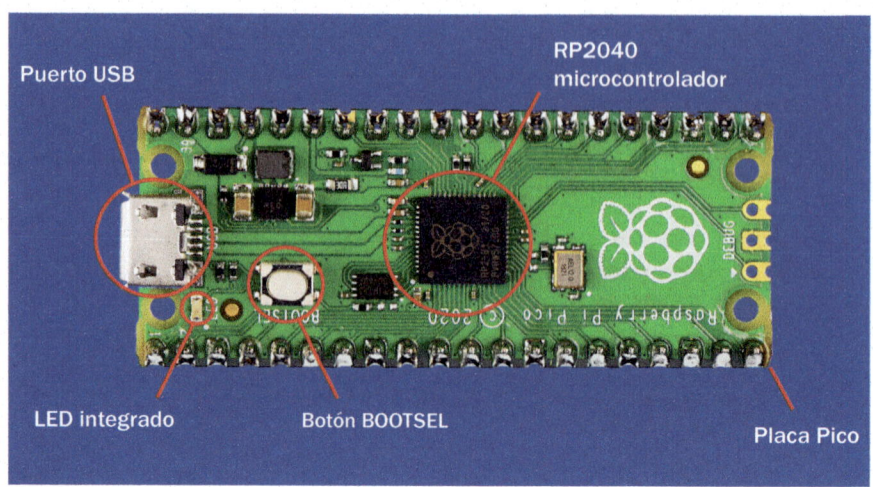

4-4 *Partes a las que me referiré en la placa Pico.*

Existen múltiples placas de microcontroladores fabricadas por terceros que utilizan el mismo chip RP2040 desarrollado por Raspberry Pi. Es posible que el código de mi programa funcione en estas placas de terceros, pero, de nuevo, no puedo probarlas todas, sobre todo porque cuando leas esto ya habrán salido nuevas versiones. Por lo tanto, te sugiero que nos limitemos a la placa Raspberry Pi Pico original con el logotipo de la frambuesa.

TERMINOLOGÍA

La *placa Pico* es el rectángulo verde con conectores dorados en los bordes. El *microcontrolador RP2040 Pico* es el chip montado en el centro de la placa, como ves en la figura **4-4**. Cuando la gente habla de "la Pico", a veces se refieren a la placa, mientras que otras hablan del propio microcontrolador. Intentaré distinguirlos cuidadosamente.

El RP2040 utiliza una arquitectura ARM. Los procesadores ARM de distintos tipos y características se encuentran en la mayoría de los smartphones, en los ordenadores monoplaca Raspberry Pi e, incluso, en el ordenador japonés Fugaku, actualmente el más rápido del mundo. Este chip es un microcontrolador de 32 bits, lo que significa que sus operaciones más básicas utilizan números binarios de 32 dígitos. El microcontrolador contiene 264 kilobytes de memoria RAM para almacenar variables y 2 megabytes de memoria flash no volátil para almacenar un sketch. Funciona a 133 MHz y tiene dos núcleos, lo que significa que puede ejecutar dos tareas en paralelo. Para los estándares de los microcontroladores es muy potente.

¿POR QUÉ EL IDE DE ARDUINO?

Puedes saltarte esta sección si las razones por las cuales he elegido este lenguaje y este entorno no te interesan. La incluyo por si algún lector se pregunta por qué he tomado esta decisión.

Primero tuve que elegir qué *lenguaje de programación* utilizar. El *lenguaje C* es rápido y de la vieja escuela pero no muy fácil de usar, mientras que *Python* es de desarrollo más reciente y pretende ser más fácil que C. También tuve que elegir un *entorno de desarrollo*, que afecta a las bibliotecas de código que tenemos a nuestra disposición.

Tuve en cuenta las siguientes cuatro opciones para programar la Pico:

C/C++ SDK

Las siglas *SDK* significan *"software-development kit"* o *"kit de desarrollo de software"*. Lo publica la propia Raspberry Pi, está bien documentado y contiene funciones para acceder a los distintos módulos de hardware que contiene el microcontrolador RP2040. El procedimiento de instalación es complejo, especialmente en Windows. Su uso resultará familiar a quienes hayan programado en Linux, pero para los demás es preciso conocerlo.

MICROPYTHON

Es la versión del lenguaje de programación Python desarrollada para microcontroladores. Me gusta su fácil configuración y programación, pero no incluye soporte para todo el hardware que necesitamos (como una pantalla LCD y módulos de radio FM). Podríamos añadir módulos de lenguaje de terceros para proporcionar la capacidad que falta, pero su gestión es complicada y es probable que cambie a medida que se publiquen nuevas versiones.

Por estas razones, opté por no utilizar Python o *CircuitPython*, una versión del lenguaje desarrollada por Adafruit.

IDE DE ARDUINO

El IDE de Arduino está diseñado en torno al lenguaje C++. Las placas microcontroladoras Arduino y el IDE de Arduino son muy populares entre los aficionados desde hace más de una década y, como resultado, se han publicado muchas bibliotecas que permiten que un Arduino se comunique con diferentes piezas de hardware.

La buena noticia es que muchas de las bibliotecas del IDE de Arduino también funcionan en la Pico sin tener que hacer cambios. La mala noticia es que hay que hacer algunas configuraciones adicionales en el IDE de Arduino para añadir la compatibilidad con la Pico. Decidí que esta configuración era aceptable, así que elegí el IDE de Arduino, el cual tiene tres ventajas:

- Hay bibliotecas disponibles para el *hardware* que utilizaremos con una instalación razonablemente sencilla.
- Al estar basado en C++ mucha gente lo conoce, y espero que siga disponible durante muchos años.
- Las funciones específicas de la Pico del SDK de C/C++ nos permiten aprovechar al máximo el *hardware* de dicha placa.

Dado que utilizaremos la versión de Arduino de C, es muy probable que puedas ejecutar algunos de los sketches en una placa Arduino si no estamos utilizando ninguna característica específica de la Pico, o requiramos un microcontrolador más potente. Sin embargo, no puedo garantizar que funcione.

SKETCHES Y BIBLIOTECAS

Utilizamos la palabra *sketches* para el código que la gente escribe en sus microcontroladores para distinguirlos de los **programas** que se ejecutan en el PC, como el IDE de Arduino.

Una **biblioteca** contiene bloques de código de un microcontrolador. Puedes utilizarlos para realizar tareas como comunicarte con una pantalla LCD. Algunas bibliotecas están disponibles en el sitio web de Arduino, y otras han sido escritas por particulares y puestas a disposición de todo el mundo.

DOCUMENTACIÓN

No tengo espacio en este libro para explicar en profundidad el SDK de la placa Pico, el lenguaje C o las funciones de Arduino, por lo que solo incluiré la documentación para nuestros proyectos específicos. Si quieres saber más, te sugiero estas fuentes:

La documentación oficial de Raspberry Pi Pico puede consultarse en www.raspberrypi.com/documentation/microcontrollers/.

El lenguaje de programación Arduino está documentado en www.arduino.cc/reference/.

Encontrarás información específica sobre el sistema Arduino para Pico en arduino-pico.readthedocs.io/.

Si quieres una guía de referencia del lenguaje C++, te sugiero *C++ Pocket Reference*, de Kyle Loudon, publicado por O'Reilly and Associates.

INSTALACIÓN DEL IDE

El primer paso es instalar el IDE en el ordenador. Recuerda que el IDE es el entorno de desarrollo que te permite editar y escribir sketches. Es como un procesador de textos, pero para programar.

Si has utilizado un microcontrolador Arduino, probablemente ya tengas instalada una versión del IDE de Arduino. Si es la versión 2.0.0 o posterior, seguramente podrás utilizarlo para la placa Pico siempre que sigas las instrucciones en la sección titulada "Añadir código para la placa Pico" más adelante. Sin embargo, yo he probado dichas instrucciones con la versión 2.2.1. Si deseas minimizar el riesgo de incompatibilidad utiliza esta versión. Igual que puedes obtener una versión posterior en el sitio web de Arduino, también puedes encontrar versiones anteriores y te las puedes descargar.

La instalación del IDE varía según el sistema operativo; aquí encontrarás las instrucciones para Windows, Linux y macOS. Puedes pasar directamente a la sección que te interese.

No conectes todavía la placa Pico.

INSTALACIÓN EN WINDOWS

No instales el IDE de Arduino desde la tienda de Microsoft, ya que esa versión es incompatible con la placa Pico.

1. Entra en www.arduino.cc. Es posible que en algún momento Arduino cambie el aspecto y el contenido textual del sitio web, pero creo que las opciones básicas seguirán siendo las mismas.

2. Si te pide que aceptes las cookies, elige la opción que más te convenga.

3. En la barra de menús, haz clic en **Software**. En esta página, en la sección **Downloads**, y junto a `Arduino IDE 2.2.1` (o un número de versión superior), verás la sección `Download Options`.

4. Selecciona `Windows Win 10 and newer, 64 bits`. Ten en cuenta que en *Windows 7* me encontré con un error conocido que interfería en la instalación y aún no sé si se ha solucionado; Windows 7 ya no es compatible con Arduino ni con Microsoft. Todas las pruebas en ordenadores Windows las hice sobre Windows 10.

5. Después de seleccionar la versión que quieras, es posible que te pregunten si deseas apoyar el desarrollo del IDE de Arduino con una donación. No es necesario. Ya puedes pulsar **Just Download**.

6. Una vez finalizada la descarga, tendrás un archivo en tu ordenador llamado **arduino-ide_2.2.1_Windows_64bit.exe** (o similar). Este es el instalador para el IDE de Arduino. Y ahora, ¿cómo encuentro el archivo?

   Según el navegador y la versión de Windows, la barra de estado de la descarga puede tener una flecha que te permita "Mostrar en carpeta" el archivo que acabas de descargar. También puede haber un símbolo de descarga en la barra de menús mostrando una flecha hacia abajo y una línea. Si es así, haz clic en esta opción; si no, busca el archivo en la carpeta Descargas o en el escritorio según la configuración del sistema.

   Cuando encuentres el archivo descargado, haz doble clic en él para abrir el instalador, que te presentará una serie de preguntas o indicaciones:
   a) "License Agreement". Pulsa en **I Agree**.
   b) "Make the software available to all users or just yourself?" Como tú quieras.
   c) "Choose Install Location". Por defecto es correcto. Pulsa en **Install**.

   Ahora comienza la instalación, que puede tardar tres o cuatro minutos.

7. Una vez finalizada la instalación, pulsa el botón **Finish**.

   Se te ofrecerá la opción de iniciar el IDE. De no ser así, busca el acceso directo al IDE de Arduino, que puedes ver en la figura **4-5**, el cual se habrá instalado en el escritorio si le has dado permiso al instalador para hacerlo. Haz doble clic sobre él.

   Si no encuentras el acceso directo, inicia el IDE desde la lista de programas del menú Windows del ordenador. Aparecerá en orden alfabético como **Arduino IDE**.

   Si es la primera vez que instalas el IDE, es posible que tengas que realizar algunos pasos más.

4-5 *Acceso directo al IDE.*

8.   Microsoft te preguntará si le permites realizar cambios en tu dispositivo. Puedes aceptar sin problemas. También puede ser que Windows Defender te pregunte si deseas permitir las conexiones a Internet. Marca la opción **private networks** y desmarca la opción **public networks**. Después pulsa en **Allow Access** (la pregunta aparece dos veces).

9.   Es posible que se te pida que permitas la instalación de software de Adafruit Industries. Pulsa en **Install**.

10. Es posible que se te pida que permitas la instalación del controlador USB de Arduino. Pulsa en **Install** (la pregunta aparece dos veces).

11. Es posible que se te pida que permitas la instalación del controlador USB de Genuino. Pulsa en **Install**.

El IDE de Arduino se inicia mostrando una plantilla de sketch mínima, como en la figura **4-6**. En la zona negra de la parte inferior de la ventana se mostrarán mensajes de estado, incluidos los de error. Puedes recuperar esta figura como referencia.

Los usuarios de Windows pueden saltarse las dos subsecciones siguientes, pues describen las instalaciones en Linux y Mac.

INSTALACIÓN EN LINUX

La forma más fácil de instalar Arduino en Linux es, probablemente, utilizar el administrador de paquetes de Linux. En Ubuntu o Debian, por ejemplo, puedes hacerlo ejecutando en un terminal el siguiente comando:

```
sudo apt install arduino
```

Si se te pregunta si deseas que tu cuenta actual se añada al grupo **dialout** hazlo. Esto es necesario para el permiso de acceso a los puertos serie.

Actualmente, el comando anterior instala la versión antigua 1.8 del IDE de Arduino. He utilizado sin problemas esta versión con la placa Pico y los

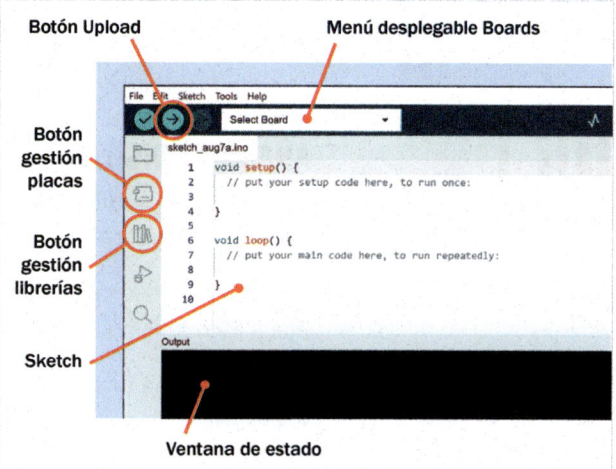

4-6 *Pantalla de inicio del IDE de Arduino con algunas características indicadas que vas a necesitar.*

ejemplos de este libro. Puedes seguir las siguientes instrucciones, con la única salvedad de que el Gestor de bibliotecas y el Gestor de placas se inician desde el menú situado en la parte superior de la ventana principal.

También puedes seguir los pasos 1-3 de las instrucciones de instalación en Windows y descargar desde allí la última versión de Arduino para Linux.

INSTALACIÓN EN macOS

Visita www.arduino.cc y haz clic en la pestaña **Software**. Baja hasta la sección **Downloads** y en "Arduino IDE 2.2.1" (o un número de versión superior) selecciona macOS Intel o macOS Apple Silicon en función de tu ordenador. Se descargará un archivo con la extensión .dmg ("imagen de disco"). Guárdalo en algún sitio, por ejemplo, en el escritorio.

Haz doble clic en dicho archivo. Se abrirá una ventana en la que tienes que arrastrar un archivo llamado Arduino IDE.app a la carpeta Aplicaciones para instalarlo. Cuando finalice la instalación, puedes cerrar esta ventana. Podrás encontrar el IDE de Arduino entre el resto de aplicaciones en el Launchpad. Haz doble clic sobre él para iniciarlo y, cuando se te pregunte si deseas ejecutar un programa descargado de Internet, haz clic en **Abrir**. Cuando aparezca el mensaje "Arduino IDE.app desea acceder a los archivos de la carpeta Documentos" haz clic en **Aceptar**.

AÑADIR CÓDIGO PARA LA PLACA PICO

El resto del procedimiento de instalación debería ser el mismo para todos los sistemas operativos.

El siguiente paso es instalar una biblioteca de código para permitir que la placa Pico funcione con la pantalla LCD que vas a utilizar.

El IDE contiene una función llamada Boards Manager que instalará el código necesario.

1. Deja la ventana del IDE abierta, pero regresa a la del navegador, donde debes acceder a un repositorio de GitHub mantenido por un programador llamado Earle E. Philhower III: github.com/earlephilhower/arduino-pico

2. Desplázate hacia abajo por esta
página hasta la sección **Installing
via Arduino Boards Manager**.

Continúa bajando hasta
Installation.

Verás una larga URL como esta:
https://github.com/earlephilhower/
arduino-pico/releases/download/
global/package_rp2040_index.json.

No escribas ni pulses en esta URL.
Selecciónala con el ratón y pulsa
Ctrl-C (Comando-C en Mac) para
copiarla, asegurándote de copiarla toda.

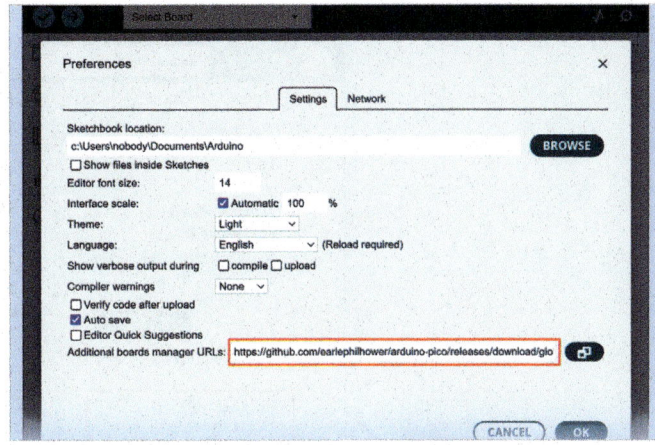

4-7 *La ventana de
preferencias del IDE
de Arduino.*

3. Vuelve a la ventana del IDE de Arduino, que debería seguir
abierta. Selecciona el menú
File > Preferences (en Mac, **Arduino IDE > Preferences**)
y se abrirá una ventana como la que se muestra en la figura **4-7**.

4. Desplázate hacia abajo si es necesario y pulsa en el campo Additional
Boards Manager URLs (señalado en rojo en la figura 4-7). Si ya
contiene texto, desplaza el cursor hasta el final del mismo y escribe
una coma.

5. Pulsa Ctrl-V (Comando-V en Mac) para pegar la URL que acabas de
copiar, como se muestra en la figura 4-7.

6. Pulsa en **OK**. Parece que no ha ocurrido nada. Puede que no
aparezca confirmación de que la URL introducida es válida, pero
es normal.

7. En la ventana del IDE de Arduino selecciona **Tools > Board > Boards
Manager** o pulsa en el botón **Boards Manager**, como se muestra en la
figura 4-6.

8. Espera un momento a que se complete la lista. Si tienes una conexión
a Internet lenta, puede tardar un poco. A continuación, en la barra de
búsqueda de la parte superior del Boards Manager, escribe "Raspberry
Pi Pico".

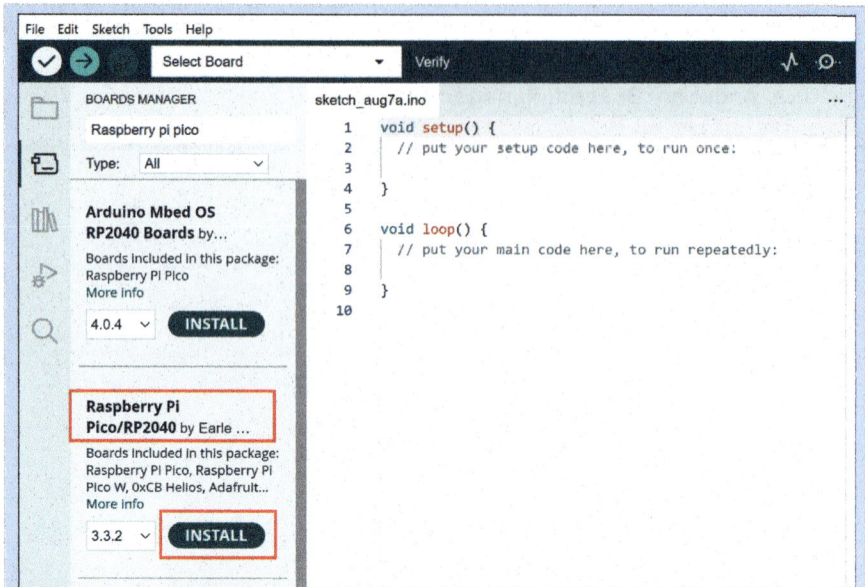

4-8 *Encuentra el código Raspberry Pi Pico escrito por Earle F. Philhower III y haz clic en el botón Instalar.*

9. Aparecerá "Raspberry Pi Pico/RP2040, by Earle F. Philhower, II," señalado en rojo en la figura **4-8**. Quizás tengas que desplazarte hacia abajo si le precede otro texto.

   Si no encuentras la entrada correcta, comprueba la barra de estado de color negro en la parte inferior del IDE de Arduino para ver si hay algún mensaje de error. Si la URL que has pegado no es válida, aparecerá un mensaje de error. Vuelve a la ventana del navegador, copia de nuevo la URL y repite la operación de pegado en la ventana del Boards Manager.

10. **Instala** la última versión del código para la placa Pico haciendo clic en el botón Install (deberás descender para visualizarlo). Hay una barra que muestra el progreso. Ten en cuenta que, si ya has instalado el código previamente y luego has desinstalado el IDE de Arduino, el código no se habrá eliminado y no necesitarás volver a instalarlo, aunque puede que debas actualizarlo.

11. Una vez finalizada la descarga, cierra el administrador de placas haciendo clic en el botón **Boards Manager** situado en el borde izquierdo de la ventana.

12. Ahora la placa Pico debería ser compatible con el IDE de Arduino. Para confirmar que puedes seleccionarla en el IDE de Arduino, haz clic en la última opción del menú desplegable:

`Tools > Board > Raspberry Pi Pico/RP2040 > Raspberry Pi Pico`

Si estás utilizando una versión diferente del IDE, puede haber menos menús antes de llegar al que incluye "Raspberry Pi Pico". Aunque se encuentran ordenados alfabéticamente siempre aparece "Raspberry Pi Pico".

Ten en cuenta que, en el IDE de Arduino, el menú `Tools > Board` cambia de forma inteligente su contenido dependiendo de la placa seleccionada en ese momento. Solo tienes que llegar al último de la lista y seleccionar la placa Pico.

Has llegado al final de este proceso de configuración. En principio, no tendrás que repetirlo.

TU PRIMER SKETCH PARA LA PLACA PICO

Para probar tu placa Pico puedes utilizar un sketch llamado **Blink** que se incluye de serie en el IDE de Arduino, y que simplemente hace parpadear un miniLED de montaje superficial situado en la placa.

1. Si aún no has conectado la Pico a la placa de pruebas, ya puedes hacerlo como se muestra en la figura **4-9**. na forma de hacerlo sin dañarte la mano (o la placa) es colocar un fajo de pañuelos doblados sobre la Pico antes de presionar firme y uniformemente con la palma de la mano.

4-9 *Coloca la Pico en tu placa exactamente así.*

2. Conecta la placa con un puerto USB del ordenador utilizando el cable adecuado. Recuerda: debes utilizar un cable USB completo que pueda realizar transferencias de datos, no solo un cable de carga de teléfono. Seguramente, cuando compraste la placa, esta incluyera el tipo de cable correcto. El extremo pequeño, que es un enchufe Micro USB Tipo-B, encaja en el conector metálico del extremo izquierdo de la placa en la figura 4-9. Ten en cuenta que este tipo de enchufe solo encaja de una manera, por lo que es posible que tengas que probarlo por ambos lados.

3. Los ordenadores Windows y Mac pueden mostrar una notificación de que se ha conectado una nueva unidad de disco. Ignórala y, si se ha abierto una nueva ventana, ciérrala.

4. Para cargar el sketch **Blink** en la Pico selecciona esta opción del menú en el IDE:

   File > Examples > 01.Basics > Blink

   El sketch se abre en una nueva ventana.

   Confirma que la placa está seleccionada:

   Tools > Board: "Raspberry Pi Pico" > Raspberry Pi Pico/RP2040 > Raspberry Pi Pico

   Si no, selecciona **Raspberry Pi Pico**.

   Ahora debes seleccionar un puerto del ordenador para transmitir datos. Si la Pico es nueva y no ha sido programada antes, la opción correcta será **Tools > Port > UF2 Board**.

   Si la Pico ya ha sido programada previamente desde el IDE de Arduino se mostrará como un puerto serie como COM1, COM2, COM3 o COM4. Si ves más de un puerto serie en la lista elige el que tenga el número más alto (que probablemente sea COM4).

   Si el IDE reconoce la placa Pico y está listo para comunicarse con ella aparecerá el símbolo USB junto al nombre de la placa, destacado en rojo en la figura **4-10**.

5. Pulsa en el botón **Upload** en el IDE de Arduino: es la flechita que apunta a la derecha, resaltada en la figura 4-6.

   El proceso de carga compila el sketch en lenguaje de máquina, lo carga en el microcontrolador a través del cable USB y empieza a ejecutarse automáticamente. Ten paciencia: el proceso de compilación puede tardar hasta un minuto.

   Si trabajas en Mac, puede que aparezca este mensaje:

   "Arduino IDE.app" would like to access files on a removable volume.

   De ser así, pulsa en **OK**.

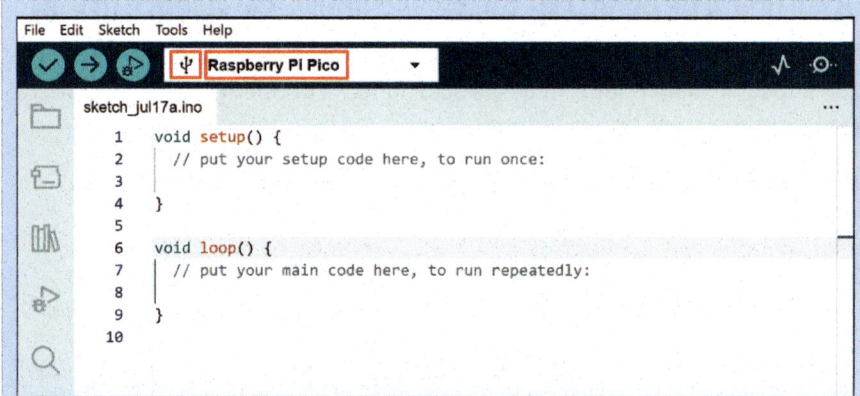

4-10 *Cuando el símbolo USB y la placa Pico (destacados en rojo) se muestren en la ventana principal del IDE podrás cargar el sketch en la Pico.*

Ahora, el LED integrado de la Pico debería parpadear lentamente (consulta la figura 4-4 si no recuerdas dónde se encuentra el LED). Si todo ha ido bien, puedes saltarte el resto de esta sección y pasar a la siguiente, en la que se explica cómo conectar una pantalla LCD a la Pico.

RESOLUCIÓN DE PROBLEMAS

Puede que aparezca un mensaje de error en la ventana del IDE indicando lo siguiente:

`Upload Error: Failed Uploading: no upload port provided`.

Al programar un nuevo microcontrolador Pico por primera vez no aparece como puerto serie en el ordenador. Selecciona **Tools > Port > UF2 Board** e inténtalo de nuevo.

Si ya has programado la placa anteriormente, el menú **Tools > Port** debería mostrar los puertos COM disponibles, tal y como se ha descrito anteriormente. En algunos casos, deberás volver a seleccionar un puerto COM y luego utilizar el menú desplegable de debajo de la barra de menús para seleccionar de nuevo la Raspberry Pi Pico.

Si el pequeño LED de la placa Pico ha empezado a parpadear tu primer sketch ya funciona. Puedes cerrar la ventana del sketch Blink y saltarte los pasos 1-9 de la resolución de problemas.

RESOLUCIÓN DE PROBLEMAS PARA VERSIONES ANTERIORES DEL IDE

Si estás usando una versión anterior del IDE, como la 1.8, y la primera vez que subes un sketch falla, deberás solucionar el problema como se indica a continuación:

1. Si el sketch Blink no sigue abierto, vuelve al menú **File** y ábrelo de nuevo.

2. Desde el menú **File** guarda el sketch con un nuevo nombre, como **blink copy**, ya que los sketches de ejemplo no pueden modificarse con sus nombres originales.

3. Selecciona la opción de menú **Sketch > Export Compiled Binary** para compilar el sketch y guardarlo.

4. Selecciona el menú **Sketch > Show Sketch Folder**. Se abre una ventana en la que deberías ver el sketch blink copy que acabas de guardar. Si hay una carpeta llamada **build**, ábrela y abre también la carpeta que contiene y que empieza por **rp2040**; busca en ella un archivo con la extensión **.uf2** (Windows puede ocultar las extensiones de archivo por defecto). Este archivo contiene el sketch en un formato adecuado para cargarlo en la Pico.

5. En Windows 10, haz clic en el icono USB situado en una esquina de la barra de tareas (el icono parece un conector USB y puede estar oculto hasta que hagas clic en la punta de flecha).

6. Verás la opción **Abrir dispositivos e impresoras**. Haz clic en dicha opción y, en la ventana que se abre, busca una unidad externa que aparezca con un nombre como **RP1** o **RP2** (en un Mac, en cambio, abre el Finder y localiza la unidad extraíble RPI-RP2 en la parte izquierda de la ventana).

7. Haz clic en esa unidad para que se abra en una nueva ventana.

8. Si no la encuentras, desconecta el cable USB de la Pico y mantén pulsado el botón **BOOTSEL** de la placa (consulta la figura 4-4) mientras vuelves a enchufar el cable USB. Suelta el botón cuando el USB esté conectado y verás como se abre una ventana para el microcontrolador Pico.

9. Arrastra y suelta el archivo **blink copy** en la ventana de la placa. El sketch se cargará en el microcontrolador Pico, que debería ejecutarlo haciendo parpadear el LED.

Ahora que el IDE ya sabe cómo encontrar la placa Pico, esta debería aparecer en el menú **Tools > Port** del IDE y en el menú desplegable de la parte superior de la ventana. Selecciónala. A partir de este punto, el IDE de Arduino cargará los sketches directamente en la Pico de forma predeterminada. Compruébalo haciendo clic en el botón **Upload**. El sketch se compilará y se cargará en el microcontrolador automáticamente, sobrescribiendo la copia anterior, y el LED seguirá parpadeando.

CARACTERÍSTICAS DE LA PLACA PICO

Para que conozcas la placa Pico y te prepares para los siguientes proyectos, conéctala a una *pantalla LCD*. LCD significa "Pantalla de cristal líquido" (del inglés, "*liquid crystal display*").

Me referiré a las soldaduras que hay alrededor de la placa que puedes ver en la imagen en primer plano de la figura **4-11** como *pines* porque tienen pines soldados en ellas que conectan con la placa de pruebas. Las clavijas se identifican con números, así como con abreviaturas que hacen referencia a su función. Explicaré más sobre las abreviaturas a medida que avancemos, pero por ahora debes saber qué significan estas:

VSYS es la tensión del sistema, que es de 5 VDC. La placa Pico toma 5 VDC a través del cable USB del ordenador y dirige parte de ella a este pin para que

4-11 *Funciones de los pines en la placa Pico.*

puedas alimentar dispositivos externos desde aquí. *No conectes una pila ni un adaptador de CA a la placa Pico.* El ordenador suministra toda la energía que necesita.

GND es la masa negativa, también compartida con el ordenador. La placa Pico tiene varios pines GND y todos ellos están conectados entre sí internamente en la placa.

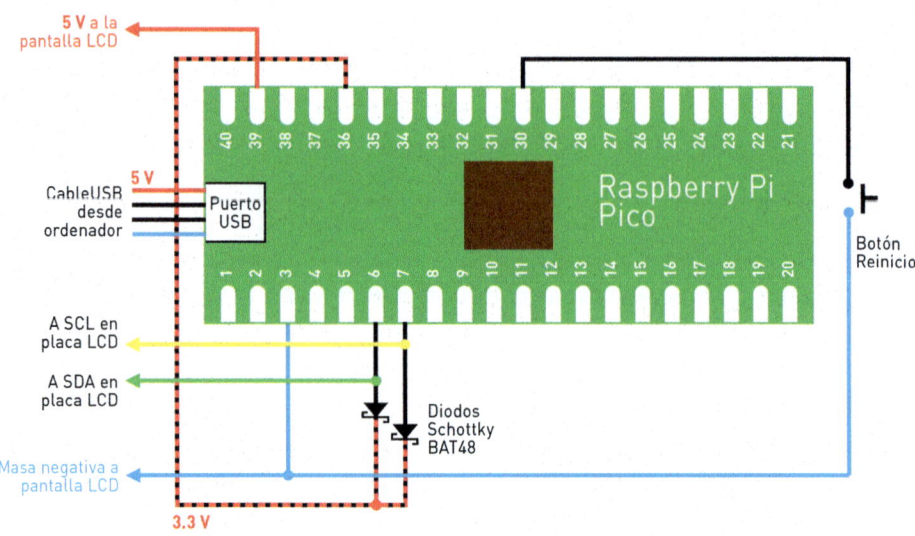

4-12 *Esquema de conexiones de la placa Pico al LCD.*

5 V a la pantalla LCD

CableUSR desde ordenador
5 V

Puerto USB

Raspberry Pi Pico

Botón Reinicio

A SCL en placa LCD

A SDA en placa LCD

Diodos Schottky BAT48

Masa negativa a pantalla LCD

3.3 V

Los pines 6 y 7, etiquetados como I2C, permiten a la placa comunicarse con dispositivos externos como la pantalla LCD. I2C es el nombre de un protocolo de comunicaciones que utilizan habitualmente los microcontroladores.

Los pines identificados como GP son de propósito general, que se configuran mediante comandos en un sketch cargado en el microcontrolador.

El pin 36, etiquetado como 3V3OUT, proporciona una alimentación de 3,3 V a cualquier componente externo que lo necesite. El microcontrolador Pico es en realidad un dispositivo de 3,3 V; hay un regulador de tensión integrado en la placa que convierte los 5 V de la conexión USB en 3,3 V para el microcontrolador.

(Ten en cuenta que el microcontrolador puede sobrecargarse y dañarse permanentemente si por error suministras 5 V a cualquiera de los pines de la placa. Ten cuidado al hacer las conexiones).

Como en este libro utilizo las placas de prueba giradas horizontalmente, y me refiero a sus bordes superior, inferior e izquierdo en esa orientación, te animo a que orientes la tuya de la misma manera.

La placa Pico debe estar conectada dejando libres dos columnas de orificios desde el borde izquierdo de la placa de pruebas, como se muestra en la figura 4-9.

CONEXIÓN DE LA PANTALLA LCD

La figura **4-12** muestra un esquema de un circuito sencillo que utiliza jumpers y cables para conectar la placa Pico con la pequeña placa en la parte posterior de la pantalla LCD. Este circuito se muestra en la figura **4-13**.

Desconecta el cable USB antes de empezar a construir este circuito.

YLo que debes hacer primero son las cuatro conexiones entre la placa de pruebas y la miniplaca de la parte trasera del LCD. Te recomiendo encarecidamente codificar por colores estas conexiones. Para ello puedes utilizar cables de jumper macho-hembra. Cada uno de estos cables tiene una clavija en un extremo, que se inserta en la placa de pruebas, y un conector en el otro extremo que se desliza en uno de los cuatro pines de conexión en la parte posterior de la pantalla LCD.

El cable rojo suminista 5 V de alimentación desde la placa Pico a la pantalla LCD, y el cable azul comparte la masa negativa. Los cables verde y amarillo enviarán datos al LCD usando el protocolo I2C. Las abreviaturas de tres letras de la figura 4-13 coincidirán con el texto que aparece junto a los pines en la placa LCD, como puedes ver en la figura **4-14**.

Si observamos el esquema de la figura 4-12 y el diseño de la placa de pruebas de la figura 4-13, veremos dos diodos entre los pines 6 y 7 y el bus rojo de la placa de pruebas. Estos diodos se incluyen para proteger la placa Pico de cualquier tensión excesiva que pueda devolver el LCD. Recuerda que la pantalla LCD es un dispositivo de 5 V, pero las entradas de la placa Pico nunca deben conectarse con una tensión superior a 3.3 V.

El bus positivo del borde inferior de la placa de pruebas recibe 3.3 V del pin 36 de la placa Pico. Las conexiones de 3.3 V se muestran como líneas discontinuas para recordarte que son de 3.3 V, no de 5 V.

(Ten en cuenta que, en nuestros esquemas, los cables rojos sólidos tienen 5 V, mientras que las líneas rojas discontinuas tienen 3.3 V).

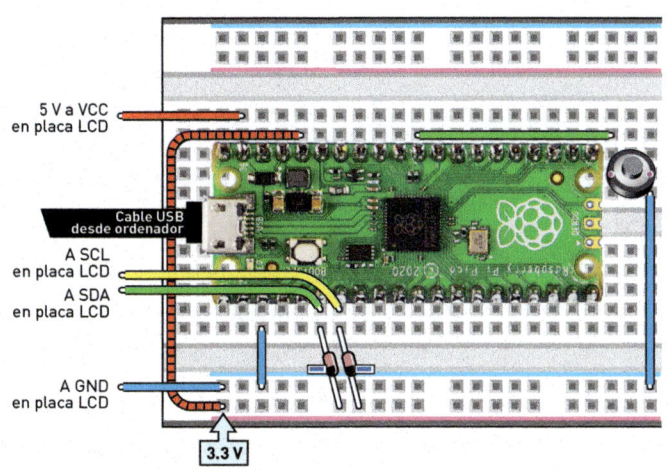

4-13 *Conexiones de la placa Pico al LCD.*

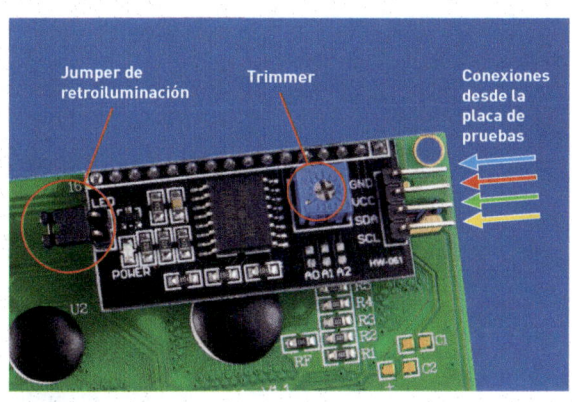

4-14 *La miniplaca de la parte trasera del LCD.*

Si el cable verde o amarillo de la pantalla LCD supera los 3.3 V, el diodo desvía esa tensión excesiva al bus positivo. Puede parecer confuso que el extremo negativo de cada diodo esté conectado al bus positivo, pero recuerda que solo queremos que el diodo conduzca corriente si el cable verde o amarillo lleva más de 3.3 V. Si se da esa condición, el bus positivo de 3.3 V será "más negativo".

Utilizamos diodos Schottky para este fin porque tienen una tensión umbral más baja que otros diodos, como el 1N4148, que se utiliza en los circuitos lógicos.

Entre el pin 30 y el bus negativo de la parte inferior de la placa se conecta un pulsador (conocido propiamente como *interruptor momentáneo*). Al mantener pulsado el botón se conecta a tierra el pin 30 y se reinicia la Pico. Hay una *resistencia pull-up* dentro de la placa Pico, por lo que no es necesario que añadas una para el pulsador.

PRUEBA DE PANTALLA

Por fin está casi todo listo para enviar texto a la pantalla LCD. Solo falta un paso: instalar el código que le permitirá a la placa Pico comunicarse con la pantalla (es como si se tratara de un controlador de impresora en un PC). Para obtener este código, primero debes encontrarlo en Internet y descargarlo en tu equipo.

1. En la ventana del IDE, selecciona `Sketch > Include Library > Manage Libraries...` o pulsa en el botón Library Manager para abrir el panel lateral (o ventana en la versión 1.8 o anterior del IDE) del instalador de bibliotecas.

2. En el campo de búsqueda Library Manager, escribe

    hd44780

    El resultado no aparecerá en primer lugar, sino que deberás bajar por la lista hasta encontrarlo.

    hd44780 `by Bill Perry`

    Lo verás destacado en rojo en la figura **4-15**.

3. Pulsa en `Install`.

4. Una vez finalizada la instalación, cierra el panel lateral pulsando de nuevo en el botón Library Manager.

5. La biblioteca incluye un programa de prueba llamado **Hello World**, que ya forma parte de un menú del IDE. Selecciona

File > Examples > hd44780 > ioClass > hd44780_I2Cexp > HelloWorld

(En el menú Examples, **hd44780** estará al final de la lista aunque esta está ordenada alfabéticamente). El sketch aparece en una nueva ventana del IDE.

6. Selecciona de nuevo

Tools > Board > Raspberry Pi Pico/RP2040 > Raspberry Pi Pico

en la ventana principal del IDE y asegúrate de que la placa Pico sigue seleccionada.

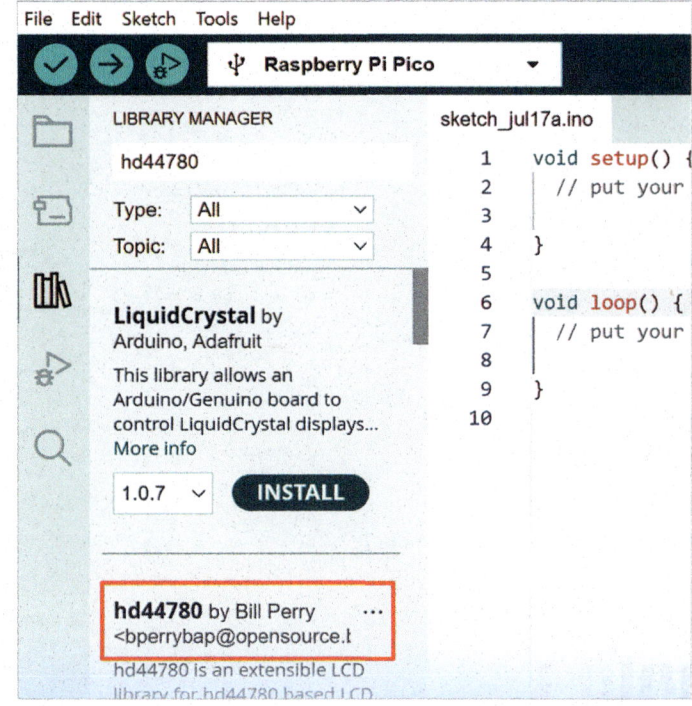

4-15 *Debes instalar el código destacado en rojo para ejecutar la pantalla LCD.*

7. En la ventana del sketch **Hello World**, pulsa en el botón Upload para enviarlo al microcontrolador. El sketch se empezará a ejecutar, aunque todavía no verás nada en la pantalla.

8. En la parte posterior de la pantalla LCD hay un regulador que controla el brillo de la pantalla (el trimmer está señalado con un círculo en la figura 4-14). Necesitarás un destornillador plano muy pequeño para girarlo. Inserta el destornillador y mantenlo fijo mientras le das la vuelta a la pantalla para poder ver su parte frontal. Gira el destornillador hacia un lado o hacia el otro hasta encontrar el punto óptimo en el que la pantalla no esté ni demasiado clara ni demasiado oscura y veas el texto "Hello, World!".

```
1  // Wire.h is a library for I2C and is part of Arduino
2  #include <Wire.h>
3  #include <hd44780.h> // the general LCD library
4  #include <hd44780ioClass/hd44780_I2Cexp.h> // LCD library for I2C-equipped LCD
   modules
5
6  hd44780_I2Cexp lcd;
7
8  // define the size of the display
9  const int LCD_COLS = 16;
10 const int LCD_ROWS = 2;
11
12 void setup()
13 {
14   int status;
15   status = lcd.begin(LCD_COLS, LCD_ROWS);
16   if(status) // non zero status means it was unsuccessful
17   {
18     hd44780::fatalError(status); // does not return
19   }
20
21   // Print a message to the LCD
22   lcd.print("First row.");
23   // Go to the second row
24   lcd.setCursor(0, 1);
25   // Print another message
26   lcd.print("Second row.");
27 }
28
29 void loop()
30 {
31 }
```

4-16 *Código de muestra para usar la pantalla LCD con la placa Pico.*

SI NO FUNCIONA

En la figura 4-14 he rodeado con un círculo una pestaña negra que conecta dos pines en la placa en la parte posterior de la LCD. Necesitamos este jumper para activar la retroiluminación de la pantalla. Sin él, la pantalla no se iluminará y, para solucionarlo, deberás juntar los pines. Puedes hacerlo con una pinza de cocodrilo o enrollando con cuidado un trozo de alambre alrededor de los dos pines y utilizando unos alicates de punta afilada para comprimirlos y mantenerlos en su sitio.

Si la pantalla no está conectada correctamente, puede que por un error de cableado, la biblioteca LCD se dará cuenta de que la conexión I2C ha fallado e informará de un error haciendo parpadear cuatro veces en secuencia el LED integrado de la Pico, seguido de una pausa más larga, tras la cual se repite la secuencia de parpadeo.

ENTENDER EL SKETCH

El sketch **Hello World** tiene comentarios que explican las instrucciones en el mismo. Puedes encontrar más información sobre la biblioteca en el IDE de Arduino, en **File > Examples > hd44780 > Documentation**.

La figura **4-16** muestra otro ejemplo de sketch similar al **Hello World** que acabas de ejecutar. He incluido un breve resumen de sus funciones a continuación. Si no te interesa demasiado cómo funciona la conexión del I2C, porque no ves el momento de empezar a utilizar la placa Pico para proyectos de radio, puedes saltarte lo que queda de capítulo. Puedes recuperarlo cuando quieras.

La *biblioteca* **Wire**, incluida en la línea 2 del sketch, se encarga de la comunicación I2C. Por defecto, utiliza los pines 6 y 7 de la placa Pico para el reloj y las líneas de datos I2C. Las siguientes dos líneas incluyen la biblioteca de la pantalla. En la línea 15, la llamada a la función

```
status = lcd.begin(LCD_COLS, LCD_ROWS);
```

inicializa la pantalla y le indica a la biblioteca de qué tamaño es. Nuestra pantalla LCD es una "1602", que significa que tiene 16 columnas y 2 filas. La función **lcd.begin** devuelve 0 si la pantalla se inicia correctamente, lo que se muestra en la línea 16. La llamada a la función **lcd.setCursor(column, row);** de la línea 24 puede mover el cursor a cualquier posición de la pantalla. Los números de fila y de columna empiezan en **0,0** en la esquina superior izquierda. El cursor no se ve (a menos que se active mediante un comando a la pantalla), pero marca el lugar donde los comandos de impresión colocarán el texto. **lcd.print()** se utiliza para enviar texto o mostrar valores de variables en la pantalla. Al enviar texto a la pantalla LCD, los caracteres ya existentes no modifican su posición con la entrada de los nuevos, lo que puede llegar a resultar un poco confuso. Se pueden enviar cadenas rellenas con espacios o utilizar **lcd.clear();** para borrar toda la pantalla.

La pantalla LCD que estamos utilizando contiene un chip controlador LCD estándar llamado HD44780. La pantalla en sí está formada por una cuadrícula de píxeles, cada uno de los cuales puede estar encendido o apagado (oscuro o claro). El controlador envía señales a la pantalla para encender o apagar los píxeles escaneando rápidamente las filas. El controlador dispone de una memoria RAM interna para los caracteres que deben mostrarse y una memoria de solo lectura que contiene las tablas de caracteres, es decir, los patrones de píxeles correspondientes a cada carácter. Se dice que el controlador está basado en caracteres porque se pueden enviar comandos como "Coloca el carácter **b** en la posición actual del cursor" sin tener que especificar qué píxeles son necesarios para hacer una **b**. También es posible definir hasta ocho caracteres personalizados.

El controlador HD44780 por sí solo tiene una interfaz paralela, lo que significa que los datos se le envían utilizando cuatro u ocho líneas de datos y algunas líneas de control. La hoja de datos del HD44780 explica detalladamente cómo enviar texto a la pantalla y posicionarlo. También explica qué caracteres están disponibles y algunos efectos especiales: texto invertido, texto parpadeante y cursor parpadeante.

Para ahorrar trabajo de cableado y pines IO del microcontrolador utilizaremos una pantalla con un adaptador I2C. Este adaptador está disponible en eBay y en tiendas asiáticas y, a menudo, se vende junto con módulos LCD. Compra un módulo LCD con la interfaz I2C ya soldada.

El LCD conectado al circuito de la placa de pruebas se muestra en la figura **4-17**.

RECAPITULEMOS

Este experimento ha sido casi por completo un proceso de configuración para proporcionarte algunas competencias que necesitarás más adelante en este libro. Has adquirido algunos conocimientos sobre el uso de un microcontrolador (si no los tenías ya) y has visto cómo mostrar mensajes en una pantalla. Estos pasos de configuración de la placa Pico te serán útiles si decides utilizarla para fines distintos a la radio.

¿Qué viene ahora? Utilizar la placa Pico como base para un transmisor de radio.

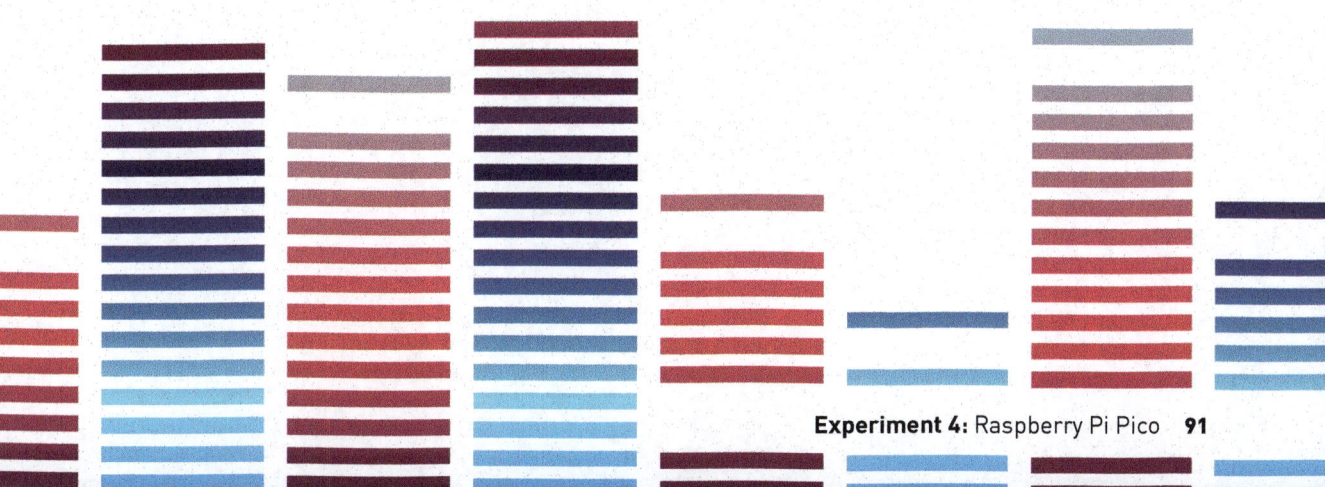

4-17 *Programa de pruebas LCD completado con éxito.*

experimento

5

TRANSMISOR DE PRUEBA PARA LA PLACA PICO

Ahora que la placa Pico ya está preparada verás que puede funcionar fácilmente como transmisora de radio. Y esto es gracias a que un sketch en concreto puede decirle a la placa que cree un amplio rango de frecuencias, hasta 10 MHz (megahercios, no kilohercios).

De hecho, la placa Pico puede hacer dos cosas a la vez: generar una onda portadora y modularla con una frecuencia de audio. Mejor aún, puede hacerlo con precisión, a diferencia de los temporizadores 555 que utilizaste en el Experimento 1, que son imposibles de controlar al detalle.

El microcontrolador solo necesita unas 40 líneas de código que le indiquen cómo realizar estas tareas. Después de instalar el código te explicaré cómo funciona, línea por línea, y aprenderás los fundamentos de la programación para que puedas modificar un sketch o escribir uno tú mismo. También verás cómo una función incorporada en la placa Pico, conocida como modulación por ancho de pulso, puede adaptarse para entregar tonos de prueba a través de una transmisión de radio.

Necesitarás:

- Cualquier receptor de radio AM de bajo coste o el AMR2, el receptor de AM que construiste sobre una placa de pruebas en el Experimento 2 (1). Si utilizas el AMR2 necesitarás dos placas de pruebas: una para el AMR2 y otra para el circuito Pico que construimos en el Experimento 4 y que modificaremos en este.
- Los componentes indicados al inicio del Experimento 4, más estos adicionales, son:
  - Potenciómetro trimmer, 10 K (1).
  - Condensador cerámico, 1 µF (1).
  - Resistor, 100 ohmios (1).

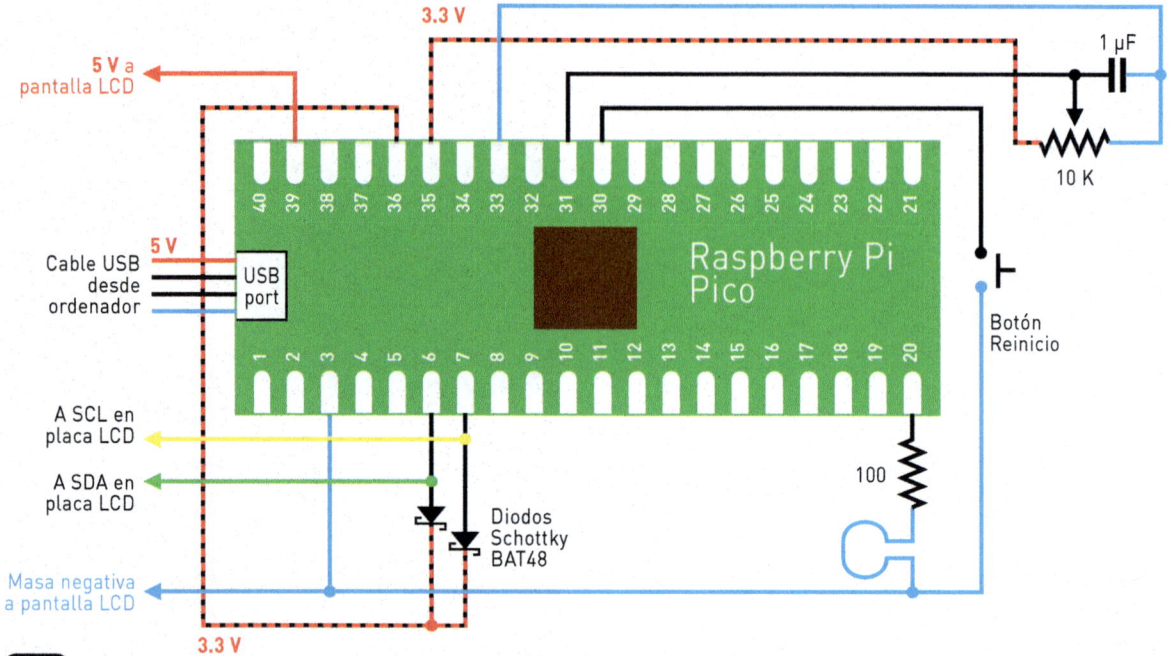

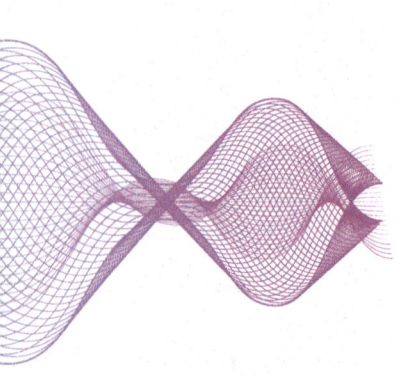

5-1 *Hemos construido este circuito añadiendo componentes al circuito de la figura 4-12.*

PRUEBA DE SEÑALES

En las figuras **5-1** y **5-2** se han añadido tres componentes al circuito de las figuras 4-12 y 4-13. Esto es todo lo que necesitas para convertir la placa Pico en un transmisor, pues el resto lo hará un nuevo sketch.

El potenciómetro trimmer ajustará la frecuencia de transmisión, y el bucle de cable azul (de unos 15 cm) de la parte inferior de la placa es la antena, que transmite la señal a cualquier receptor AM cercano. Busca el sketch "5-PWM_frequency_generator" de la figura **5-3** en la página de GitHub, en github.com/fjansson/MakeRadio, y cárgalo en la placa Pico. Automáticamente se sobrescribirá (o reemplazará) cualquier sketch que haya en la memoria de dicha placa.

En cuanto la carga se haya completado, la placa ejecutará las instrucciones en el sketch y podrás ver en la pantalla LCD un número que indica la frecuencia portadora en kHz. Gira el trimmer y la frecuencia variará de 500 kHz hasta 2000 kHz, cubriendo así la banda de difusión AM con algunos márgenes adicionales.

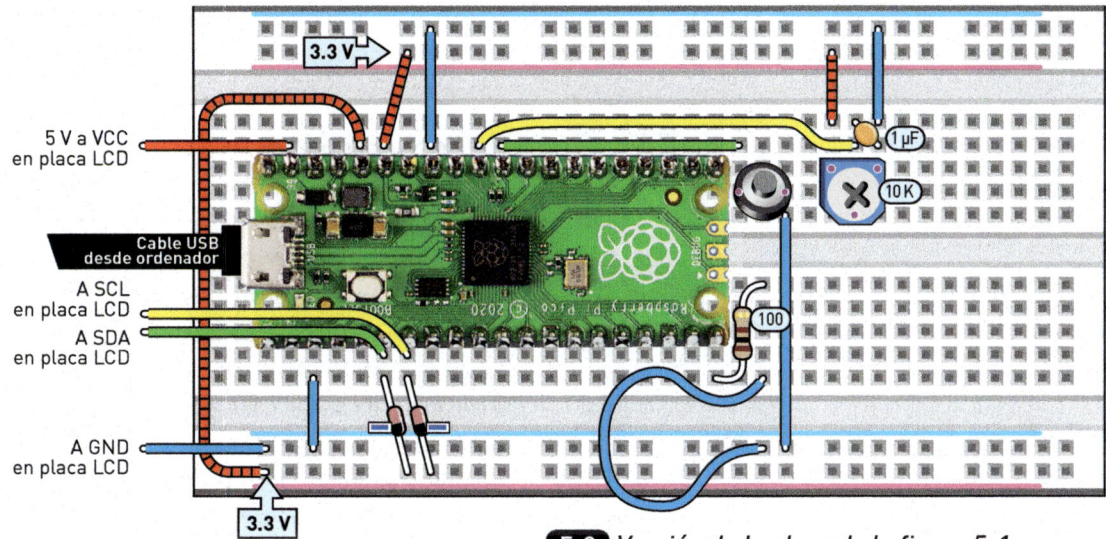

5-2 *Versión de la placa de la figura 5-1.*

Coloca el trimmer a la mitad de su rango. Ahora puedes captar la señal con cualquier radio portátil o con el circuito AMR2 ya construido (asegúrate de desconectar el generador de señales de prueba del chip 555 en ese circuito para evitar confusiones).

El rango de transmisión debe ser de casi un metro. Cuando lo sintonices, oirás una serie de pitidos rápidos. La placa Pico está haciendo tres cosas:

- Generar la frecuencia portadora.
- Encender y apagar rápidamente la portadora para crear un tono de audio.
- Añadir pequeñas pausas en el tono para crear los pitidos.

Si utilizas el AMR2, ahora puedes averiguar cuál es realmente su rango de frecuencias. Gira el condensador de sintonización completamente en sentido antihorario y, a continuación, gira el potenciómetro trimmer del transmisor Pico hasta que los pitidos sean lo más fuertes posible. El AMR2 y su transmisor de prueba están ahora sintonizados a la misma frecuencia, que es el número que aparece en la pantalla LCD. Anótalo.

```
1  #include <Wire.h>
2  #include <hd44780.h>
3  #include <hd44780ioClass/hd44780_I2Cexp.h>
4
5  hd44780_I2Cexp lcd;
6  const int LCD_COLS = 16;
7  const int LCD_ROWS = 2;
8
9  const int output_pin = 15;
10
11 void setup()
12 {
13   int status;
14   status = lcd.begin(LCD_COLS, LCD_ROWS);
15   if(status) // non-zero status means it was unsuccessful
16   {
17     hd44780::fatalError(status);
18   }
19 }
20
21 void loop()
22 {
23   float trimmer = analogRead(A0)/1023.0;
24   int frequency = trimmer*1500000 + 500000;
25
26   lcd.clear();
27   lcd.print(frequency/1000);
28   lcd.print(" kHz");
29
30   analogWriteFreq(frequency);
31   analogWriteRange(4);
32
33   int i;
34   for (i = 0; i < 100; i++) // 200 ms tone
35   {
36     analogWrite(output_pin, 0); // duty cycle  0% - output no carrier
37     delay(1);
38     analogWrite(output_pin, 2); // duty cycle 50% - output carrier wave
39     delay(1);
40   }
41
42   delay(100); // 100 ms silence
43 }
```

5-3 *Sketch para convertir la Pico en un transmisor.*

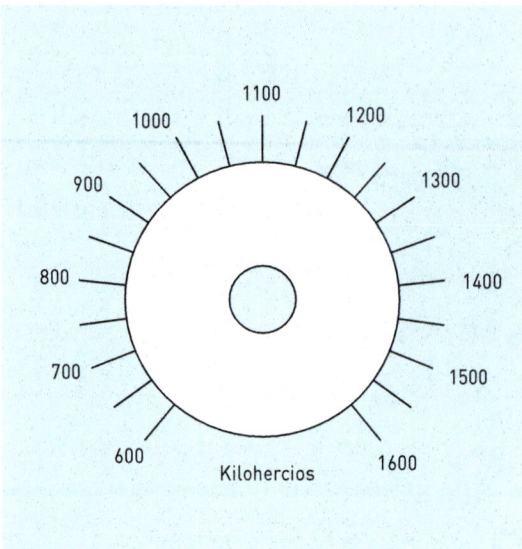

1100
1000 1200
900 1300
800 1400
700 1500
600 1600
Kilohercios

5-4 *Dial de sintonización para la radio AMR2. El rango real de frecuencias y los intervalos en los que se distribuyen por el dial dependerán de los componentes concretos.*

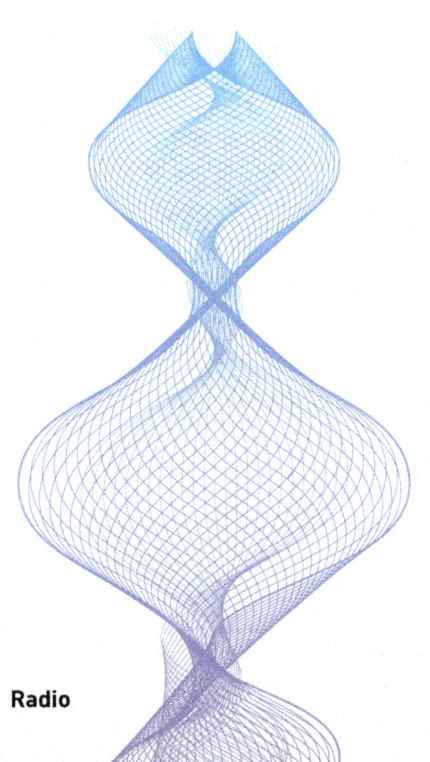

Si te cuesta encontrar la posición del trimmer que genere los pitidos más fuertes, intenta alejar el receptor del transmisor.

Repite el procedimiento con la rueda del condensador de sintonización girada completamente en el sentido de las agujas del reloj en el AMR2 y reajusta el potenciómetro trimmer hasta que la señal sea lo más fuerte posible. Anota el nuevo número de la pantalla LCD. Ahora puedes calibrar el AMR2. Ajusta el trimmer del circuito Pico en pasos de 50 kHz, como se muestra en la pantalla LCD, ajusta el condensador trimmer en el AMR2 para que coincida y ya puedes hacer un dial de sintonización para el AMR2 similiar al de la figura **5-4**.

ENTENDER EL SKETCH

Las líneas 1, 2 y 3 del sketch declaran que se incluirá la *biblioteca* para la pantalla LCD. Esta librería debería estar todavía en el IDE de Arduino, donde la descargaste en el Experimento 4. *Debes completar el Experimento 4 para que todos los demás sketches de este libro reconozcan la pantalla LCD. De lo contrario, no funcionarán.*

Las líneas 6 y 7 crean dos *constantes* llamadas LCD_COLS y LCD_ROWS como *enteros* y les da valores de 16 y 2, respectivamente, que definen el número de columnas y filas de la pantalla. Si más adelante utilizas una pantalla diferente, podrás cambiarlos.

- Una constante mantiene su valor mientras se ejecuta el programa.
- Un entero es un número entero sin fracción decimal.

La línea 9 define otra constante, la cual selecciona el pin de salida que elegimos para conectar con la antena. Estamos utilizando el GP15 (consulta la figura 4-11).

(Observa que los números de pin en un sketch no son los mismos que los números de pin básicos en la placa Pico).

Siguiendo con el listado, todos los sketches de Arduino contienen dos *funciones* denominadas **setup** y **loop**.

(Una función es una rutina que está contenida entre dos corchetes ondulados, conocidos como *llaves*).

Se pueden añadir funciones adicionales y llamarlas por su nombre, pero en este sketch solo necesitas **setup** y **loop**.

La función setup lo prepara todo y loop la repite indefinidamente. En este sketch, setup solo inicializa la pantalla LCD. Después empieza la función loop y se repite entre las llaves de la línea 22 y la línea 43.

En la línea 21, el término **void** significa simplemente que comienza una función que no devuelve ningún resultado.

La línea 23 define una *variable* llamada **trimmer**, que representará la posición del potenciómetro trimmer.
• Una variable es como una constante, un valor almacenado en la memoria, excepto que el sketch permite que su valor cambie.

En la línea 23, **analogRead** es el nombre de una función integrada en la placa Pico. Esta función lee la tensión de la entrada analógica A0 conectada al trimmer. Pico es un dispositivo digital, pero puede analizar uno de los pines de entrada analógica y ver qué tensión presenta. Esta tensión puede oscilar entre 0 V y 3.3 V.

En el circuito, la entrada analógica A0 está cableada al *wiper* del trimmer y, como el trimmer está colocado entre el bus positivo de 3.3V, y el bus de tierra de 0 V, puedes estar seguro de que la entrada oscilará entre 0 V y 3.3 V.

La función **analogRead** no solo lee la tensión, sino que también la convierte automáticamente en un número entero comprendido entre 0 y 1023. Se trata de una *conversión analógico-digital*. En la línea 23, el entero se divide por 1023.0 para crear una fracción decimal entre 0 y 1.

Por ejemplo, supongamos que la tensión es de 1.1 V (si el trimmer está girado a un tercio de su rango). En ese caso, el valor digital será 341. Divídelo por 1023.0 y obtendrás 0.333. Este valor se asigna a la variable trimmer. La fracción facilita el siguiente cálculo.

En la línea 24, el sketch crea una variable entera llamada **frequency** multiplicando la variable trimmer por 1.5 millones y añadiendo 500 000. Este es el rango que necesitas para generar una onda portadora.

Las líneas 26 a 28 muestran la frecuencia portadora en la pantalla LCD en kHz (después de dividir la frecuencia por 1000).

En las líneas 30 y 31, **analogWriteFreq** y **analogWriteRange** son funciones integradas que establecen la frecuencia y la resolución que utilizarán las futuras llamadas a **analogWrite**. El sketch lo está preparando todo para construir una onda portadora.

La línea 33 establece una nueva variable entera llamada **i** que se utilizará para contar el número de ciclos de un nuevo bucle entre las líneas 35 y 40. La variable **i** comenzará con el valor 0 y contará hasta 99 antes de que la placa Pico salga del bucle en la línea 40.

¿Qué ocurre en este bucle? Recuerda que **output_pin** es una constante con un valor definido en la línea 9 del sketch. **analogWrite** enviará un valor de 0 a través del pin de salida, que lo apaga. Then *delay(1)* añade una pausa de 1 milisegundo ($\frac{1}{1000}$ de segundo). A continuación, en la línea 38, **analogWrite** envía un valor de 2 a través del pin de salida, seguido de otro retardo (*delay*) de un milisegundo. Su finalidad es apagar y encender la onda portadora 100 veces a una frecuencia de 500 Hz, como se muestra (de forma aproximada) en la figura **5-5**. Con todo esto se consigue crear un tono de audio en un receptor de radio sintonizado a la frecuencia portadora adecuada.

Pero ¿cómo se ha establecido la frecuencia de la onda portadora? Por el valor asignado a la variable **frequency** en la línea 24. Explicaré más sobre esta cuestión en la siguiente sección, que trata sobre la modulación por ancho de pulso.

Después de que el bucle se repita 100 veces, la línea 42 inserta una pausa de 100 milisegundos, es decir, $\frac{1}{10}$ de segundo, lo que crea un espacio entre un pitido y el siguiente.

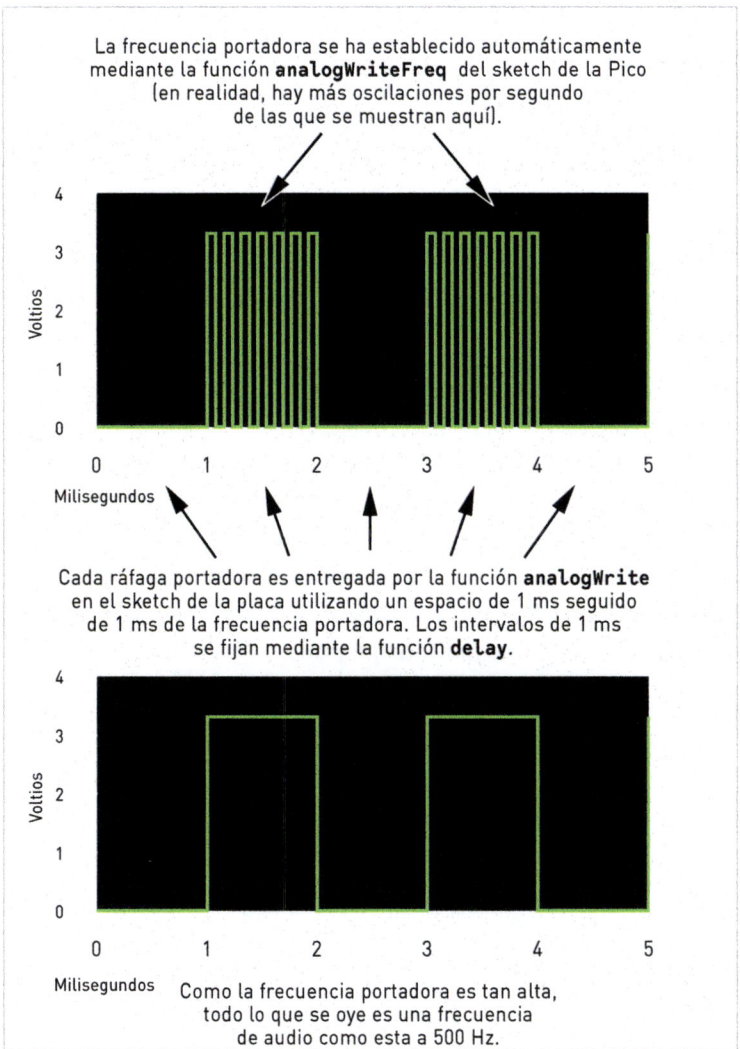

La frecuencia portadora se ha establecido automáticamente mediante la función **analogWriteFreq** del sketch de la Pico (en realidad, hay más oscilaciones por segundo de las que se muestran aquí).

Cada ráfaga portadora es entregada por la función **analogWrite** en el sketch de la placa utilizando un espacio de 1 ms seguido de 1 ms de la frecuencia portadora. Los intervalos de 1 ms se fijan mediante la función **delay**.

Como la frecuencia portadora es tan alta, todo lo que se oye es una frecuencia de audio como esta a 500 Hz.

5-5 *Las líneas 36-39 del sketch crean una salida desde la Pico como ésta.*

En la línea 43 el bucle principal termina, pero, como empezó con el nombre especial **loop** en la línea 21, se repite automáticamente.

El principio de este esquema es similar al del circuito que construiste con un par de temporizadores 555 en el Experimento 1. En ese circuito, un temporizador rápido generaba la onda portadora, mientras que un temporizador más lento la activaba y desactivaba a una frecuencia de audio. En este sketch, las líneas 36-39 hacen algo parecido.

¿Cómo? Utilizando una función llamada modulación por ancho de pulso integrada en la placa Pico.

MODULACIÓN POR ANCHO DE PULSO

Si tienes un flujo de pulsos con aspecto de onda cuadrada puedes variar la longitud de cada pulso "on" manteniendo constante la frecuencia. Esto podría ser útil, por ejemplo, para ajustar la apariencia de brillo de un LED. Si los pulsos son lo suficientemente rápidos, el LED parecerá que brilla constantemente, pero si los pulsos solo están "on" la mitad del tiempo, el LED brillará la mitad. Esto sería un *ciclo de trabajo del 50 %*.

El ciclo de trabajo de una onda cuadrada es el porcentaje de tiempo que la salida está alta.

Si puedes reducir la anchura del pulso (manteniendo constante la frecuencia) para que los pulsos solo estén encendidos una cuarta parte del tiempo, tendrás un ciclo de trabajo del 25 %, y así sucesivamente. Esta es una forma muy eficaz de atenuar un LED. Esta técnica se conoce como *modulación por ancho de pulso*, normalmente abreviada como *PWM*, del inglés *pulse-width modulation*, y también puede utilizarse para controlar algunos tipos de motores. De hecho, es una tarea tan habitual en los microcontroladores que muchos de ellos la incluyen como función integrada.

El sketch para nuestro circuito de prueba de radio utiliza la función PWM de la placa Pico como una forma adecuada de crear una salida de onda cuadrada. Esto se consigue con la función **analogWrite()** donde *analog* aparece porque a veces se desea ajustar la tensión de la salida a un nivel entre 0 V y 3.3 V, aunque no necesitamos esa función en esta aplicación.

Sin embargo, sí que debemos ajustar el ciclo de trabajo.

En primer lugar, la función **analogWriteRange(4)** ha asignado el número arbitrario 4 en la línea 31.

Luego, **analogWrite(output_pin, 0);** de la línea 36 establece un ciclo de trabajo del 0 % (apagando la onda portadora), seguido de un retardo de 1 milisegundo, y **analogWrite(output_pin, 2);** en la línea 38 establece el ciclo de trabajo de la onda portadora al 50 % porque 2 es el 50 % de 4 y nosotros establecimos al inicio el rango en 4. A continuación, se produjo otro retraso de 1 milisegundo manteniendo la onda portadora encendida durante ese periodo. Como las ráfagas de la onda portadora son tan rápidas crean una frecuencia de audio.

Por último, la línea 42 interrumpió la frecuencia de audio dejando la portadora encendida durante 100 milisegundos ($\frac{1}{10}$ de segundo) sin interrupciones. Como la amplitud de la portadora es constante, sin huecos,

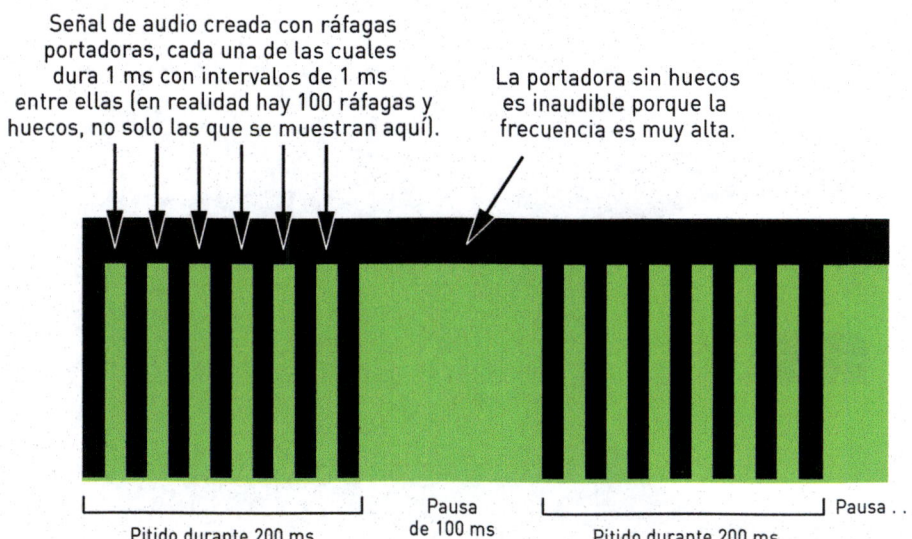

Señal de audio creada con ráfagas portadoras, cada una de las cuales dura 1 ms con intervalos de 1 ms entre ellas (en realidad hay 100 ráfagas y huecos, no solo las que se muestran aquí).

La portadora sin huecos es inaudible porque la frecuencia es muy alta.

Pitido durante 200 ms

Pausa de 100 ms

Pitido durante 200 ms

Pausa . . .

5-6 *Las ráfagas de la frecuencia portadora se muestran como rectángulos sólidos.*

no se oye nada durante este intervalo. Me gusta mantener la portadora encendida durante estas pausas porque evita que el receptor de radio capte otras emisoras.

Esto se muestra en la figura **5-6**, donde se ha reducido la escala respecto a la figura 5-5, por lo que las ráfagas portadoras se muestran aquí como bloques sólidos. El resultado es que se escuchan una serie de pequeños pitidos en lugar de un tono continuo.

MÁS INFORMACIÓN

Si deseas más información acerca de cómo trabaja **analogWrite** en Pico, échale un vistazo a "Analog Outputs" en la documentación de Arduino-Pico (arduino-pico.readthedocs.io). Para ver los detalles del hardware PWM, por ejemplo, y qué pines pueden producir señales PWM independientes, consulta la hoja de datos de la Raspberry Pi Pico.

RECAPITULEMOS

En este experimento hemos aprendido a utilizar la placa Pico para generar ondas cuadradas y hemos construido un transmisor de prueba AM con lectura de frecuencia en una pantalla LCD con la posibilidad de calibrar el receptor AMR2. Pero quizás estaría bien transmitir algo más que pitidos. Te prometí que la placa Pico podría añadir audio a una onda portadora y, en el siguiente experimento, verás cómo hacerlo. Y si recuerdas que mencioné la necesidad de que la portadora sea una onda sinusoidal pura, verás que también podemos hacer algo al respecto.

6

TRANSMISIÓN DE AUDIO CON LA PICO

En el Experimento 3 construimos el AMT1, que modulaba una onda portadora con una frecuencia de audio que emitimos en una banda de radiodifusión AM. Sin embargo, esa onda portadora no era muy estable y no había forma de saber exactamente cuál era su frecuencia.

En el Experimento 5 hemos utilizado el hardware de modulación por ancho de pulso (PWM) de una Raspberry Pi Pico como la mejor forma de generar una onda portadora, lo que nos ha permitido ajustar la frecuencia con precisión. Luego la hemos modulado para generar una serie de pitidos.

El siguiente paso es transmitir voz o música a través de la placa Pico. Esta placa no puede sintetizar esas complicadas señales por sí sola, pero puede recibir una entrada de audio analógica de una fuente como un reproductor de música y digitalizarla. Una vez digitalizada la señal, puede crear una onda portadora modulada que luego se filtra para formar una imitación bastante buena de una onda sinusoidal. Por último, conseguiremos un transmisor de radio "real", al que yo llamo AMT2B. ·

Necesitarás:

- El circuito del Experimento 5, al que me referiré como AMT2A, con la placa Pico y una pantalla LCD en una placa de pruebas (1).
- Un receptor de radio AM o el AMR2 del Experimento 2 (1).
- Condensadores cerámicos: 220 pF (1), 47 nF (1), 1 µF (1).
- Condensador electrolítico, 10 µF (1).
- Resistores: 1 K (3), 10 K (2).
- Condensador de sintonización, 200 pF, tipo 223P (1).
- Transistor bipolar 2N3904 NPN (1).
- Cilindro no conductor y no magnético de unos 9 cm de diámetro, como un bote de plástico de vitaminas, para enrollar las bobinas (1).
- Cable de conexión del calibre 22 o 24 para la bobina (unos 9 metros).
- Jack de audio de 1/8" con conexión por tornillo, o jack de audio para la placa de pruebas (1).
- Cable de audio con clavija macho de 1/8" en cada extremo, mono o estéreo (1).
- Fuente para música o locución, como un reproductor de música, un teléfono con un conector de audio de 1/8" o el ordenador portátil que usaste para programar la placa Pico.

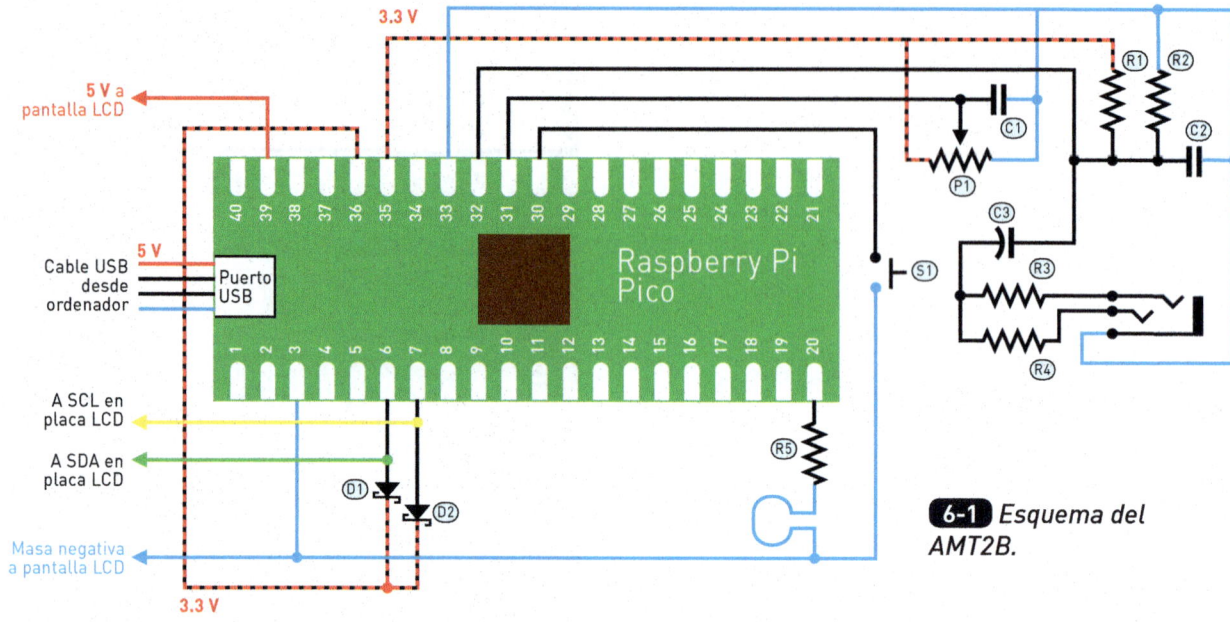

Cable USB desde ordenador

Puerto USB

5 V a pantalla LCD

5 V

A SCL en placa LCD

A SDA en placa LCD

Masa negativa a pantalla LCD

3.3 V

3.3 V

Raspberry Pi Pico

6-1 *Esquema del AMT2B.*

CONSTRUCCIÓN DEL AMTB2

El esquema del AMT2B se muestra en la figura **6-1** y la versión sobre la placa de pruebas en la figura **6-2**.

El circuito es el mismo que el del transmisor de tonos del experimento anterior, más cuatro resistencias, dos condensadores y un símbolo esquemático que representa una toma de audio. Esta conexión debe ser del tipo con terminales de tornillo, como la que utilizaste en el Experimento 3 (en la Figura 3-4 se muestran dos versiones). Asegúrate de conectar a tierra el terminal apropiado del jack. Los otros dos terminales se pueden utilizar indistintamente, ya que están conectados entre sí a través de R3 y R4.

Después de comprobar cuidadosamente el cableado, conecta la placa Pico a un ordenador con un cable USB y carga el programa "6-AM_PWM" de la figura **6-3**, que puedes copiar desde mi página de GitHub en github.com/fjansson/MakeRadio.

Para probar el transmisor necesitas una fuente de voz o de música. Si programas la placa con un portátil, probablemente puedas utilizar la salida de audio del mismo. Ten en cuenta las mismas advertencias que en el Experimento 3, pero no creo que haya ningún peligro asociado al puerto USB.

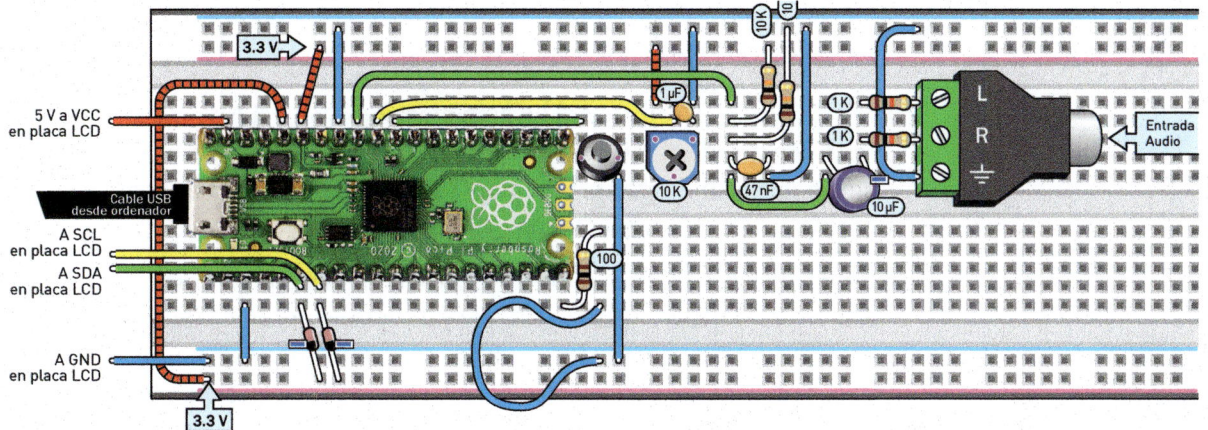

5 V a VCC
en placa LCD

Cable USB
desde ordenador

A SCL
en placa LCD
A SDA
en placa LCD

A GND
en placa LCD

3.3 V

6-2 *Placa de pruebas del AMT2B.*

Reproduce música desde la fuente de audio y
sube el volumen. Coloca un receptor AM, como el
AMR2, cerca del transmisor. El AMT2B muestra
la frecuencia del transmisor en la pantalla LCD,
que puedes ajustar con el trimmer.

Intenta encontrar la señal transmitida en el
receptor. Si escuchas otras emisoras en la misma
frecuencia, ajusta el transmisor y el receptor
hasta encontrar una frecuencia más tranquila.

La pantalla LCD muestra ahora tres valores. En
la fila superior está la frecuencia portadora en
kilohercios, que puedes ajustar con el trimmer.
En la fila inferior hay un valor con la etiqueta **div**,
al que volveremos en un momento, y otro con la
etiqueta **peak**. El valor de peak es una medida
de la amplitud pico de audio como porcentaje del
valor de escala completa. Ajusta el volumen de
la fuente de audio para que el valor de pico se
sitúe en torno al 90 % (o, si el audio lo dificulta,
simplemente intenta evitar llegar al 100 %). La
calidad de audio es mejor cuando la señal utiliza
el rango disponible sin superarlo. Si la señal

```
1  #include <Wire.h>
2  #include <hd44780.h>
3  #include <hd44780ioClass/hd44780_I2Cexp.h>
4  #include <hardware/clocks.h>
5  hd44780_I2Cexp lcd;
6  const int LCD_COLS = 16; // LCD geometry
7  const int LCD_ROWS = 2;
8  const int outPin = 15;   // the output pin we want
9  const float f_min = 530000;  // low f limit   530 kHz
10 const float f_max = 1700000; // high f limit 1700 kHz
11 const float scale = 2.0;     // volume control
12 float f_sys;      // system clock frequency
13 float peak = 0; // measured peak audio value
14 void setup() {
15   int status = lcd.begin(LCD_COLS, LCD_ROWS);
16   if(status)
17     hd44780::fatalError(status);
18   gpio_set_drive_strength(outPin, GPIO_DRIVE_STRENGTH_12MA);
19   f_sys = clock_get_hz(clk_sys); // system clock in Hz
20 }
21 void loop() {
22   char str[17];
23   float trimmer = analogRead(A0)/1023.0;
24   float f = f_min + (f_max-f_min) * trimmer; // in Hz
25   int divisor = f_sys / f;
26   f = f_sys / divisor;  // calculate frequency back
27   analogWriteFreq(f);        // set frequency
28   analogWriteRange(divisor); // set analog range
29   lcd.clear();          // clear, cursor to top left
30   snprintf(str, 17, "%6.1f kHz", f/1000);
31   lcd.print(str);
32   lcd.setCursor(0, 1);  // place cursor on second row
33   snprintf(str, 17, "div%4d peak%3.0f%%", divisor, peak*200);
34   lcd.print(str);
35   peak = 0;  // reset peak value
36   for (int i = 0; i < 20000; i++)
37   {
38     float in = analogRead(A1) / 1024.0;
39     in = (in - 0.5) * scale + 0.5; // scale the input value
40     peak = max(peak, abs(in-0.5)); // keep track of the peak
41     in = constrain(in, 0, 1);      // constrain to range 0..1
42 //  int out = in * 0.5 * divisor;  // duty cycle - simple
43     int out = asinf(in) / M_PI * divisor; // correction
44     analogWrite(outPin, out);
45     //delayMicroseconds(5);
46   }
47 }
```

6-3 *Sketch del AMT2B, el transmisor AM de la Pico.*

de audio supera la capacidad del circuito, las partes más altas o bajas se recortarán o cortarán degradando la calidad.

Recordarás que el recorte era un problema potencial del AMT1. Cuando subías demasiado el volumen se producía una distorsión, pero no había forma fiable de medirla o predecirla. Al mostrar el valor pico en pantalla, el transmisor Pico permite optimizar el volumen.

Cuando el transmisor y el receptor estén sintonizados en la misma frecuencia y se haya ajustado el alcance de la señal de audio, separa el transmisor y el receptor para ver el alcance de la transmisión. En esta etapa, podría ser de casi 1 metro. Puedes aumentar el alcance en dos pasos: mejorando la antena y añadiendo un amplificador de transistores. Antes de eso, te explicaré cómo funciona el transmisor, empezando por cómo entra la señal de audio en la placa Pico.

CÓMO FUNCIONA

Al igual que en el AMT1, la señal de audio se suministra al transmisor a través de una toma de audio, y los canales de audio izquierdo y derecho de dicha toma pasan a través de los resistores R3 y R4 de 1 K antes de combinarse. El transmisor solo transmite una señal mono, generada por la suma de los dos canales. La señal combinada pasa a través de C3, que está ahí para pasar las frecuencias de audio evitando que la tensión media de 0 V de la señal de audio interfiera con el divisor de tensión formado por R1 y R2. Ellos se ocupan de mantener la tensión media de la señal a la mitad de la tensión de alimentación, de forma que tanto los picos de la señal positivos como los negativos estén dentro del rango de señal analógica de la placa Pico, de 0 V a 3.3 V.

C2, R1 y R2 forman un filtro de paso bajo que suprime las frecuencias superiores a 7 kHz aproximadamente. Después, la señal de audio pasa al pin 32 de la placa Pico, que se conecta internamente con uno de los convertidores analógico-digitales, denominado ADC1. El potenciómetro trimmer, P1, está conectado al pin 31, que conecta internamente con el conversor analógico-digital que usaste anteriormente, llamado ADC0, el cual ajusta la frecuencia portadora según la posición del trimmer.

La tensión de alimentación positiva para los componentes de entrada de audio se toma del pin 35, que lleva la tensión de referencia de 3.3 V para los convertidores analógico-digitales. Este pin proporciona una corriente mejor

3.3 V

Tensión de entrada de audio

Valores de muestreo tras la conversión analógico-digital

512

225

307

747

952

584

6-4 *Muestreo de una señal analógica. Una tensión de entrada variable se convierte en valores digitales a intervalos de tiempo fijos.*

regulada y menos ruidosa que la del pin 36. El pin 35 no puede suministrar mucha corriente, aunque sí suficiente para alimentar el divisor de tensión y el trimmer de selección de frecuencia.

En el sketch de la figura 6-3, que cargamos en la placa Pico, la función **analogRead** se utiliza dos veces. En la línea 23, la instrucción lee la tensión del trimmer, que controla la frecuencia portadora. En la línea 38, la instrucción muestrea la tensión de entrada de audio al pin 32 unas 30 000 veces por segundo. Este proceso de muestreo digitaliza las ondas de audio convirtiendo la tensión en cada instante en un número del 0 al 1023. Las muestras se toman en frecuencia constante, como sugiere la figura **6-4**.

Todos los dispositivos digitales que procesan el sonido de un micrófono tienen que lidiar con el muestreo de alguna manera. Una vez convertida la señal en una secuencia de muestras puede seguir procesándose mediante operaciones matemáticas. Esto se conoce como ***digital signal processing***.

Cuando se trata de convertir una señal analógica en digital existe una regla conocida como ***Nyquist's sampling theorem***. Esta establece que la señal debe muestrearse a una frecuencia al menos dos veces superior a la frecuencia más alta presente en dicha señal. En la práctica, es mejor tener más margen, así que yo opté por una frecuencia de muestreo muy por encima del doble de la frecuencia umbral de 7 kHz del filtro de paso bajo en la entrada.

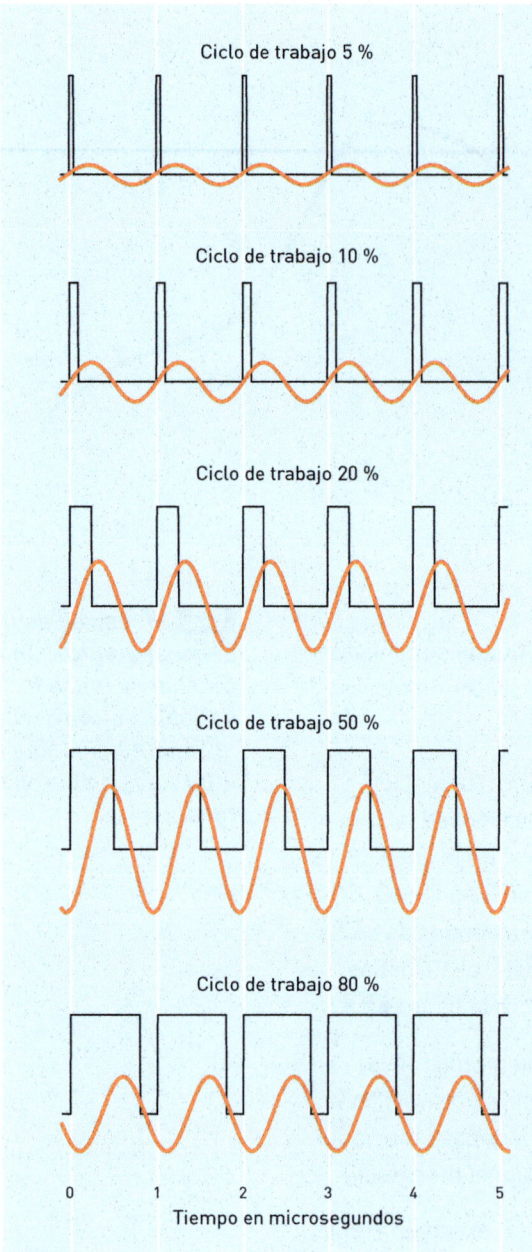

Ciclo de trabajo 5 %

Ciclo de trabajo 10 %

Ciclo de trabajo 20 %

Ciclo de trabajo 50 %

Ciclo de trabajo 80 %

Tiempo en microsegundos

6-5 *El filtro convierte una señal PWM (en negro) para que la potencia de cada pulso se redistribuya en forma de curva suave (en naranja). La amplitud de la salida depende del ciclo de trabajo de la entrada.*

SALIDA PWM AM

Recuerda que, para transmitir una señal de audio, la amplitud de la onda portadora —es decir, su tensión— debe variar proporcionalmente a la tensión de la señal. Así es como la señal se transmite y se convierte en sonido en un altavoz o auricular de un receptor de radio.

La placa Pico es un dispositivo digital y sus pines de salida solo pueden producir dos niveles de tensión: 0 V para baja y 3.3 V para alta. Es por eso que la amplitud modulada no parece posible. Sin embargo, con unos cuantos trucos electrónicos podemos utilizar las muestras digitales para cambiar los porcentajes PWM de la salida de la placa y, después, utilizar un filtro de paso bajo para convertir la onda cuadrada en una onda sinusoidal en la frecuencia portadora.

La figura **6-5** muestra cómo funciona el filtrado. La potencia total de cada pulso, mostrada en negro, es repartida por el filtro para crear una onda suave y agradable, como una onda sinusoidal, mostrada en naranja.

La simulación muestra que la señal PWM filtrada es una onda sinusoidal. Su frecuencia es de 1 MHz, como la señal PWM, y su amplitud varía en función del ciclo de trabajo PWM. Así, el sketch solo necesita medir la señal de audio y usarla para ajustar el ciclo de trabajo PWM. Lo siguiente que hay que averiguar es qué rango de ciclos de trabajo utilizar. Podríamos pensar que un ciclo de trabajo del 100 % proporciona la mayor amplitud, pero, de hecho, la amplitud disminuye después de un ciclo de trabajo del 50 %. Por lo tanto, todo el rango de la señal de audio debe convertirse en un ciclo de trabajo entre 0 % y 50 %.

La figura  muestra cómo el sketch muestrea la señal de audio con el convertidor analógico-digital a una velocidad de unas 30 000 muestras por segundo, mostrada por las líneas blancas verticales. Para cada muestra, el porcentaje de PWM se ajusta en función de la tensión de audio actual. El tercer panel muestra la salida tras el filtrado. El resultado es una señal cuya amplitud varía en función de la señal de audio: una señal de amplitud modulada.

Ya hemos descubierto cómo hacer que el sistema PWM realice dos tareas: generar la frecuencia portadora y permitir la amplitud modulada variando el ciclo de trabajo del pulso.

Este no es un uso típico del PWM, pero nos permite construir un transmisor de radio real utilizando el menor número de componentes.

ENTENDER EL SKETCH

Gran parte de este sketch ya debería sonarte del experimento anterior. Las líneas 6-11 definen constantes. Los límites superior e inferior del rango de sintonización son **f_min** y **f_max**. La variable **scale** actúa como control de volumen de la señal de audio entrante y la función **setup** inicializa la pantalla como antes.

La línea 18 ajusta la intensidad del pin de salida controlando cuánta corriente puede suministrar el pin. Se ajusta al valor más alto para que la señal sea lo más fuerte posible. La línea 19 encuentra la frecuencia del reloj del sistema de la placa Pico y la almacena en la variable **f_sys**. (la velocidad por defecto es 133 MHz, pero se puede cambiar en el menú del IDE de Arduino, y queremos que el sketch funcione para diferentes frecuencias).

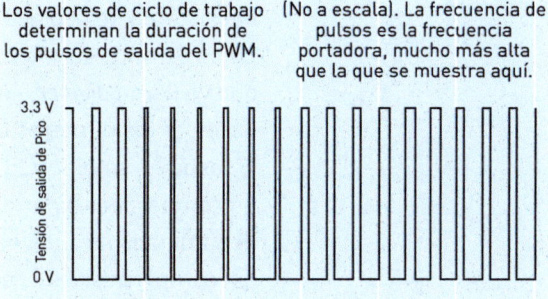

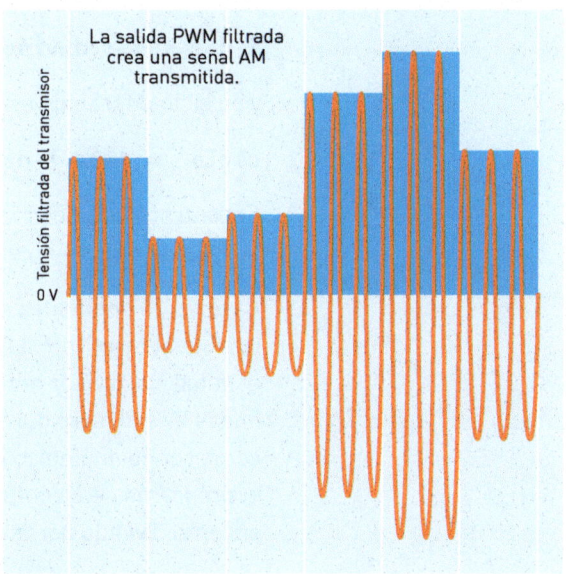

6-6 *Cómo transforma la placa Pico una entrada de audio digitalizada en una onda sinusoidal portadora modulada.*

La función **loop** empieza leyendo la tensión del trimmer en la línea 23 y la convierte en una frecuencia en la línea 24. Las líneas 25-28 configuran el sistema PWM para generar la onda portadora con la frecuencia *f*.

A menudo, la función **analogWrite** se encarga de configurar el sistema PWM según la frecuencia y el rango analógico que especifique el usuario. Esta vez nos interesa una frecuencia alta y el mejor rango analógico posible para obtener una buena calidad de audio, y podemos conseguirlo solicitando una buena combinación de frecuencia y rango analógico.

El sistema PWM contiene un contador binario que cuenta los pulsos del reloj del sistema de la placa Pico. El contador empieza con el valor 0 y, por cada pulso de reloj, su valor aumenta en 1. Cuando el contador alcanza un valor que yo llamo *divisor*, se reinicia y vuelve a empezar desde 0. Así, el contador pasa por los números 0, 1, 2, y así sucesivamente hasta llegar al **divisor-1** y, después, se reanuda con 0, 1, 2. El valor del contador se alimenta mediante un comparador binario, que compara el valor del contador con un valor denominado nivel. Si el valor del contador es menor que el del nivel, la salida del comparador es 1; en caso contrario, es 0. La idea que hay detrás de todo esto es que la salida del comparador es la señal PWM. Su frecuencia es

f = f_sys / divisor

y su ciclo de trabajo es

ciclo = 100% * nivel / divisor

Encontrará una descripción completa del sistema PWM de la placa Pico en su hoja de datos y en el manual del SDK.

La línea 25 encuentra el divisor entero que da una frecuencia lo más cercana posible al objetivo *f*. La línea 26 calcula la frecuencia realmente obtenida al utilizar el divisor entero, que estará próxima a la frecuencia objetivo. Las líneas 27 y 28 configuran el sistema PWM con *f* como frecuencia y el divisor como rango analógico (el valor del divisor se muestra en la pantalla cuando el programa se ejecuta; puedes comprobar que la frecuencia del reloj del sistema dividida por el divisor es igual a la frecuencia mostrada).

Las líneas 29-34 muestran la frecuencia, el valor del divisor y el pico de amplitud de audio en términos de porcentajes del rango completo de la señal.

La señal AM real se genera en el bucle **for** de las líneas 37-45. El valor de la señal de audio se lee y se escala en el rango 0-1.

A continuación, se calcula el valor del ciclo de trabajo y se almacena en la variable **out**. Un valor de audio de 0 debería dar un ciclo de trabajo del 0 %, y un valor de 1 un ciclo de trabajo del 50 %. La línea 42 muestra cómo podría llevarse a cabo con el ciclo de trabajo proporcional al valor de audio. Sin embargo, la amplitud sinusoidal no es linealmente proporcional al ciclo de trabajo, y la línea 43 corrige esta no linealidad calculando el valor de salida que resulta en una amplitud de señal proporcional a la señal de audio. La función **asinf** es la inversa de la función sine, y la ***f*** final en el nombre significa que estamos utilizando la versión de punto flotante (floating-point) de la función. Por su parte, **M_PI** es la denominación para pi en lenguaje C. La razón por la cual la expresión se ve exactamente así tiene que ver con el modo en que la amplitud de las diferentes ondas sinusoidales que componen la señal PWM (como las mostradas en la figura 3-10 para una onda cuadrada) dependen del ciclo de trabajo del pulso. La línea 44 envía el ciclo de trabajo calculado al pin de salida.

Ahora que ya sabes cómo funciona este sketch, es hora de mejorar el circuito para conseguir un mayor rango de transmisión.

MAYOR RANGO Y FILTRADO

Quizás estarás pensando que, mientras muestro imágenes de señales PWM filtradas, en el esquema no existe ningún filtro en el pin de salida del transmisor. ¡Y es cierto! Sin embargo, el receptor realiza cierto filtrado. Sintonizar el receptor a una frecuencia determinada significa que este solo captará señales en un intervalo reducido en torno a esa frecuencia.

Pero esto no significa que transmitir una onda cuadrada sin filtrar sea una buena idea. Como expliqué en el Experimento 3, una señal de onda cuadrada contiene sobretonos o armónicos, por lo que, de hecho, estás transmitiendo en varias frecuencias simultáneamente, lo que puede provocar interferencias con otros radiotransmisores. La razón por la que me gustó este experimento es que el rango de transmisión con el pequeño bucle de alambre es muy corto.

Ahora, nuestro objetivo es aumentar ese rango, lo que significa que tenemos que hacer bien el trabajo y añadir un filtrado al AMT2B. Podemos conseguirlo diseñando una antena mejor que también actúe como filtro.

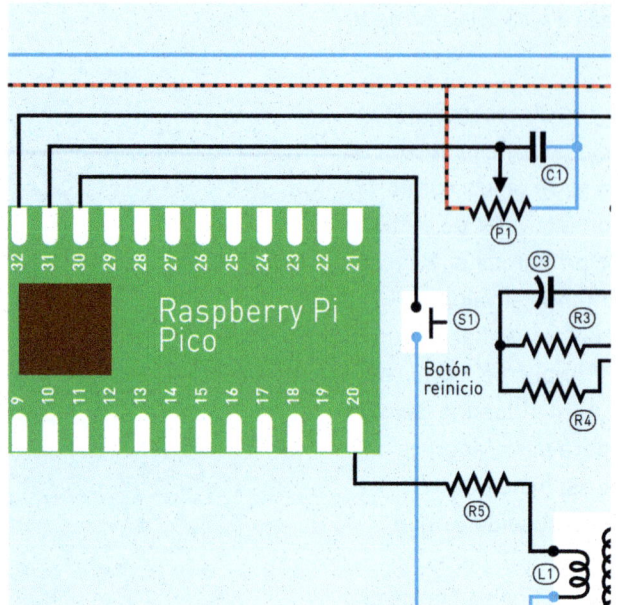

6-7 *Añade bobinas y condensadores para crear una antena mejor. El lado izquierdo del circuito no se muestra porque no cambia.*

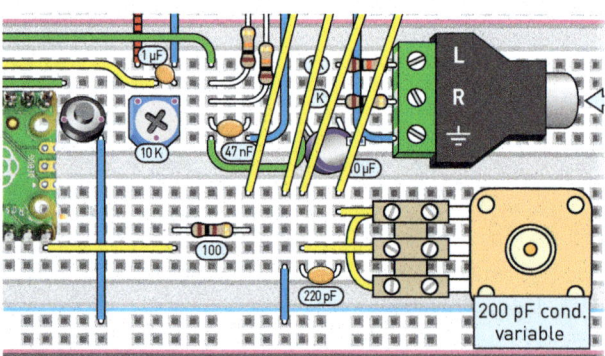

6-8 *Versión sobre la placa de pruebas del circuito de la figura 6-7.*

La idea es utilizar un circuito de resonancia y sintonizarlo con la frecuencia de transmisión. La bobina del circuito de resonancia actúa como antena y, como el circuito está sintonizado para resonar solo con la frecuencia de transmisión prevista, los armónicos se filtrarán. El resultado es una señal más limpia y un mayor rango de transmisión.

CONSTRUCCIÓN

El esquema del nuevo circuito de antena se muestra en la figura **6-7** y la versión en placa de pruebas se muestra en la figura **6-8**. La parte superior del circuito sigue siendo el mismo, pero la antena de cuadro ha desaparecido y se sustituye por una bobina denominada L1. A su lado está L2, que se conecta a un condensador de sintonización. Antes de empezar a construir, configura el transmisor y el receptor y sintonízalos en la misma frecuencia, a unos 900 kHz.

Después, desconecta el transmisor del ordenador para los pasos siguientes y apaga el receptor para ahorrar pilas.

Empieza enrollando las bobinas. Ambas deben tener el mismo diámetro, unos 8 cm, para que puedas enrollarlas alrededor del mismo objeto base. Para ello necesitarás un objeto cilíndrico no conductor y no magnético, como un tarro o un bote de plástico. También puede servir un trozo de tubo de PVC de los que se usan en fontanería. La primera bobina tiene 2 espiras y la segunda, 27. Empieza por la de 2 dejando unos 15 cm en cada extremo. Enrosca los extremos y quítales el aislante para conectarlos a la placa de pruebas. Repite este procedimiento para la bobina de 27 espiras, enrollándola en el mismo sentido, adyacente a la anterior y sin espacio entre ellas. Fija las dos bobinas con cinta adhesiva si es

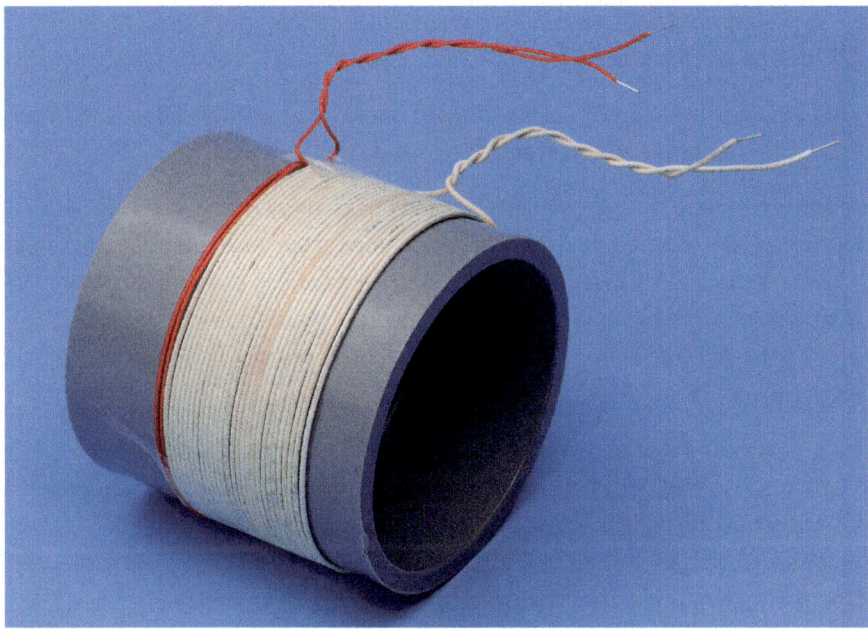

6-9 *Bobinas para mejorar la potencia de transmisión del AMT2B.*

necesario. Las bobinas reales se muestran en la figura **6-9**. Como puedes ver en el esquema, no son opuestas entre sí; el esquema simplemente indica cómo interactúan las dos bobinas.

Conecta la bobina de 2 espiras a la salida del transmisor, como se muestra en las figuras 6-7 y 6-8, en lugar del bucle de alambre que hemos utilizado anteriormente. Las colas de la bobina de 27 espiras también se conectan a la placa a través del C4, un condensador de 220 pF, el cual está cableado en paralelo con el C5, el mismo tipo de condensador variable que ya utilizamos para el AMR2 (si quieres recibir la transmisión mediante el AMR2, deberás utilizar su propio condensador variable).

Vuelve a conectar el transmisor a la fuente de audio y enciende el receptor. Mantenlos sintonizados en la misma frecuencia que antes. Ajusta el condensador de sintonización del transmisor hasta encontrar un ajuste donde el receptor capte una señal fuerte. Busca el que proporcione la señal más fuerte. Acabas de sintonizar el circuito de resonancia de la antena a la frecuencia del transmisor.

Si quieres sintonizar el transmisor en el extremo superior de la banda de AM, quizás tengas que quitar el C4.

Intenta alejar el receptor del transmisor hasta que la señal sea demasiado débil para recibirla. ¿Ha aumentado el rango de transmisión?

Añadir el circuito de resonancia a la salida tiene dos efectos. Cuando la frecuencia del circuito de resonancia coincide con la del transmisor, resuena y la corriente que va y viene a través de L2 aumenta, lo que significa que el campo magnético de las dos bobinas es más fuerte que el campo de L1 por sí solo. Además, el circuito de resonancia no reacciona a los armónicos presentes en la señal, por lo que no se amplificarán.

Un inconveniente de este circuito de resonancia es que, para cambiar la frecuencia de transmisión, hay que sintonizar dos controles: la frecuencia del transmisor y la de resonancia de la antena. Pero es habitual que las antenas funcionen mejor cuando están en resonancia con la frecuencia que transmiten o reciben, y esto puede implicar ciertos ajustes.

Veintisiete espiras te parecerán mucho. La razón por la que necesitamos tantas es que la bobina y el condensador deben ser capaces de resonar con una frecuencia en la banda de emisión, y esto necesita una gran inductancia. Con una bobina de 100 µH y una capacitancia de 420 pF (que obtenemos del condensador cerámico de 220 pF más el condensador variable de 200 pF ajustado a su valor máximo), la frecuencia es de 776 kHz. Las frecuencias más altas se pueden sintonizar hasta aproximadamente 1 MHz girando el condensador variable y luego desconectando el condensador de 220 pF para frecuencias aún más altas.

Podríamos haber utilizado una inductancia menor y una capacitancia mayor, pero entonces el rango de sintonización alcanzable con el condensador variable sería poco práctico.

Con un diámetro de bobina mayor necesitaríamos menos espiras y, además, deberíamos obtener un mayor rango de transmisión. Sin embargo, el número de espiras necesario disminuye más lentamente que el diámetro, por lo que al final se necesita más alambre para una bobina más grande. Como regla general, si duplicas el diámetro de la bobina puedes dividir el número de espiras por la raíz cuadrada de 2, aproximadamente 1,4, para mantener constante la inductancia. Para calcular la inductancia de una bobina diseñada por ti mismo puedes utilizar la aproximación de Wheeler (descrita en el Experimento 1) o buscar en Internet "calculadora de inductancia de bobina".

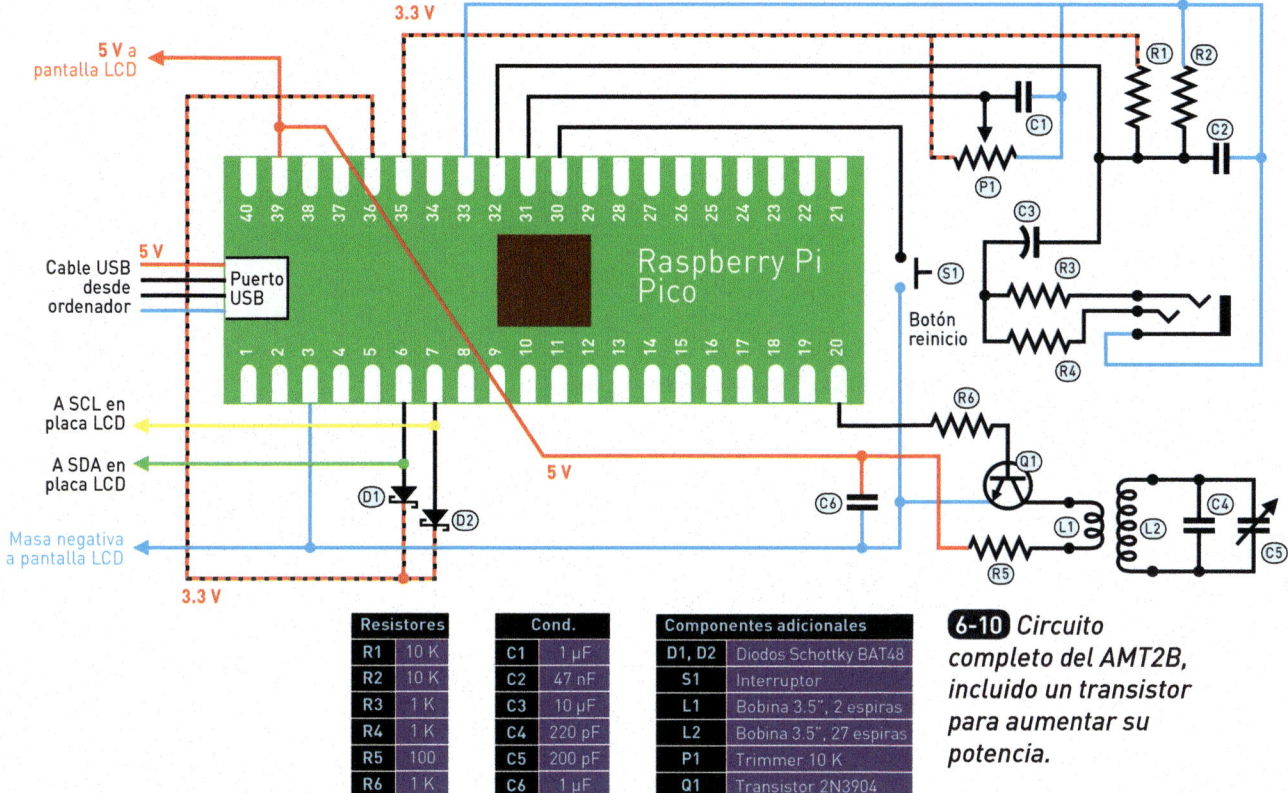

Resistores			Cond.			Componentes adicionales	
R1	10 K		C1	1 µF		D1, D2	Diodos Schottky BAT48
R2	10 K		C2	47 nF		S1	Interruptor
R3	1 K		C3	10 µF		L1	Bobina 3.5", 2 espiras
R4	1 K		C4	220 pF		L2	Bobina 3.5", 27 espiras
R5	100		C5	200 pF		P1	Trimmer 10 K
R6	1 K		C6	1 µF		Q1	Transistor 2N3904

6-10 *Circuito completo del AMT2B, incluido un transistor para aumentar su potencia.*

¿MÁS POTENCIA?

¿Y si quieres ampliar un poco más el alcance del transmisor respetando por supuesto los límites legales? Con los armónicos de onda cuadrada eliminados se puede amplificar la señal con un transistor. El circuito de las figuras **6-10** y **6-11** de la página siguiente muestra cómo podemos hacerlo. Observa que R5 ha cambiado de posición, aunque sigue teniendo la misma función: limitar la corriente a través de L1. Se ha añadido R6 para limitar la corriente a través de la base del transistor Q1. La lista completa de componentes de esta versión final del circuito se muestra en la figura 6-10.

Desconecta el transmisor de la fuente de audio y del ordenador antes de realizar cambios. Con el fin de mantener la radio sintonizada para la siguiente prueba, no cambies el ajuste de frecuencia ni el condensador de sintonización. Cuando hayas montado y comprobado el circuito, vuelve a conectar el cable USB y la fuente de señal. Vuelve a transmitir y comprueba si el alcance ha aumentado.

El amplificador de transistor es muy sencillo porque solo trata con la salida digital de la placa Pico, que está encendida o apagada. Esto también hace que el amplificador sea eficiente porque el transistor o conduce

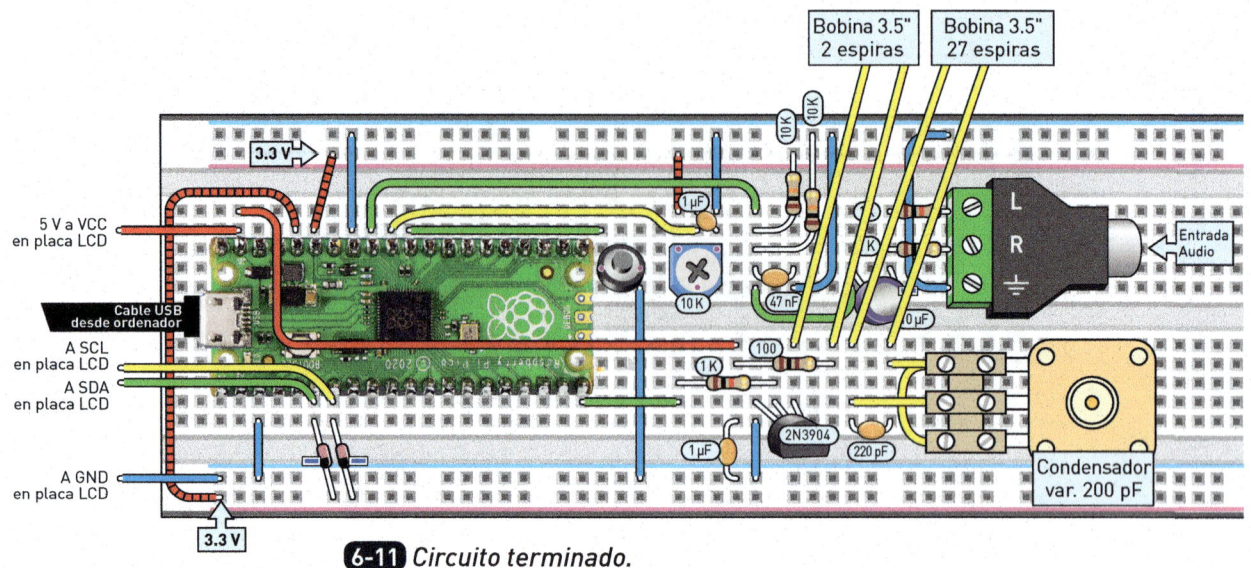

6-11 *Circuito terminado.*

completamente o no conduce nada y, en ambos casos, la cantidad de energía eléctrica que se pierde en calentar el transistor es pequeña.

En un amplificador analógico, en el que un transistor recibe una entrada variable y entrega una salida variable, la pérdida de potencia en el transistor puede ser considerable, igual o superior a la potencia entregada a la salida del amplificador. Por esta razón, muchos transmisores modernos de AM de alta potencia utilizan alguna forma de modulación por ancho de pulso.

Cuando la salida de la placa Pico es alta, el transistor conduce y conecta a masa un extremo de la bobina L1 para que fluya corriente a través de ella. Cuando la salida es baja, el transistor no conduce y no fluye corriente por L1. L2, C4 y C5 forman un circuito de resonancia como antes. R5 limita la corriente, tanto para proteger el transistor como para asegurar que la señal se mantenga en la potencia permitida.

En el Experimento 3 mencioné la normativa que afecta a los transmisores en Estados Unidos: se permite una potencia máxima de 100 mW y una antena de no más de 3 metros. En este caso, el límite de potencia es la potencia total suministrada al transistor, que calculo que debe ser de 0.1 W aproximadamente.

Otra ventaja de añadir el amplificador de transistores es que mejora la calidad de audio. El transmisor no amplificado es algo ruidoso. Creo que el ruido entra en la señal en el convertidor analógico-digital y está relacionado con la señal PWM de alta frecuencia que crea la placa Pico. Con el transistor en su lugar, la placa tiene que manejar y emitir menos corriente, lo que provoca menos interferencias.

Se trata de un problema habitual en los circuitos que mezclan secciones digitales y analógicas. El ruido de la conmutación digital entra en las señales analógicas. Probé diferentes modificaciones para reducir el ruido y la adición de condensadores entre la masa y las diferentes tensiones positivas, aunque en general es una buena idea me dio pocos resultados. Lo que sí ayudó fue utilizar un pin de tierra separado en la placa Pico para el audio y la sección de trimmer del circuito. El pin 33 de la placa, AGND, se designa como tierra analógica. Por lo demás, es similar a los otros pines de tierra, pero la placa de circuito está diseñada para que las señales AGND y de entrada analógica vayan juntas para que interfiera mínimamente con otros circuitos.

Si deseas utilizar el transmisor de forma más permanente para transmitir música a una radio AM de tu casa, puedes encontrar una frecuencia libre de otras emisoras y sintonizar allí el transmisor. Modifica la línea 24 del sketch para establecer *f* a la frecuencia que desees en hercios. Así evitarás el pequeño cambio que se produce en la calidad de audio si el transmisor se desplaza ligeramente en frecuencia como resultado de un ligero cambio en la lectura del trimmer. O puedes ajustar **f_min** and **f_max** más cerca de la frecuencia elegida. De este modo, aún tienes la posibilidad de sintonizarla un poco, aunque la sintonización saltará menos.

RECAPITULEMOS

En este experimento hemos visto que la placa Pico puede funcionar lo suficientemente rápida como para desensamblar una señal de audio en una serie de valores digitales realizando el proceso conocido como conversión analógico-digital. También hemos visto que la señal digitalizada puede adaptarse mediante el procesamiento digital de señales y que el filtrado puede convertir las ondas cuadradas en ondas sinusoidales. Por último, hemos aumentado la potencia del transmisor con una amplificación por transistor.

El siguiente paso es utilizar las capacidades adicionales de la placa Pico para ir más allá, ya que cuenta los pulsos en una onda portadora.

7

CONTAR PULSOS CON UNA PLACA PICO

Cuando construimos el transmisor de AM en el Experimento 3 y el generador de señales de prueba en el Experimento 1, la única forma de determinar la frecuencia de una onda portadora era haciendo algunos cálculos con los valores de las bobinas, los condensadores y los resistores. Luego podíamos comprobar los cálculos aproximados intentando encontrar la señal con un dial de sintonización de radio AM.

Sin embargo, siempre que se transmite una señal de radio se necesita una forma más precisa de medir su frecuencia.

Un multímetro digital puede permitir esta opción, pero probablemente esté limitado a unos pocos kilohercios. En este experimento, la placa Pico puede medir frecuencias de hasta unos 60 MHz mostrando el resultado en la pantalla LCD que hemos estado utilizando en los tres últimos experimentos.

Como vimos en el Experimento 1, la frecuencia de una señal se mide en hercios, es decir, el número de pulsos por segundo. La placa Pico puede contar fácilmente pulsos durante un intervalo de un segundo.

Necesitarás:
- La placa Pico en una placa de pruebas, conectada a una pantalla LCD (1), como hemos visto en los experimentos 4, 5 y 6.
- Opcional: los transmisores AMT0 del Experimento 1 o el AMT1 del Experimento 3.
- Condensadores cerámicos: 100 pF (1), 10 nF (1), 1 µF (1).
- Resistores: 1 K (1), 2.2 K (2).
- Chip de circuito integrado 7555 (1).
- Diodos Schottky BAT48 (4) . Dos de estos diodos se han utilizado en experimentos anteriores. En este necesitaremos dos más.

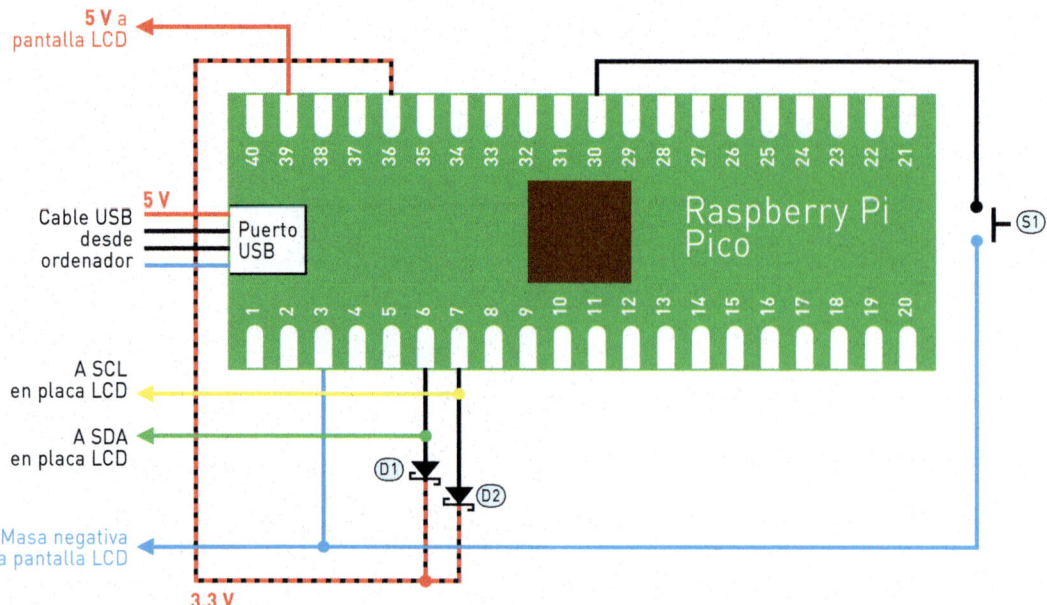

7-1 *Primer paso para construir un contador de frecuencias.*

```
1  #include <Wire.h>
2  #include <hd44780.h>
3  #include <hd44780ioClass/hd44780_I2Cexp.h>
4  #include "hardware/pwm.h" // pico-specific PWM functions
5  hd44780_I2Cexp lcd;
6  const int LCD_COLS = 16, LCD_ROWS = 2;
7  const int input_pin = 15;
8  const int output_pin = 16;
9  const int divisor = F_CPU / 10000;  // 10 kHz test signal
10 int slice_num = pwm_gpio_to_slice_num(input_pin);
11 int output_slice_num = pwm_gpio_to_slice_num(output_pin);
12
13 void setup()
14 {
15   int status = lcd.begin(LCD_COLS, LCD_ROWS);
16   if(status)
17     hd44780::fatalError(status);
18   gpio_set_function(output_pin, GPIO_FUNC_PWM); // test signal
19   pwm_set_wrap(output_slice_num, divisor-1);
20   pwm_set_gpio_level(output_pin, divisor/2);
21   pwm_set_enabled(output_slice_num, true);
22   gpio_set_function(input_pin, GPIO_FUNC_PWM);  // input
23   pwm_set_clkdiv_mode(slice_num, PWM_DIV_B_RISING);
24 }
25 void loop()
26 {
27   pwm_set_counter(slice_num, 0);       // reset counter
28   pwm_set_enabled(slice_num, true);  // start counting
29   delay(1000);
30   pwm_set_enabled(slice_num, false); // stop counting
31   int count = pwm_get_counter(slice_num);
32   lcd.clear();
33   lcd.print(count);
34   lcd.print(" Hz");
35 }
```

7-2 *Primera versión del sketch del contador de frecuencias.*

MEDIR LA FRECUENCIA

Esto es lo que debe hacer la placa Pico:

- Empezar a contar los pulsos que llegan a un pin IO.
- Medir un intervalo de un segundo.
- Mostrar el recuento.

Para contar pulsos podríamos escribir un programa que comprobara repetidamente el estado del pin y, cada vez que viera una transición de abajo arriba, incrementaría una variable contador. Para bajas frecuencias esto funcionaría, pero ¿y si la frecuencia es alta y el programa también tiene que hacer otras tareas, como controlar la hora? La placa podría perder un pulso, en cuyo caso la medición sería errónea y no tendríamos forma de saberlo. Lo mejor es utilizar un contador de hardware dedicado, integrado en la mayoría de los chips microcontroladores, incluido el Pico. Te mostraré cómo utilizar el sistema PWM para este fin.

CONSTRUCCIÓN

Construye el circuito de la figura **7-1**, utilizando el circuito básico de la placa Pico que ya tenemos preparado. Basta con que retires la mayoría de los componentes.

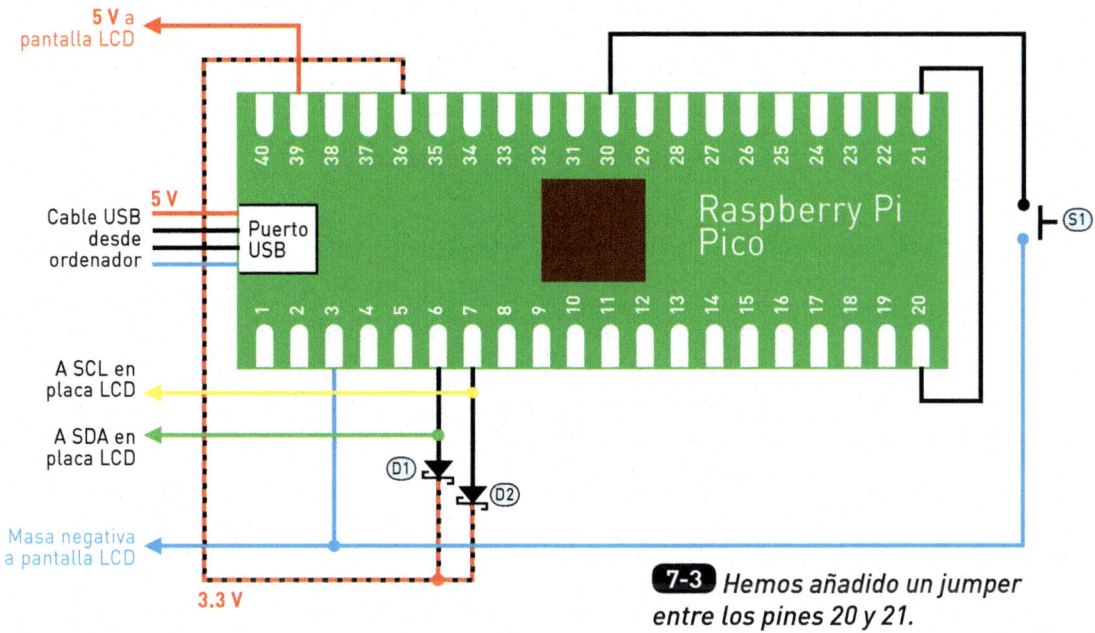

5 V a
pantalla LCD

5 V

Cable USB
desde
ordenador

Puerto
USB

Raspberry Pi
Pico

A SCL en
placa LCD

A SDA en
placa LCD

(D1)

(D2)

(S1)

Masa negativa
a pantalla LCD

3.3 V

7-3 *Hemos añadido un jumper entre los pines 20 y 21.*

Ahora, carga el sketch "7-1-frequency_counter" de la figura **7-2**, que puedes copiar de mi página de GitHub en github.com/fjansson/MakeRadio. Verás que en la pantalla aparece

0 Hz

¿Cómo podemos probarlo para asegurarnos de que funciona y es preciso? Puedes utilizar la propia Pico para emitir una frecuencia conocida en otro pin y medirla. El sketch que acabas de subir puede hacerlo: configura el pin 21 como una salida PWM y emite una señal de 10 kHz. Solo tienes que añadir un jumper de ese pin a la entrada del contador, que está en el pin 20, como se muestra en las figuras **7-3** y **7-4**. Ahora la pantalla LCD muestra

10000 Hz

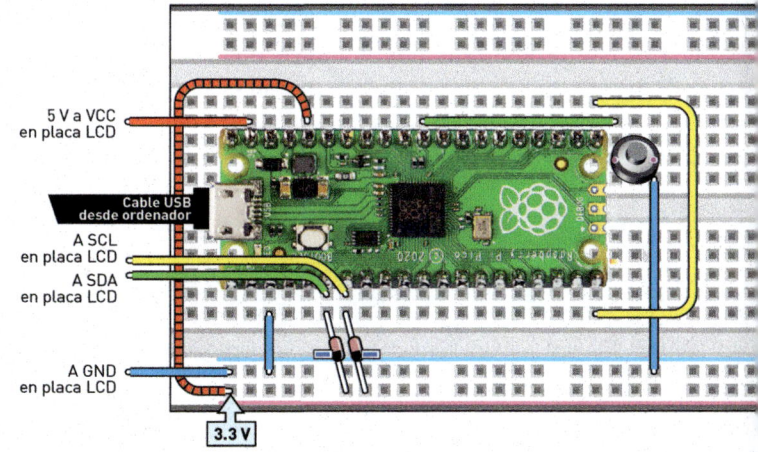

5 V a VCC
en placa LCD

Cable USB
desde ordenador

A SCL
en placa LCD

A SDA
en placa LCD

A GND
en placa LCD

3.3 V

7-4 *Versión sobre la placa de pruebas de la figura 7-3.*

¿Te gustaría medir una frecuencia más alta, como 1 MHz? Puedes intentarlo editando la línea 10 del sketch de la siguiente manera

```
const int divisor = F_CPU / 1000000;
```

Vuelve a cargar el sketch y verás que en la pantalla se lee

```
16960 Hz
```

¡Pero no es correcto! Tal vez el sketch aún no trabaja con frecuencias altas. Para entender por qué y poder mejorar el sketch tenemos que ver cómo funciona y aprender a programar con *interrupts*.

CÓMO FUNCIONA EL SKETCH

En este sketch, el hardware PWM de la placa Pico se utiliza para contar los pulsos que llegan a la entrada y generar una señal de prueba. En los Experimentos 5 y 6 hemos utilizado la función de Arduino **analogWrite** para controlar el sistema PWM. En este, debemos usar funciones específicas para la placa Pico, pues las funciones PWM de Arduino se ocupan de la salida, pero no de contar pulsos. El comando **include** de la línea 4 permite al sketch utilizar las funciones propias de la placa Pico para controlar el sistema PWM.

Las líneas 6-9 definen constantes para el sketch: **input_pin** es el número del pin GP de la entrada del contador, **output_pin** es la salida de la señal de prueba y **divisor** establece la frecuencia de dicha señal. La frecuencia de salida es la frecuencia del reloj del sistema dividida por el divisor.

Pico contiene ocho bloques PWM idénticos, también llamados *slices*, con dos salidas cada uno. Las líneas 10 y 11 encuentran qué bloques PWM están asociados a los pines de entrada y salida.

Uno de los bloques PWM se muestra en la figura **7-5**. Cada uno contiene un contador de 8 bits llamado *preescalador*, un *contador* de 16 bits y dos *comparadores*. El preescalador puede utilizarse para dividir la frecuencia de reloj por un número comprendido entre 1 y 256. En este experimento no se utiliza, por lo que los pulsos de reloj pasarán a través de él (que es lo mismo que dividir la frecuencia entrante por 1). Para generar señales PWM, el contador de 16 bits cuenta los pulsos del reloj del sistema (siempre que el interruptor de la izquierda de la figura 7-5 esté en la posición superior). Cuando el contador alcanza el valor wrap, vuelve a empezar de 0 en el siguiente pulso.

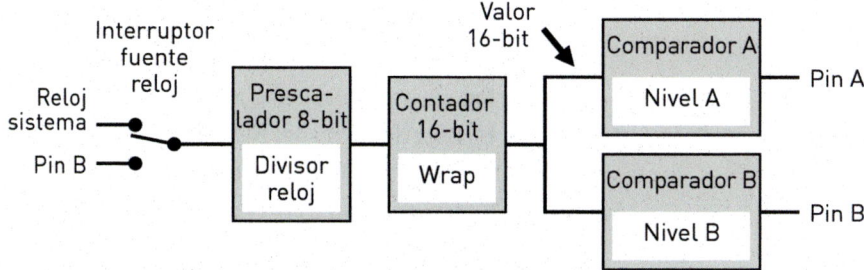

7-5 *Estructura interna de uno de los ocho bloques PWM de la placa Pico. La salida A y la salida B pueden enrutarse a pines de la placa. La entrada de reloj de la izquierda puede proceder del reloj del sistema (para la salida PWM) o del pin B (utilizado como entrada para contar pulsos).*

Cada uno de los comparadores compara el valor binario del contador con el valor de nivel de cada salida. Si el valor del contador es menor que el del nivel, la salida es alta. Si no, la salida es baja. En otras palabras, el ciclo de trabajo de la señal de salida lo marca el valor de nivel. La frecuencia de la señal de salida es la frecuencia del reloj del sistema dividida por wrap más 1.

Las líneas 18-21 configuran la salida de la señal de prueba. La línea 18 asigna el pin de salida a su bloque PWM. La línea 19 ajusta la frecuencia de salida utilizando la constante divisor, y la línea 20 ajusta el ciclo de trabajo al 50 %. Por último, la línea 21 enciende la salida PWM.

Para utilizar el bloque PWM para contar pulsos en un pin de entrada, el interruptor de la izquierda de la figura 7-5 se coloca hacia abajo. La línea 22 establece el pin de entrada conectado al sistema PWM, y la línea 23 ordena al bloque PWM asociado con el pin de entrada que cuente los flancos ascendentes en el pin de entrada. Esto significa que cada vez que el pin de entrada cambia de estado de abajo arriba, el contador se incrementa.

En la función **Loop**, la línea 27 pone a 0 el valor del contador para preparar una medición. La línea 28 habilita el contador para que se incremente cada vez que pase de abajo a arriba en la entrada. La línea 29 espera 1 segundo y la línea 30 vuelve a desactivar el contador. Ahora, el contador contiene el número de pulsos captados durante el retardo de un segundo. Este número se recupera en la línea 31 y se muestra en la pantalla LCD con las líneas 32-34.

```
1  #include <Wire.h>
2  #include <hd44780.h>
3  #include <hd44780ioClass/hd44780_I2Cexp.h>
4  #include "hardware/pwm.h" // pico-specific PWM functions
5  hd44780_I2Cexp lcd;
6  const int LCD_COLS = 16, LCD_ROWS = 2;
7  const int input_pin = 15;
8  const int output_pin = 16;
9  const int divisor = F_CPU / 1000000;    // 1 MHz test signal
10 int slice_num = pwm_gpio_to_slice_num(input_pin);
11 int output_slice_num = pwm_gpio_to_slice_num(output_pin);
12 volatile int counter_wraps;
13
14 void pwm_interrupt_handler()
15 {
16   pwm_clear_irq(slice_num);
17   counter_wraps++;
18 }
19 void setup()
20 {
21   int status = lcd.begin(LCD_COLS, LCD_ROWS);
22   if(status)
23     hd44780::fatalError(status);
24   gpio_set_function(output_pin, GPIO_FUNC_PWM); // test signal
25   pwm_set_wrap(output_slice_num, divisor-1);
26   pwm_set_gpio_level(output_pin, divisor/2);
27   pwm_set_enabled(output_slice_num, true);
28   gpio_set_function(input_pin, GPIO_FUNC_PWM); // input
29   pwm_set_clkdiv_mode(slice_num, PWM_DIV_B_RISING);
30   pwm_clear_irq(slice_num);
31   pwm_set_irq_enabled(slice_num, true);
32   irq_set_exclusive_handler(PWM_IRQ_WRAP, pwm_interrupt_handler);
33   irq_set_enabled(PWM_IRQ_WRAP, true);
34 }
35 void loop()
36 {
37   counter_wraps = 0;
38   pwm_set_counter(slice_num, 0);      // reset counter
39   pwm_set_enabled(slice_num, true);   // start counting
40   delay(1000);
41   pwm_set_enabled(slice_num, false);  // stop counting
42   int count = pwm_get_counter(slice_num);
43   lcd.clear();
44   lcd.print(counter_wraps * 65536 + count);
45   lcd.print(" Hz");
46 }
```

7-6 *Sketch final del contador de frecuencias usando interrupciones para detectar cuándo da la vuelta el contador.*

El sketch es bastante simple, ya que la tarea del contador es reconocer los pulsos entrantes y contarlos. Lo más difícil es configurar el sistema PWM. La hoja de datos del RP2040 y el manual del SDK de la placa Pico explican cómo está construido el sistema PWM y qué funciones C están disponibles para utilizarlo, y muestran cómo se asocian los pines IO con los ocho bloques PWM.

FRECUENCIAS MÁS ALTAS

Ahora podemos recuperar la pregunta de por qué falló el contador con la señal de entrada de 1 MHz. Si el contador funciona durante un segundo y los pulsos llegan a una velocidad de 1 MHz, debería haber recibido un millón de pulsos.

Vuelve a mirar la figura 7-5. Verás que el contador principal es de 16 bits, lo que significa que puede contener números de 0 a $2^{16} - 1 = 65\,535$. Una vez superada esta cantidad de pulsos, el contador vuelve a empezar desde 0, que es lo que ocurre con la señal de 1 MHz.

¿Y qué hacemos? Podríamos dejar que el contador funcionara durante menos tiempo, tal vez 10 ms, pero entonces la precisión se resentiría para las frecuencias bajas. O habría que hacer ajustable el intervalo de tiempo. Nada de eso: vamos a ampliar el rango de recuento utilizando interrupciones.

INTERRUPCIONES EN LA PLACA PICO

Las interrupciones son un mecanismo de los ordenadores para gestionar eventos: "¡Ha ocurrido algo importante! Interrumpe el programa que se está ejecutando y ejecuta esta función en su lugar. Cuando termines, vuelve al programa normal". Las interrupciones se utilizan en los microcontroladores y, normalmente, se pueden configurar para muchas cosas. Por ejemplo:

- Un temporizador llega al final del intervalo.
- Un pin de entrada cambia de estado, por ejemplo, porque se ha pulsado un botón.
- El contador PWM da la vuelta al llegar a 0.
- Se recibe un carácter en un puerto serie (o USB).

El tercer ejemplo —el contador PWM que llega a 0— es la situación que necesitamos resolver con una interrupción. Cada vez que se produce la interrupción se llama a una función en la cual se incrementa un segundo contador que lleva la cuenta de las veces que ha dado la vuelta el primero. El número total de pulsos puede calcularse a partir de los valores de los dos contadores.

El sketch final "7-2-frequency_counter", que puedes copiar de mi página de GitHub en github.com/fjansson/MakeRadio, se muestra en la figura **7-6**. Cárgalo en el IDE para sustituir la versión anterior.

En la línea 12 se define la nueva variable contador. La palabra clave **volatile** indica al compilador que el valor de la variable puede cambiar inesperadamente (porque el valor se modifica cuando se producen interrupciones).

La línea 14 define una nueva función, **pwm_interrupt_handler**, la cual se llama cada vez que se produce la interrupción PWM. La función **pwm_interrupt_handler** en sí misma hace muy poco; en la línea 17 incrementa la variable **counter_wraps** contando el número de veces que ha dado la vuelta el contador PWM. En la línea 16 se llama a **pwm_clear_irq(slice_num)** para borrar el indicador de solicitud de interrupción asociada a esta interrupción. Al borrar el indicador, la interrupción se marca como controlada para que la función de control de interrupción no se vuelva a llamar de inmediato. Si se omite esta línea, lo notarás porque la placa Pico se bloquea (mantén pulsado el botón **BOOTSEL** de la placa Pico, mientras pulsas y sueltas el botón de reinicio de la placa de pruebas para que vuelva a comunicarse, como se explica en el Experimento 4).

En la función **setup** las líneas 30-33 son nuevas y en ellas se configura la interrupción del PWM. La línea 30 borra cualquier interrupción pendiente, la 31 habilita las interrupciones para el bloque PWM específico utilizado para el recuento, la línea 32 asocia la función **pwm_interrupt_handler** con la interrupción PWM y la 33 habilita las interrupciones para los bloques PWM en general.

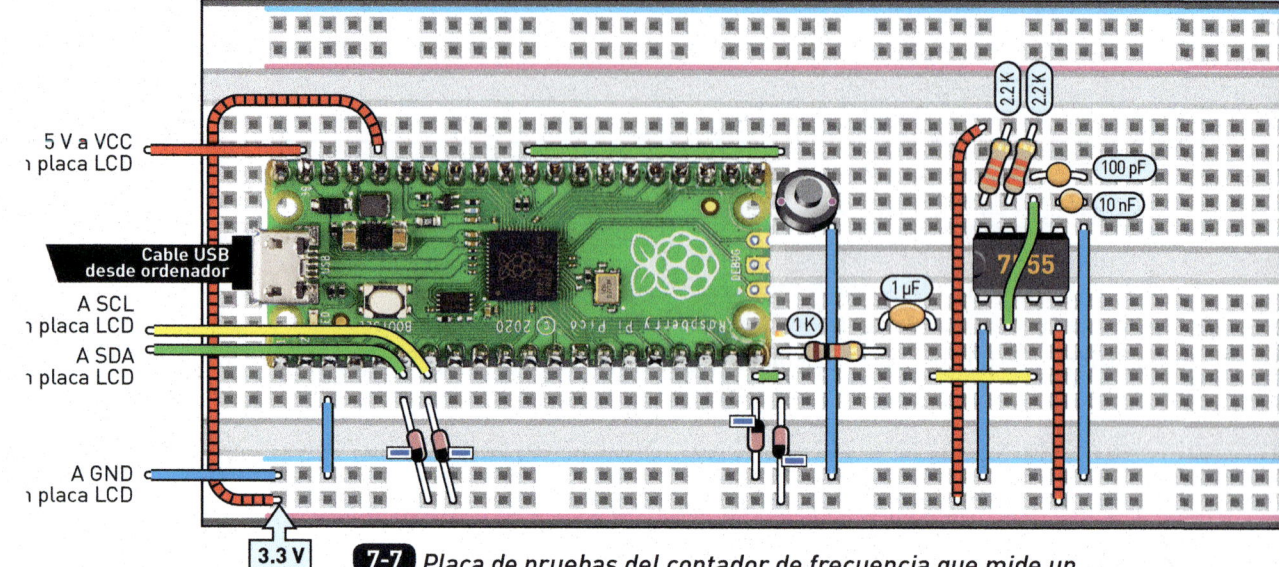

5 V a VCC
n placa LCD

Cable USB
desde ordenador

A SCL
n placa LCD

A SDA
n placa LCD

A GND
n placa LCD

3.3 V

7-7 *Placa de pruebas del contador de frecuencia que mide un osclador 7555.*

En la función loop, la línea 37 reinicia **wrap_counter** y el código de la línea 44, para mostrar el resultado se ha modificado para calcular el número de pulsos utilizando los dos contadores.

Con este sketch podemos medir frecuencias de hasta la mitad de la velocidad del reloj del sistema de la placa Pico (debido a cómo está construido el sistema PWM, necesita ver la señal alta durante al menos un ciclo de reloj del sistema y la baja durante al menos uno). Al medir la señal de prueba de 1MHz, la pantalla muestra ahora

1000001 Hz

Tal vez el intervalo de tiempo es un poco demasiado largo debido a la función de retardo o a las pocas instrucciones que se necesitan para activar y desactivar el contador PWM. En cualquier caso, ¡la precisión parece bastante buena!

Hablando de precisión, recuerda que la señal de prueba se generó con la misma placa Pico, que hizo la medición. Es preciso, ¿verdad? Tanto la señal de prueba como el intervalo de tiempo para contar los pulsos están determinados por un cierto número de ciclos de reloj del sistema. Este reloj

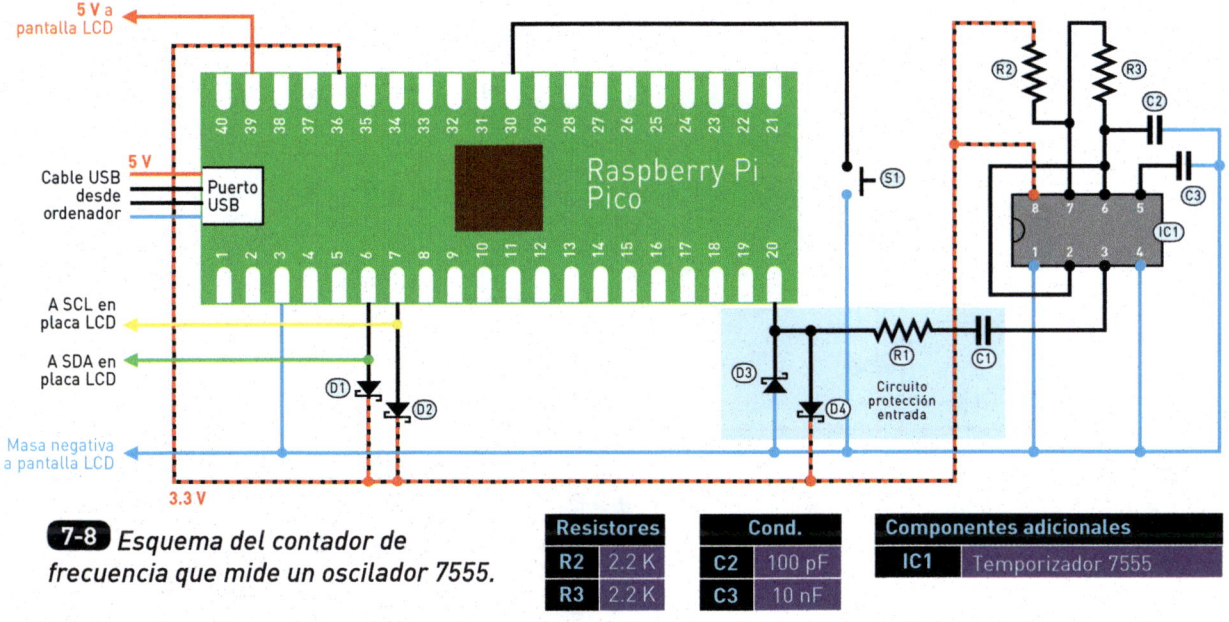

5 V a pantalla LCD

Raspberry Pi Pico

5 V

Cable USB desde ordenador

Puerto USB

A SCL en placa LCD

A SDA en placa LCD

Masa negativa a pantalla LCD

3.3 V

R2

R3

C2

C3

IC1

S1

D1

D2

D3

D4

R1

C1

Circuito protección entrada

7-8 *Esquema del contador de frecuencia que mide un oscilador 7555.*

Resistores		Cond.		Componentes adicionales	
R2	2.2 K	C2	100 pF	IC1	Temporizador 7555
R3	2.2 K	C3	10 nF		

está controlado por un oscilador de cristal de cuarzo de 12 MHz, que puedes ver en la figura 4-11 como una pequeña caja metálica rectangular entre los pines 14 y 27. Este oscilador está especificado para tener una precisión de 30 partes por millón. Las frecuencias que generamos con el sistema PWM tienen la misma precisión relativa, por lo que se supone que una señal de 1 MHz tiene una precisión de 30 Hz. Puedes intentar aumentar más la frecuencia de las pruebas.

REALIZAR MEDICIONES

Ahora que el contador funciona y lo hemos probado a frecuencias altas y bajas, podemos probarlo en un circuito real. Retira el jumper que has añadido entre los pines 20 y 21 y monta el circuito que se muestra en las figuras **7-7** y **7-8**.

Puede que reconozcas los componentes situados alrededor del temporizador 7555 como los mismos que utilizamos en el Experimento 2 para probar los receptores. El 7555 puede funcionar con una fuente de alimentación de 3.3 V, lo que se ajusta perfectamente al circuito Pico.

Aplica cierta alimentación al circuito conectando el cable USB al ordenador. En la pantalla aparecerá una frecuencia de entre 800 kHz y 900 kH.

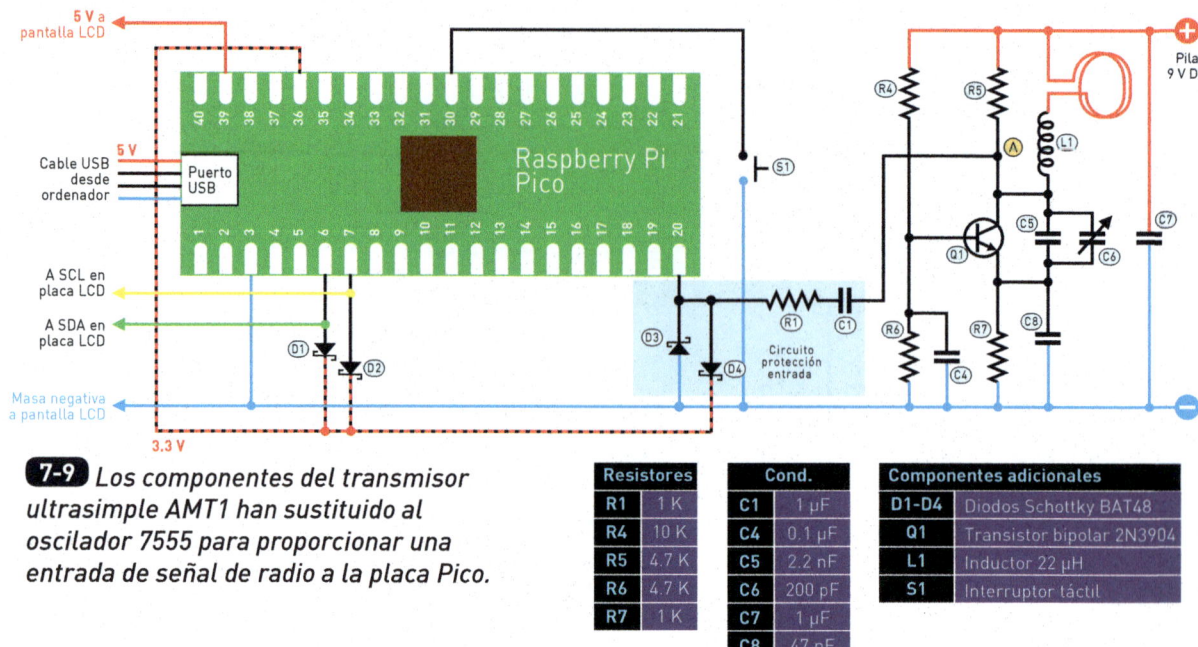

7-9 *Los componentes del transmisor ultrasimple AMT1 han sustituido al oscilador 7555 para proporcionar una entrada de señal de radio a la placa Pico.*

Resistores		Cond.		Componentes adicionales	
R1	1 K	C1	1 µF	D1-D4	Diodos Schottky BAT48
R4	10 K	C4	0.1 µF	Q1	Transistor bipolar 2N3904
R5	4.7 K	C5	2.2 nF	L1	Inductor 22 µH
R6	4.7 K	C6	200 pF	S1	Interruptor táctil
R7	1 K	C7	1 µF		
		C8	47 nF		

La frecuencia fluctuará entre las mediciones y, si aumentas la temperatura del circuito 7555 soplando sobre él, verás cómo cambia la frecuencia hasta en 1 kHz. Los valores de los resistores y el condensador que determinan la frecuencia cambian ligeramente cuando varía la temperatura, así como las propiedades del propio chip temporizador. Esta escasa estabilidad de frecuencia es una de las razones por las que los temporizadores 555 y 7555 no se suelen utilizan en aplicaciones de radio: la estabilidad de los cristales de cuarzo, como el que marca el tiempo en la placa Pico, es mucho mejor.

CIRCUITO DE ENTRADA

En la figura 7-8 los componentes incluidos en el rectángulo azul protegerán la entrada de la placa Pico de tensiones altas. Estos permiten medir señales con una amplitud mayor que el rango de tensión de la placa Pico, de 0 V a 3.3 V, necesario en nuestra siguiente modificación del circuito para medir la frecuencia del transmisor AMT1 del Experimento 3.

En las figuras **7-9** y **7-10** los componentes del AMT1 se han insertado donde estaban el 7555 y sus componentes asociados. Como el transmisor requiere una fuente de alimentación de 9 V, se ha añadido una pila al bus positivo en el borde superior de la placa de pruebas. El lado negativo de la pila comparte el bus negativo de la parte inferior de la placa.

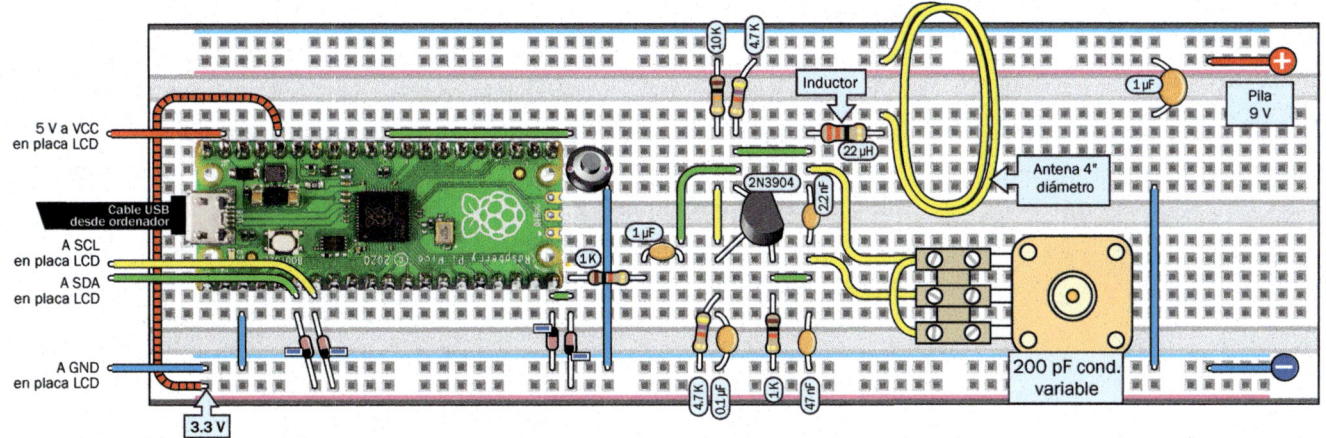

7-10 *Versión en placa de pruebas de la figura 7-9.*

La tensión en el punto A del transmisor fluctúa en torno a un valor medio de unos 8 V, y esa tensión puede dañar la entrada de la placa Pico. El condensador C1 del contador deja pasar las fluctuaciones de tensión y bloquea la parte constante de la señal.

El siguiente problema es que la amplitud de la señal en la figura 3-3 es de 12 V de pico a pico, demasiado para nuestra placa. Hemos colocado los diodos Schottky D3 y D4 desde el pin de entrada a masa y a la alimentación de 3.3 V (como las líneas I2C en el Experimento 4), pero esta vez también necesitamos protección contra tensiones por debajo del nivel de masa. Observa la polaridad de los diodos: se giran de forma que el diodo al bus de +3.3 V conduce si la tensión del pin es superior a 3.3 V y el diodo a masa conduce cuando la tensión del pin es inferior a 0 V. El resistor R1 está en el circuito para limitar la corriente a través de estos diodos. El condensador, el resistor de 1 K y los dos diodos Schottky forman el circuito de entrada del contador.

MEDIR EL AMT1

No conectes ninguna señal de audio a la entrada del AMT1. Verás la frecuencia de la onda portadora del transmisor en la pantalla LCD, probablemente en el rango de 750 a 800 kHz. Si giras el condensador de sintonización, verás cómo cambia la frecuencia. Incluso cuando no tocas el circuito, puedes ver cómo fluctúa el recuento. Si soplas sobre el transistor para calentarlo, puedes ver también cómo la frecuencia se desplaza lentamente. Estás viendo una de las debilidades del AMT1: como pasaba con el temporizador 7555, su estabilidad de frecuencia no es muy buena. Cuando utilizamos la placa Pico controlada por un cristal para generar señales —tanto en este experimento para la señal de prueba de 1 MHz como en los Experimentos 5 y 6 con el generador de señales controlado por trimmer—, la estabilidad era mucho mejor (sin embargo, debo advertir que los osciladores LC como el del AMT1 pueden ser bastante estables si se construyen con cuidado y se protegen de influencias externas. Antes de que existieran los cristales de cuarzo, los osciladores LC se utilizaban habitualmente en los receptores y transmisores de radio).

Ahora dispones de un contador de frecuencia que es preciso y puede tratar con frecuencias de hasta 15 MHz. Lo que sigue sin poder hacer es lidiar con señales débiles. Para tratar de solucionarlo podríamos añadir un amplificador. Pero para los proyectos de este libro, siempre que tengamos un oscilador en el que queramos medir la frecuencia, la amplitud de la señal será suficiente.

RECAPITULEMOS

Este experimento nos ha proporcionado consejos y trucos para medir la frecuencia de una onda portadora, lo que incluye el código que necesita un micorocontrolador Pico para realizar dicha tarea. Esto nos lleva hasta donde queríamos llegar en la teoría de la radio AM. La amplitud modulada no es la única forma de transmitir señales de audio a un receptor. La radio FM fue patentada en 1933 y se convirtió en el sistema dominante para la difusión de música. En el siguiente experimento te mostraré cómo funcionan las emisiones estéreo en FM y aprenderás a construir un receptor utilizando el microcontrolador Pico.

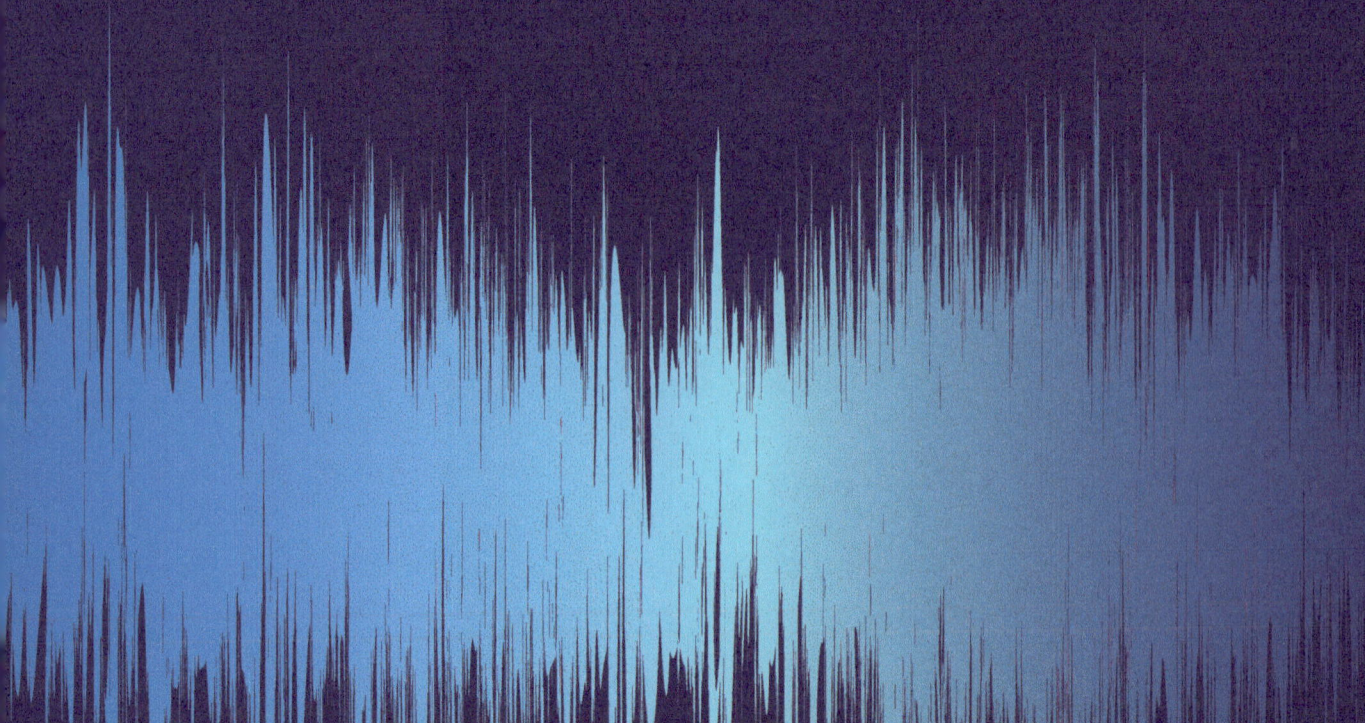

experimento

8

RECEPTOR FM

Todas las transmisiones que has creado y recibido hasta ahora han utilizado la amplitud modulada, abreviada como AM. Pero, gracias al trabajo del pionero de la radio Edwin Armstrong, todos podemos disfrutar de una mejor calidad de señal gracias a la frecuencia modulada, conocida como FM.

Hoy en día, la mayoría de las emisoras de radio que transmiten música utilizan FM. En este experimento podrás captar esas transmisiones con la Raspberry Pi Pico añadiendo un módulo FM enchufable, una pequeña placa de circuitos que mide aproximadamente 2,5 × 2,5 cm.

Para ello, necesitarás un nuevo sketch, y te acompañaré paso a paso a través del código para que entiendas cómo funciona.

Además, aprenderás a alimentar la placa Pico con una pila para poder desconectarla del ordenador y llevarla a todas partes como radio portátil. Por último, te daré algunas recomendaciones sobre otros recursos para profundizar en las capacidades del módulo FM.

Necesitarás:

- Módulo receptor FM (1). SparkFun WRL-12938, HiLetgo Si4703 o placa de circuito impreso similar que contenga un chip FM Si4703.
- Cabezal de pines para WRL-12938, macho, agujero pasante, 8 pines, fila única, espaciado de 0,1", TE Connectivity 5-146282-8, cabezales de conexión cortos Adafruit 5584 o similares (1).
- Soldador y soldadura para montar el cabezal de pines en la placa del módulo receptor FM.
- Raspberry Pi Pico y pantalla LCD, como las utilizadas en experimentos anteriores (1).
- Condensador electrolítico, 470 µF (1).
- Condensador cerámico, 1 µF (1).
- Diodos Schottky BAT48 (2).
- Cualquier auricular o cascos estéreo con clavija de 1/8" (1).
- Pulsadores táctiles (3).

Los tres elementos siguientes son opcionales si decides añadir altavoces:

- Altavoces, 8 ohmios, aproximadamente 4" de diámetro (2).
- Toma de audio de 1/8" con terminales de tornillo, como la utilizada en experimentos anteriores (1).
- Cable de audio con clavijas de 1/8" en ambos extremos.

Adobe Stock-SergeyBitos

FRECUENCIA Y RANGO

Aunque la FM permite una mejor calidad, no cuenta con un rango tan largo como el de la AM. Esto está relacionado con el uso de la banda de ondas VHF (*Very High Frequency* o muy alta frecuencia).

La mayoría de los países utilizan el rango VHF de 87.5 a 108 MHz para las transmisiones en FM (Japón utiliza de 76 a 95 MHz). Esto está muy por encima del rango AM de 540 a 1600 kHz, así como de la banda de radio de onda corta de 3 a 30 MHz.

Las señales en la banda AM pueden rebotar entre la superficie de la Tierra y la capa de Heaviside, en la alta atmósfera, lo que permite un rango muy largo. Pero las ondas de radio de la banda VHF no suelen reflejarse en la atmósfera y, por tanto, no pueden propagarse más allá del horizonte. Esto tiene una ventaja: las antenas de radiodifusión de diferentes emisoras pueden estar situadas a una distancia de hasta 160 kilómetros unas de otras, compartiendo la misma frecuencia sin interferirse entre sí, debido a su rango limitado. En consecuencia, la radio FM es ideal cuando hay un gran número de oyentes agrupados en torno a una antena, como en las zonas urbanas.

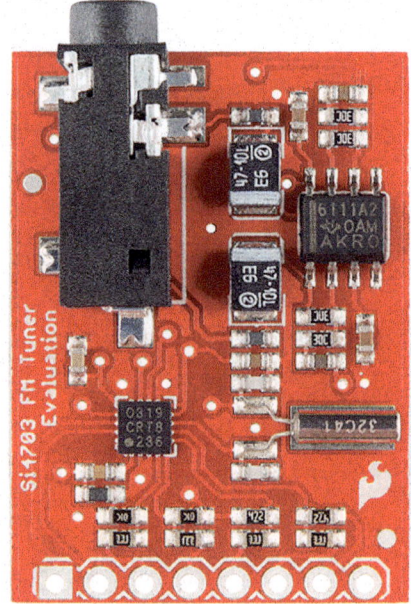

8-1 *La placa base WRL-12938, fabricada por SparkFun y vendida por numerosos minoristas, incorpora un chip receptor de radio FM Si4703.*

EL MÓDULO RECEPTOR FM SI4703

Las antenas cortas pueden transmitir y recibir altas frecuencias. Una consecuencia indeseable de esto es que las longitudes de cable en un circuito, o los conductores dentro de una placa de pruebas, pueden interferir fácilmente entre sí eléctricamente hablando. Por esta razón, en general, las placas de pruebas no son adecuadas para construir circuitos FM.

Otro problema de las señales FM es que son más difíciles de descodificar, sobre todo si se quiere transmitir o recibir en estéreo. Por lo tanto, en lugar de un receptor construido a partir de componentes discretos, te sugiero que utilices una placa que contenga un chip Si4703 ya optimizado como receptor FM. Como se trata de un chip de montaje superficial, se vende preinstalado en una pequeña placa de circuito impreso de aproximadamente 2,5 cm × 2,5 cm, equipada con una toma jack de ⅛", como se muestra en la figura **8-1**. Esta placa está diseñada por SparkFun (modelo WRL-12938), aunque puedes encontrar placas de imitación (como la HiLetgo Si4703) que tienen la misma función, pero son más baratas.

La placa SparkFun requiere que sueldes un "cabezal" que consta de ocho pines (que se incluye en la lista de piezas anterior). Algunas de las placas de imitación tienen pines preinstalados; puedes buscarlas por internet utilizando el término

placa Si4703 con pines

La figura **8-2** muestra los pines insertados en la placa y se sujeta con cinta adhesiva azul, que no deja residuos. He optado por soldar los pines con la placa al revés para que las abreviaturas que los identifican sean visibles después de conectar la placa a la placa de pruebas.

La figura **8-3** muestra los pines una vez soldados. Puede que el proceso de soldadura te resulte más fácil si untas un poco de flux en la placa antes de empezar. Basta con aplicar la punta del soldador durante tres o cuatro segundos en cada pin antes de añadir la cantidad de soldadura suficiente para unirlos.

Si utilizas una de las placas de imitación, comprueba atentamente la ubicación de los pines de tierra y alimentación utilizando las etiquetas de la parte posterior de la placa. Pueden ser diferentes de las funciones de los pines en la placa SparkFun de mis fotografías.

Ten en cuenta que, cuando conectes un cable de auriculares a la clavija montada en la placa, también funcionará como antena.

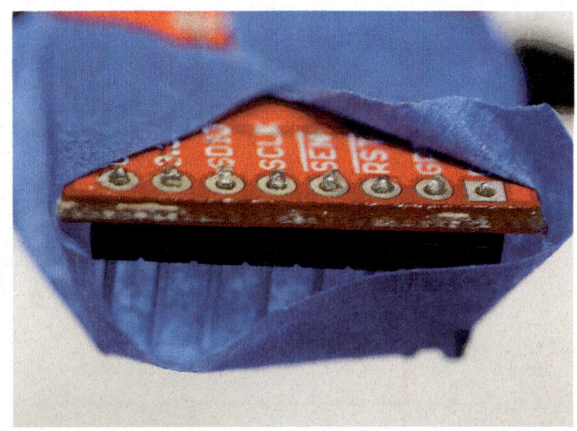

8-2 *Pines sujetos con cinta adhesiva azul listos para soldar.*

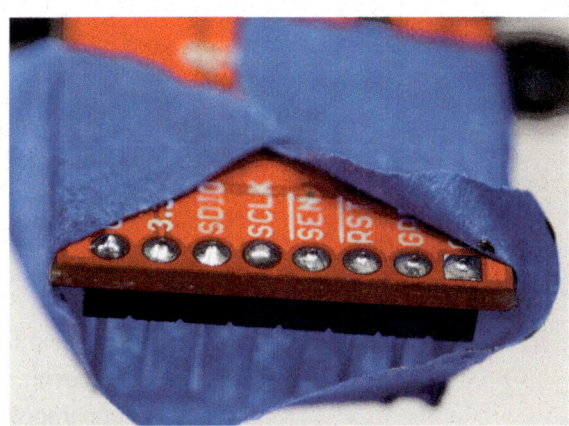

8-3 *Pines soldados en la placa de circuito impreso.*

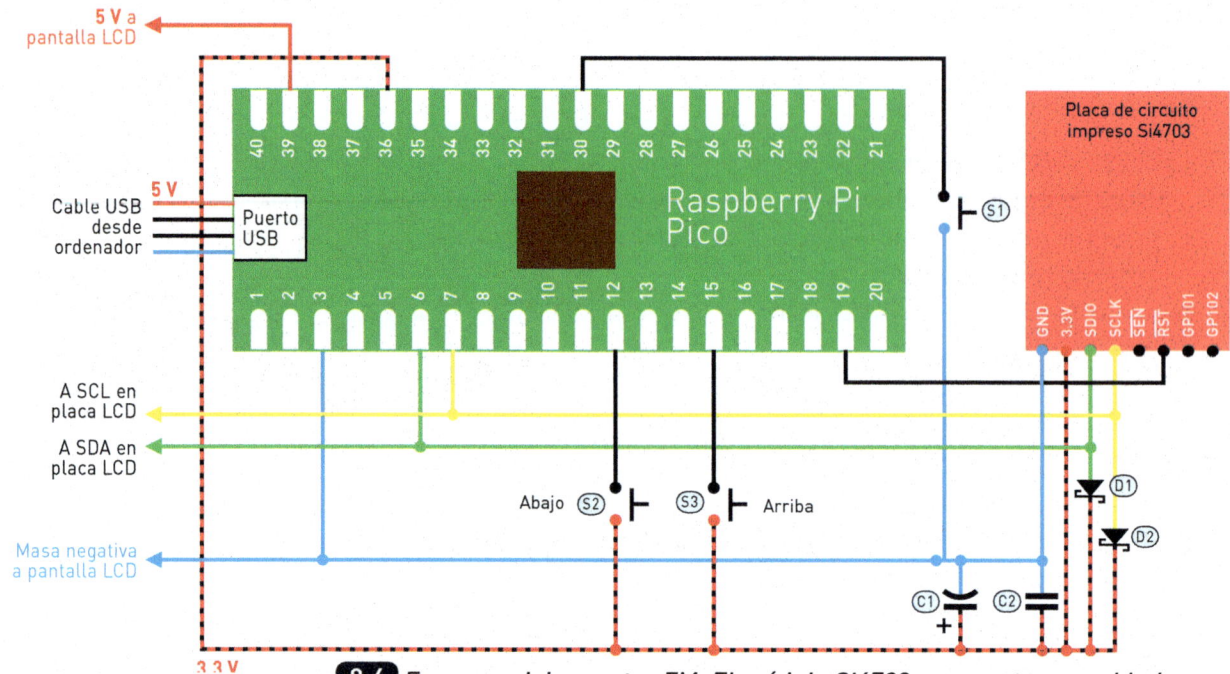

8-4 *Esquema del receptor FM. El módulo Si4703 se muestra con el lado del componente hacia abajo. Ten en cuenta que los pines de 3.3 V y GND pueden estar colocados de forma diferente en tu módulo.*

CONSTRUCCIÓN

En la figura **8-4** se muestra el esquema de conexión de la placa de circuito impreso FM con la placa Pico. Dicha placa es necesaria porque controla la placa de circuito impreso FM utilizando una conexión conocida como *I2C bus*. Esta capacidad está integrada en el microcontrolador.

La figura **8-5** muestra la disposición de la placa de pruebas. Las conexiones entre el microcontrolador Pico y la pantalla LCD son los mismos que en experimentos anteriores.

Hemos movido los diodos Schottky protectores para dejar espacio a los dos nuevos cables I2C que conectan la placa Pico al módulo de radio. Los pulsadores S2 y S3 también se han desplazado fuera de dicha placa porque no caben directamente entre los pines 12 y 15 y el bus de 3.3 V de la placa de pruebas.

Los dos condensadores entre el bus de alimentación positivo y negativo en la placa de pruebas son para reducir el ruido de la fuente de alimentación, pues el circuito receptor es sensible al ruido.

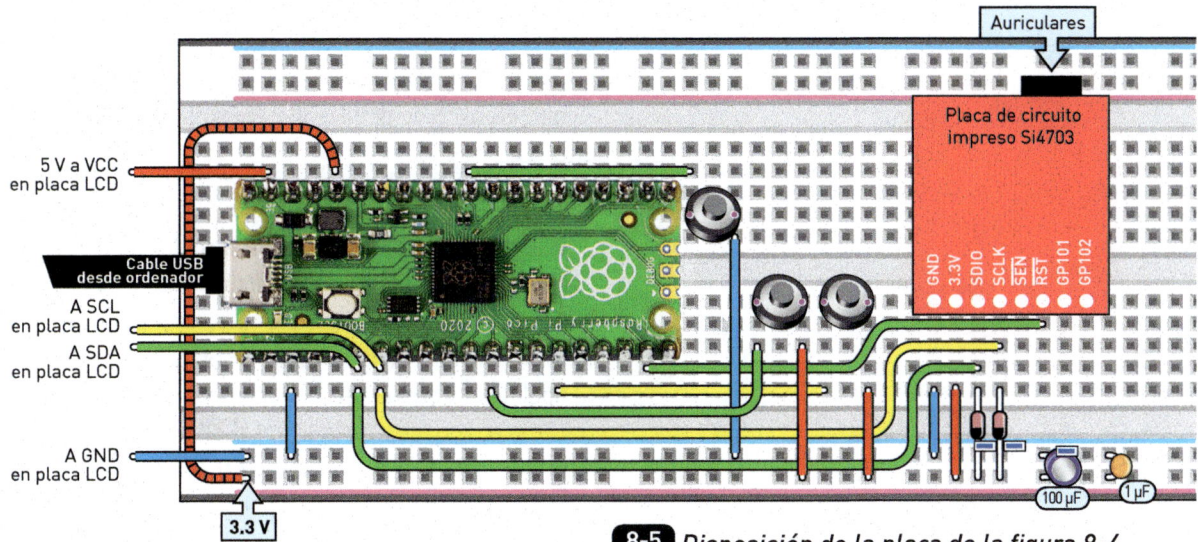

Placa de circuito
impreso Si4703

5 V a VCC
en placa LCD

Cable USB
desde ordenador

A SCL
en placa LCD
A SDA
en placa LCD

A GND
en placa LCD

GND 3.3V SDIO SCLK SEN RST GP101 GP102

100 µF   1 µF

3.3 V

8-5 *Disposición de la placa de la figura 8-4.*

A continuación, deberás instalar una biblioteca para el chip Si4703 en el IDE de Arduino. El procedimiento es similar al que llevamos a cabo en el Experimento 4 con la biblioteca LCD y solo deberás hacerlo una vez:

- Abre el IDE de Arduino en un ordenador con acceso a Internet.
- Abre el Library Manager (Tools > Manage Libraries).
- Busca **PU2CLR SI470X** e instala la biblioteca **SI470X** de Ricardo Lima Caratti (por cierto, PU2CLR es un indicativo de radioaficionado que identifica a una estación de radioaficionado brasileña).

Conecta la placa Pico al ordenador con un cable USB y carga el sketch que se muestra en las figuras **8-6a** y **8-6b** en la página siguiente). Conecta los auriculares en la toma de la placa del circuito impreso, que es el receptor FM. Pulsa brevemente uno de los dos botones de sintonización (S1 o S2) para buscar una emisora. La búsqueda se detendrá automáticamente cuando encuentre una señal y podrás ver la frecuencia en la pantalla LCD, con un número que

```
1  #include <Wire.h>
2  #include <hd44780.h>
3  #include <hd44780ioClass/hd44780_I2Cexp.h>
4  #include <SI470X.h>
5  hd44780_I2Cexp lcd;
6  SI470X rx;
7  const int LCD_COLS = 16;
8  const int LCD_ROWS = 2;
9  const int seek_down_pin =  9; // seek down button, pin 12
10 const int seek_up_pin   = 11; // seek up button, pin 15
11 const int reset_pin     = 14; // Si4703 reset, pin 19
12 const int SDA_pin       =  4; // I2C data, pin 6
13
14 void setup()
15 {
16   rx.setup(reset_pin, SDA_pin);
17   int status = lcd.begin(LCD_COLS, LCD_ROWS);
18   if(status)
19     hd44780::fatalError(status); // does not return
20   rx.setFrequency(10180);          // frequency(in MHz) * 100
21   rx.setAgc(1);                    // enable automatic gain control
22   rx.setExtendedVolumeRange(1);    // set lower volume scale
23   rx.setVolume(10);                // set volume (range 0..15)
24 // rx.setFmDeemphasis(1);          // for the European FM standard
25   rx.setRds(true);                 // enables RDS
26   rx.setRdsMode(1);
27   pinMode(seek_down_pin, INPUT_PULLDOWN);
28   pinMode(seek_up_pin, INPUT_PULLDOWN);
29 }
30
31 char str[20];
32 int i = 0;
33 void loop()
34 {
35   //remove comment signs below to wait for a button press
36   //while(!(digitalRead(seek_down_pin)||digitalRead(seek_up_pin)))
37   //  delay(5);
38
39   if (digitalRead(seek_down_pin) || digitalRead(seek_up_pin))
40   { // clear RDS data when changing station
41     rx.clearRdsBuffer();
42     lcd.clear();
43   }
```

8-6a *Parte 1 del sketch del receptor FM.*

```
44    if (digitalRead(seek_down_pin))
45      rx.seek(0, 0);
46    if (digitalRead(seek_up_pin))
47      rx.seek(0, 1);
48
49    delay(30);
50
51    if (rx.getRdsReady())
52    {
53      lcd.setCursor(0, 1); // 2nd row
54      lcd.print(rx.getRdsText0A());
55    }
56
57    if (i++ % 20 == 0) // every 20th time...
58    { // fetch information and display on screen
59      float f = rx.getRealFrequency() / 100.0;
60      int rssi = rx.getRssi();
61      int stereo = rx.isStereo();
62      snprintf(str, 18, "%6.2f MHz  %2d", f, rssi);
63      lcd.setCursor(0, 0); // 1st row
64      lcd.print(str);
65      if (stereo)
66        lcd.print(" S");
67      else
68        lcd.print("  ");
69    }
70 }
```

8-6b *Parte 2 del sketch del receptor FM.*

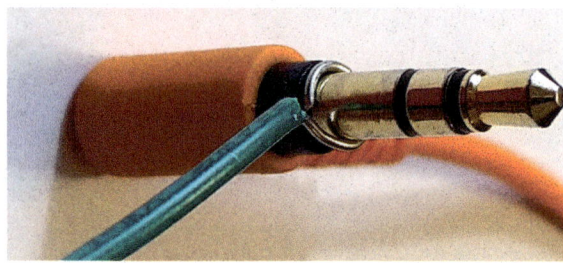

8-7 *Añade un cable de antena al conector de los auriculares.*

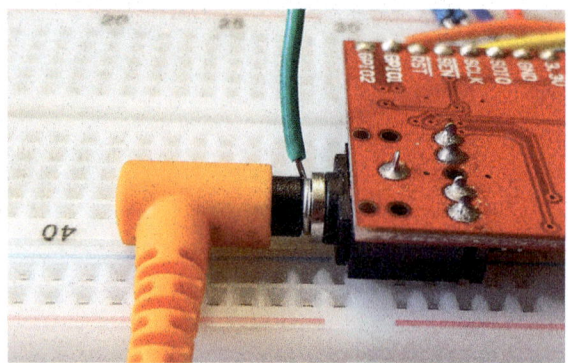

8-8 *El cable de antena debe encajar entre el conector de los auriculares y el conector de la placa.*

mide la intensidad de la señal (para que tengas una idea, 10 es débil y 30 o más es fuerte).

El cable de los auriculares también funciona como antena con este módulo receptor. Descubrí que si añadía un poco más de un metro de cable de conexión al conector de tierra de los auriculares la recepción mejoraba. Pela aproximadamente un centímetro el cable de conexión para aislarlo, dóblalo alrededor del conector de los auriculares, como se muestra en la figura **8-7**, y apriétalo entre la clavija de los auriculares y la toma del módulo de radio, como se muestra en la figura **8-8**.

Algunas emisoras de radio FM transmiten el nombre y otra información mediante un protocolo digital denominado RBDS en EE.UU. y RDS en el resto del mundo. Estas siglas significan "Radio Broadcast Data System" o "Radio Data System". Si estos datos están presentes en la emisión y la señal es lo suficientemente fuerte, el chip receptor los detectará y el sketch mostrará el nombre de la emisora en la pantalla LCD.

Si oyes un ruido constante al escuchar una emisora débil, te sugiero que desactives la visualización del nombre de la emisora y que solo actualices la pantalla después de cambiar de emisora. Para ello, fíjate en las líneas 36 y 37 del sketch. Las dos barras (//) indican al compilador que cualquier texto hasta el final de la línea debe considerarse un comentario e ignorarse. Ya he utilizado este tipo de comentarios en sketches anteriores para añadir breves explicaciones. Si eliminas las barras de las líneas 36 y 37, dichas líneas pasarán a formar parte del código y el sketch esperará a que se pulse uno de los botones de sintonización antes de actualizar la pantalla. Del mismo modo, puedes añadir dos barras a la línea 57 para hacerla inactiva o para comentar las líneas.

Puede ser que el nombre de la estación tarde en aparecer o que algunos caracteres sean erróneos. Esto ocurre cuando el ruido provoca errores en la recepción de datos. El protocolo RBDS dispone de un mecanismo para la detección y corrección de errores, pero parece que el chip receptor o la biblioteca de Arduino no lo implementa perfectamente.

CÓMO FUNCIONA
FRECUENCIA MODULADA

La frecuencia modulada significa que la frecuencia de la onda portadora varía para transmitir información como una señal de audio. En la figura **8-9** puedes ver un ejemplo de ello (recuerda que en una amplitud modulada, la amplitud de la onda portadora varía, mientras que su frecuencia es constante). La frecuencia mencionada para una emisora de radio o mostrada en un receptor es en realidad la *frecuencia central*, mientras que la frecuencia instantánea real de la señal que envía el transmisor varía en torno a dicha frecuencia central. Una norma común para las emisoras de radiodifusión es permitir que la frecuencia portadora se desvíe hasta 75 kHz por encima o por debajo de la frecuencia central.

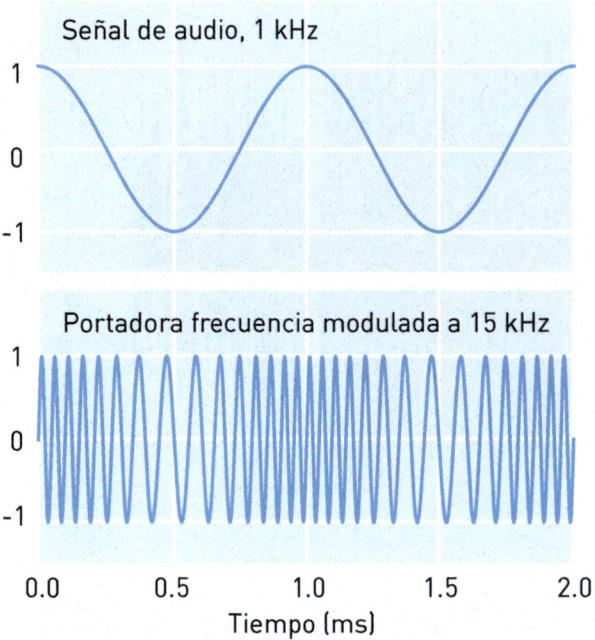

8-9 *Una señal de audio (arriba) y su correspondiente onda portadora de frecuencia modulada (abajo). La frecuencia portadora se muestra muy baja y la cantidad de frecuencia modulada se ha exagerado para mostrarla más claramente.*

SONIDO ESTÉREO

El sonido estéreo requiere dos canales de audio: uno para el altavoz izquierdo y otro para el derecho. La FM estéreo utiliza un ingenioso esquema para ser compatible con los antiguos receptores mono: en lugar de transmitir las señales de los canales izquierdo (L) y derecho (R), se transmite la suma **L + R** y la diferenci **L − R**. Los receptores mono solo captan la señal de suma, mientras que los receptores estéreo reconstruyen las señales **L** y **R** a partir de ambas. Así es como se hace. Si sumamos **L + R** y **L − R** obtenemos **2 * L**, mientras que si los restamos obtenemos **2 * R**, así:

```
(L + R) + (L - R) = 2 * L
(L + R) - (L - R) = 2 * R
```

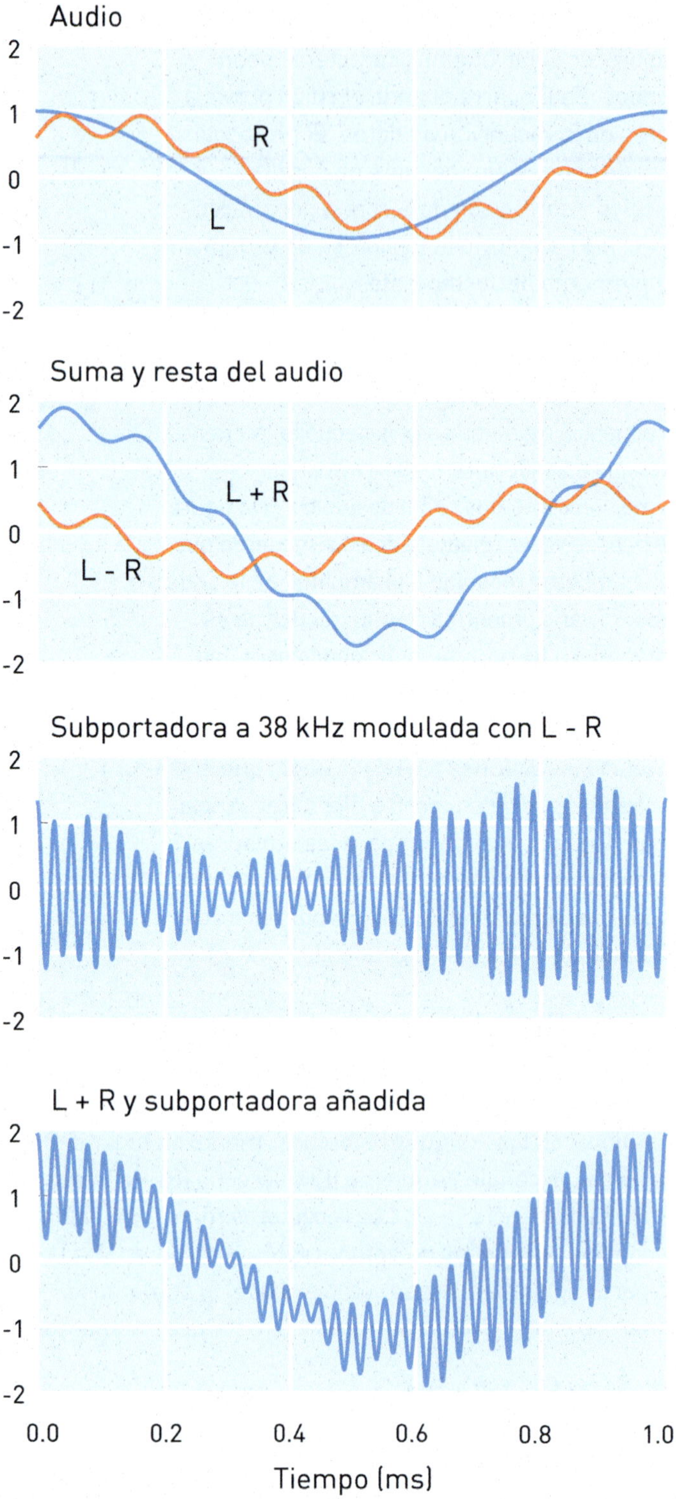

Audio

Suma y resta del audio

Subportadora a 38 kHz modulada con L - R

L + R y subportadora añadida

Tiempo (ms)

8-10 *Pasos para construir una señal FM estéreo. El primer gráfico muestra los dos canales de audio L y R. Como ejemplo, ambos canales tienen un tono de 1 kHz. Además, hay un tono de 7,6 kHz en el canal R. En el segundo gráfico se calculan la suma y la diferencia de los canales. Una señal de 38 kHz, la subportadora, es la amplitud modulada mediante la señal L - R (tercer gráfico). La subportadora modulada se añade a la señal L + R (cuarto gráfico). Esta señal se utiliza para modular en frecuencia la onda portadora final con una frecuencia en la banda de radiodifusión FM de unos 100 MHz (no se muestra porque la frecuencia es tan alta que la señal no cabe en el mismo gráfico, pero el principio es el mismo que en la figura 8-9).*

La señal de diferencia **(L - R)** se transmite primero modulando en amplitud una señal ***subportadora*** de 38 kHz con la diferencia **L - R** y añadiendo esta señal modulada a la señal **L + R**. La figura **8-10** lo ilustra.

A continuación, esta señal combinada se utiliza para modular en frecuencia la portadora final. Los datos RDS/RBDS se envían modulando otra subportadora a 57kHz, de nuevo con la idea de que un receptor al que no le interesen los datos pueda simplemente ignorar esta frecuencia. En este experimento todo el procesamiento de estas señales corre a cargo del chip receptor FM, que utiliza una combinación de técnicas de radio analógica y procesamiento digital de señales para demodular la señal FM y recuperar la señal de audio estéreo y la de datos.

EL SKETCH

La línea 4 de la figura 8-6 incluye la biblioteca SI470X que instalaste anteriormente y que el sketch utilizará para comunicarse con el chip de radio. La línea 6 crea un objeto llamado **rx** para controlar el chip de radio. La función **setup** del sketch comienza en la línea 14 y contiene las funciones habituales para inicializar la pantalla, así como varias llamadas para configurar el chip receptor, las cuales empiezan todas por **rx**.

La línea 16 inicializa la radio. He descubierto que esto tiene que ocurrir antes de que se inicialice la pantalla LCD; de lo contrario, la comunicación en el bus I2C para la pantalla LCD puede confundir al chip de radio. La línea 20 establece la frecuencia de recepción inicial como 100 veces la frecuencia en MHz (puedes sustituir la frecuencia de tu emisora favorita). La línea 21 activa el control automático de ganancia, que parece mejorar ligeramente la recepción. La línea 23 ajusta el volumen de audio, cuyo valor es un número entero del 0-15, siendo 0 el silencio. La línea 22 activa el denominado rango de volumen extendido. En la escala de volumen normal, que está activa por defecto, el valor 1 puede ser incluso incómodamente alto cuando se escucha con auriculares. El rango de volumen extendido es menos alto y más adecuado para los auriculares.

La línea 24 es opcional porque controla un ajuste para un filtro de audio que tiene diferentes valores estándar para emisiones FM en diferentes regiones. La configuración por defecto del chip de radio es adecuada para la norma estadounidense, por lo que he dejado la línea como comentario. Si se incluye la línea 24, el valor se ajustará a la norma europea. En la práctica, la diferencia es bastante pequeña, pero afecta ligeramente al equilibrio entre graves y agudos en la señal recibida.

La línea 25 activa el procesamiento de mensajes de datos RDS/RBDS y la 26 habilita más comprobación de errores para esos mensajes. Las líneas 27 y 28 configuran los pines de entrada para los dos pulsadores que permiten sintonizar hacia arriba y hacia abajo. Cuando finalice la función setup, el chip de radio recibirá la frecuencia ajustada en la línea 20. Lo único que le queda por hacer a la función loop es gestionar las pulsaciones de las teclas de sintonización y mostrar información en la pantalla.

Las líneas 39-43 comprueban si se pulsa alguno de los botones de sintonización y, si es así, restablece los datos RDS/RBDS para evitar que se muestre un nombre de emisora anterior.

La línea 44 comprueba si el botón de búsqueda hacia abajo S2 está pulsado. Si es así, el comando **seek** de la línea 45 ordena al chip de radio que busque la siguiente emisora en una frecuencia más baja. Las líneas 46 y 47 hacen lo mismo para buscar hacia arriba con el botón de búsqueda S3.

La línea 49 es un retardo de 30 milisegundos que asegura que no se está comunicando con el chip con demasiada frecuencia.

La línea 51 comprueba si se han recibido datos válidos a través de RDS/RBDS y, si es así, la línea 53 mueve el cursor del LCD a la segunda línea. La línea 54 procesa los datos RDS/RBDS y recupera una cadena que contiene el nombre de la emisora de radio. Las líneas 58-69 forman un bloque de código para obtener información del chip de radio y mostrarla en la pantalla. La línea 57 garantiza que este bloque se ejecute cada vigésima pasada de la función loop. Actualizar la pantalla con más frecuencia provoca un ruido notable en la recepción, y he descubierto que hacerlo cada veinte minutos reduce el ruido y es suficiente para percibir la respuesta.

El mensaje que aparece en la pantalla contiene la frecuencia sintonizada actualmente, un número para la intensidad de la señal y la letra **S** si el chip de radio indica que la emisora se recibe en estéreo. Las letras **RSSI** en el nombre de la función significan "indicador de intensidad de señal recibida", un nombre común para un número que indica la intensidad de una señal.

Las líneas 36 y 37, que están comentadas, se pueden utilizar para esperar a que se pulse uno de los botones de sintonización. Esto significa que la pantalla no se actualiza mientras se escucha una emisora, lo que he comprobado que reduce el ruido al escuchar emisoras débiles. Si decides utilizarlas, elimina también la línea 57 (convirtiéndola en un comentario) para que la pantalla se actualice una vez por sintonización.

MODIFICACIONES

A continuación, te sugiero algunas modificaciones que puedes intentar ya sea para hacer que la radio portátil funcione con pilas, o para añadir altavoces en lugar de auriculares. También te mostraré cómo ampliar el rango de frecuencias para su uso en Japón u otras regiones con una banda FM diferente.

RADIO PORTÁTIL

Alimentar este proyecto desde un ordenador a través del puerto USB de la placa Pico puede que no sea lo ideal para un uso práctico. Puedes utilizar un módulo de alimentación USB para alimentar el circuito o usar unas pilas. La placa Pico puede alimentarse de forma segura con hasta 5 V a través del pin VSYS (pin 39) siempre que el cable USB no esté conectado.

Tres pilas AA en serie proporcionan 4.5 V, que también son suficientes para que la pantalla LCD ofrezca un contraste decente. Dos pilas AA en serie dan 3 V, que es suficiente para la placa Pico y el módulo de radio, pero no para la pantalla LCD.

El consumo de corriente es de unos 65 mA, lo que baja a 50 mA si apagas la retroiluminación del LCD quitando el jumper de la parte trasera del módulo I2C. A 50 mA tres pilas alcalinas AA deberían durar unos dos días de uso continuo. Aproximadamente la mitad de la corriente va al microcontrolador; la otra mitad, al módulo de radio. Tal vez sería posible poner la placa Pico en modo de suspensión de ahorro de energía la mayor parte del tiempo, ya que no necesita funcionar demasiado una vez que el chip de radio está configurado, especialmente si desactivas la recepción RDS/RBDS y la visualización del nombre de la emisora. Para una radio más pequeña podrías incluso omitir la pantalla LCD y utilizar solo dos pilas AA en serie.

Ten en cuenta que el receptor es sensible al ruido de la fuente de alimentación, por lo que, dependiendo de la calidad del cargador o de la fuente de alimentación que utilices, puede añadir una cantidad significativa de ruido al recibir emisoras débiles.

AÑADIR ALTAVOCES

Otra modificación que quizás te interese es añadir unos altavoces adecuados y convertir el circuito en una radio de sobremesa. He descubierto que el amplificador del módulo de radio puede alimentar un par de altavoces pequeños aunque el volumen sea bastante bajo. Para conectar altavoces al

módulo puedes utilizar un cable de audio con clavijas de ⅛" en cada extremo para conectar la salida de audio a la toma de audio con los terminales de tornillo que utilizaste en el Experimento 3. A continuación, conecta los altavoces a los terminales de tornillo. Uno va cableado entre L y tierra y el otro, entre R y tierra. Recuerda el consejo del Experimento 1: los altavoces suenan mucho mejor cuando se montan en cajas.

Probablemente quieras comentar la línea 22 del sketch y aumentar el volumen de la línea 23. En ese caso, recuerda que el valor máximo es 15.

Si quieres añadir un control de volumen, necesitas dos pulsadores más —uno para subir el volumen y otro para bajarlo— conectados a cualquier pin GPIO libre de la placa Pico. Después tienes que añadir un código al sketch para manejar estos botones, de forma similar a como se programan los botones de búsqueda S2 (abajo) y S3 (arriba). Utiliza las funciones **rx.setVolumeUp()** y **rx.setVolumeDown()** para cambiar el volumen.

Cuando se utilizan altavoces de este modo, el cable de audio sigue actuando como antena. Si la recepción es mala, puedes añadir una antena de cable al conector de audio del módulo de radio, como sugerí anteriormente, o añadir una antena de cable al terminal de tornillo común a ambos altavoces.

SELECCIONAR EL RANGO DE SINTONIZACIÓN
El sketch parte de la base de que la banda de emisión de FM va de 87,5 a 108 MHz, que es la estándar en EE.UU., Europa e India. Si te encuentras en Japón o en otro país con una banda de emisión FM diferente, puedes incluir la siguiente línea entre las líneas 19 y 20:

rx.setBand(1);

para el rango de frecuencias de 76 a 108 MHz o

rx.setBand(2);

para el rango de 76 a 90 MHz.

MÁS INFORMACIÓN
La documentación del chip receptor Si4703 se encuentra en una hoja de datos con información adicional en otros documentos denominados notas

de aplicación. La hoja de datos describe cómo se puede controlar el chip a través del bus I2C escribiendo valores en diferentes registros. La biblioteca de radio utilizada en este experimento está documentada en GitHub en github.com/pu2clr/SI470X

y
pu2clr.github.io/SI470X/extras/apidoc/html

Estas páginas web proporcionan más información sobre las funciones que ofrece la biblioteca.

La placa de circuito WRL-12938 con el chip Si4703 se describe en la lista de productos de SparkFun en sparkfun.com/products/12938

En dicho sitio también puedes encontrar un esquema del módulo de radio en la pestaña "Documents".

RECAPITULEMOS

Este experimento ha proporcionado la introducción más fácil posible a la radio FM y nos ha permitido recibir transmisiones utilizando la placa Pico con una pequeña placa de accesorios. Los experimentos restantes avanzarán desde las transmisiones cotidianas de AM y FM hasta temas que van desde la radio de onda corta hasta los detectores de metales.

Pero antes, aprenderás sobre los mandos a distancia que puedes utilizar para activar casi cualquier dispositivo de tu casa.

9

CONTROL
REMOTO

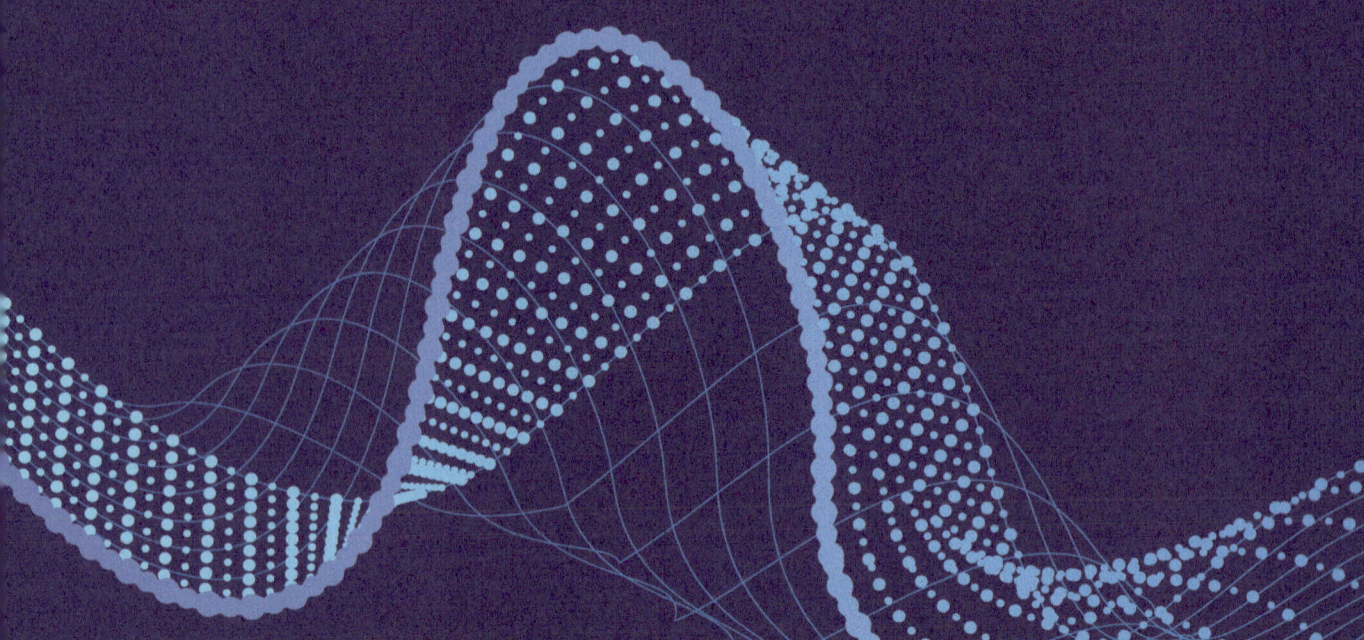

El tipo de mando a distancia que se utiliza normalmente para controlar un televisor, un reproductor de Blu-ray o un sistema de sonido envolvente utiliza luz infrarroja para enviar señales. Tiene la gran ventaja de su bajo coste, pero una desventaja evidente: los dispositivos que controlas deben poder "ver" el mando en tu mano.

Los mandos a distancia que transmiten señales de radio son mucho más versátiles. Una situación habitual es abrir la puerta del garaje cuando te acercas con el coche, pero hay muchas más en las que los mandos a distancia por radio funcionan mejor que los infrarrojos. Suelen encontrarse en los timbres de las puertas y puedes programarlos tú mismo para activar lámparas, sistemas de audio y tomas de corriente conmutables.

Existen mandos a distancia programables con varios botones para encender y apagar hasta 10 dispositivos en toda la casa, y tú vas a conocer los códigos que utilizan. Por otro lado, también puedes añadir entradas a la placa Pico para que haga lo mismo. Este experimento te mostrará ambas opciones, y verás la facilidad con que un mando a distancia y un receptor se pueden comunicar entre sí.

ENVIAR UNA SEÑAL

Este experimento requerirá un transmisor que envíe un código de radio y un receptor que lo

Necesitarás:

- Juego de módulos inalámbricos premontado RF WPi469 de 433 MHz (1 juego, compuesto por un transmisor y un receptor). Pueden ser de la marca Whadda, Velleman o Pimoroni y están disponibles en tiendas como Jameco, RobotShop, AliExpress, eBay y DigiKey.
- Opcional: una segunda placa de pruebas, Raspberry Pi Pico y un cable USB, además de la los que ya tienes.
- Opcional: un mando a distancia de 433 MHz con uno o varios botones. Asegúrate de que admite uno de estos protocolos: EV1527 o PT2262. Puedes buscar "433MHz EV1527" en eBay o Amazon.
- Opcional: botón de timbre de 433 MHz, compatible con uno de los protocolos mencionados anteriormente.
- Interruptores momentáneos, con dos pines, que se puedan insertar en una placa de pruebas (6).
- Resistores: 100 ohmios (1), 330 ohmios (1), 1 K (1), 10 K (1).
- Condensadores cerámicos, 100 nF (2).
- Condensadores electrolíticos, 100 µF (2).
- LED genérico de 5 mm (2).
- Transistor NPN bipolar 2N3904 (1).
- El altavoz o zumbador piezoeléctrico pasivo del Experimento 1 (1).

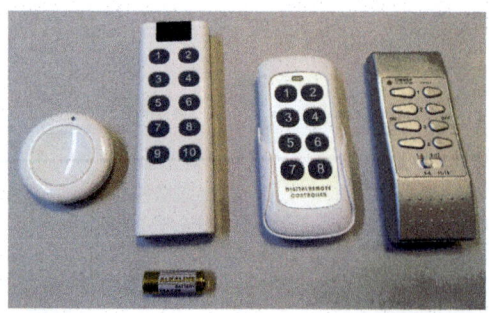

9-1 *Ejemplos de mandos a distancia para 433 MHz: un pulsador simple (timbre) y tres mandos multibotón adecuados para encender y apagar lámparas. Todos funcionan con el receptor Pico. El mando de la derecha tiene un control deslizante para seleccionar uno de los cuatro grupos ampliando el número de dispositivos que se pueden controlar.*

9-2 *Placa del transmisor.*

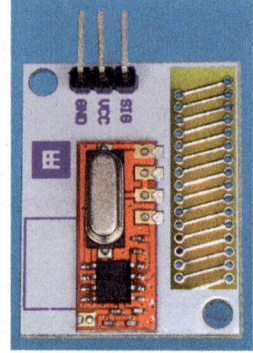

9-3 *Placa del receptor.*

9-4 *Módulo receptor insertado en una placa de pruebas junto a una placa Pico. Comprueba la figura 9-5 para colocar los pines de cada módulo adecuadamente.*

capte y active algún tipo de aparato. Utilizaremos un conjunto preensamblado de módulos que funcionan a 433 MHz, una frecuencia que se suele utilizar para este propósito. Cada módulo está diseñado para ser controlado por un microcontrolador Arduino o Pico.

Si prefieres no comprar dos microcontroladores puedes utilizar un mando a distancia inalámbrico estándar, como los de la figura **9-1**. Pero necesitarás la placa Pico para descodificar la señal.

Empezaremos utilizando dos placas Pico porque en realidad es la opción más sencilla. Si quieres utilizar solo una, lee esta primera demostración y asegúrate de que la entiendes antes de continuar con la sección "Aprende códigos de otros mandos a distancia", donde te mostraré cómo utilizar la placa Pico para recibir señales de transmisores de mando a distancia ya preparados.

Las placas de Whadda o Velleman recomendadas se muestran en las figuras **9-2** (el transmisor) y **9-3** (el receptor). En la capa de la placa los paneles dorados con líneas inclinadas son una antena; imagínatelos como si fueran bobinas aplastadas. Da la vuelta a ambas placas para ver el reverso de cada bobina. Como estas placas suelen venderse sin ningún texto identificativo, etiquétalas si quieres con *T* y *R* para no confundirlas.

Cada placa tiene tres pines separados para adaptarse a la placa de pruebas. El pin con la etiqueta SIG transmite o recibe una señal, el pin VCC requiere una fuente de alimentación de 3.3 V y el GND es para masa negativa.

Utilizando dos placas de pruebas, coloca una placa Pico en cada una de ellas; coloca el módulo transmisor en una y el módulo receptor en la otra, como se muestra en las figuras **9-4** y **9-5**.

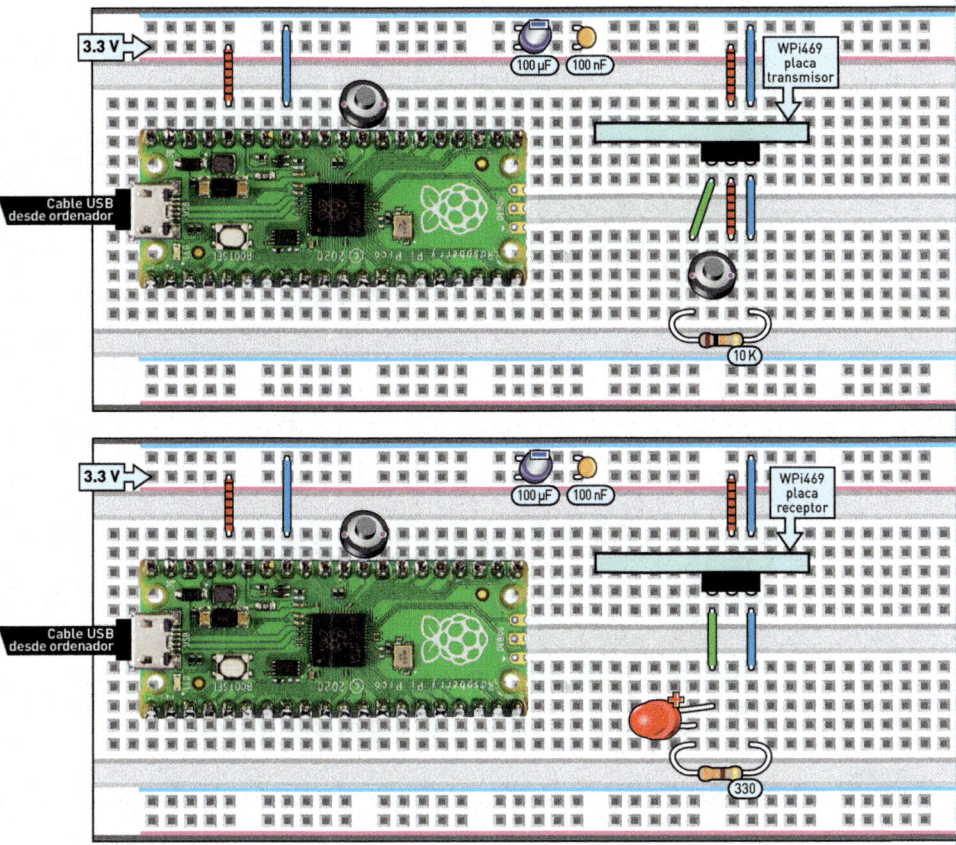

9-5 *Módulo transmisor (arriba) y módulo receptor (abajo) colocados en placas de pruebas separadas.*

La figura 9-5 muestra el cableado del transmisor (arriba) y del receptor (abajo). La figura **9-6**, en la página siguiente, muestra el mismo circuito en forma de esquema. Los interruptores momentáneos (pulsadores) deben tener solo dos pines, separados 0.5 cm para que quepan en las placas de pruebas.

Ten en cuenta que este experimento no requiere la pantalla LCD que hemos utilizado anteriormente, por lo que se han eliminado los correspondientes cables. Ahora empiezas con un nuevo cableado alrededor de las placas Pico.

Supongo que dispones de dos puertos USB en tu ordenador. En principio, cada uno de ellos se utilizará solo para suministrar 5 V mientras que cada placa Pico suministrará 3.3 V desde el pin 36 al transmisor o al receptor.

TRANSMISOR

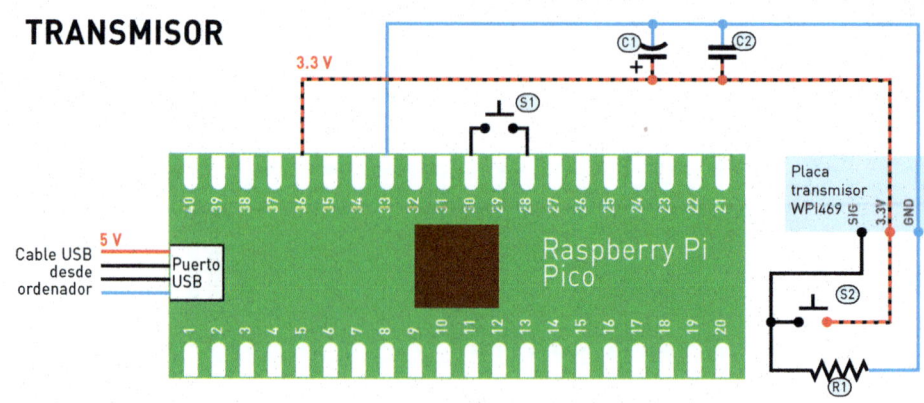

RECEPTOR

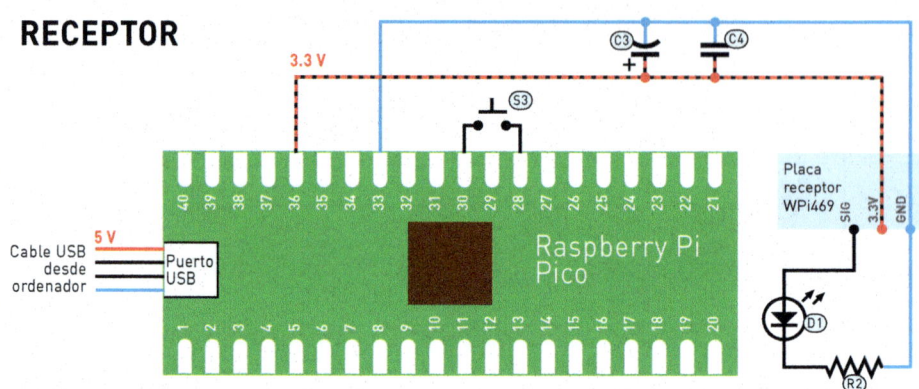

9-6 *Versión esquemática de la figura 9-5.*

Estas placas realizarán otras tareas interesantes en breve, momento en el que deberás programarlas por separado. Por el momento, no hay que programarlas con sketches y solo consumen energía del ordenador, por lo que pueden conectarse a la vez.

Una vez que hayas alimentado las placas de pruebas, observa el LED de la placa del receptor: puede estar encendido, apagado o parpadeando. Si pulsas y sueltas el interruptor momentáneo S2 de la placa del transmisor, el LED de la del receptor reaccionará (según el receptor, las reacciones pueden ser diferentes, pero deberías percibir un cambio en el brillo del LED o un parpadeo al pulsar y al soltar el pulsador). Si tienes un mando a distancia por radio de 433 MHz, como alguno de los de la figura 9-1, y pulsas algún botón, el LED parpadeará rápidamente al recibir la señal codificada.

La salida del receptor se activa cuando detecta una transmisión y se desactiva cuando no la detecta. El receptor está construido para pulsos rápidos (sobre 1 kHz) y se ajusta automáticamente al nivel de ruido de fondo

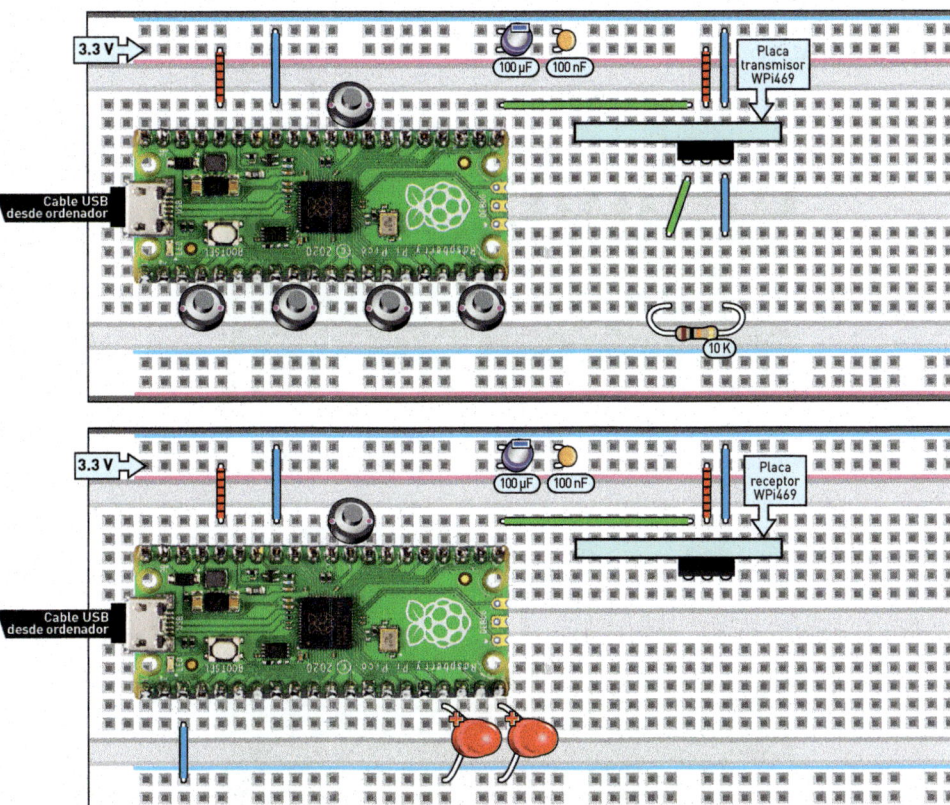

9-7 *Modificación del módulo transmisor (arriba) y del módulo receptor (abajo) para que se controlen desde cada una de las placas Pico.*

en su frecuencia de recepción. No coincidirá fielmente con las señales lentas que puedes enviar con el pulsador, pero esta prueba demuestra que el receptor reacciona al transmisor. Para transmitir algo útil se necesitan señales más rápidas. La placa Pico puede ayudarte a enviarlos, recibirlos y descodificarlos.

MÁS BOTONES

Las figuras **9-7** y **9-8** (esta última en la página siguiente) muestran cómo debes modificar las placas de transmisor y receptor para que sean controladas por cada placa Pico y no sólo alimentadas. Fíjate en el puente de color verde que se ha añadido desde el pin 21 al pin de señal de cada placa.

En el circuito del transmisor, se ha eliminado el interruptor momentáneo S2 y se han añadido los interruptores S4 a S7 (puedes coger el S2 del circuito anterior y usarlo como S7). En el circuito receptor se han eliminado R2 y

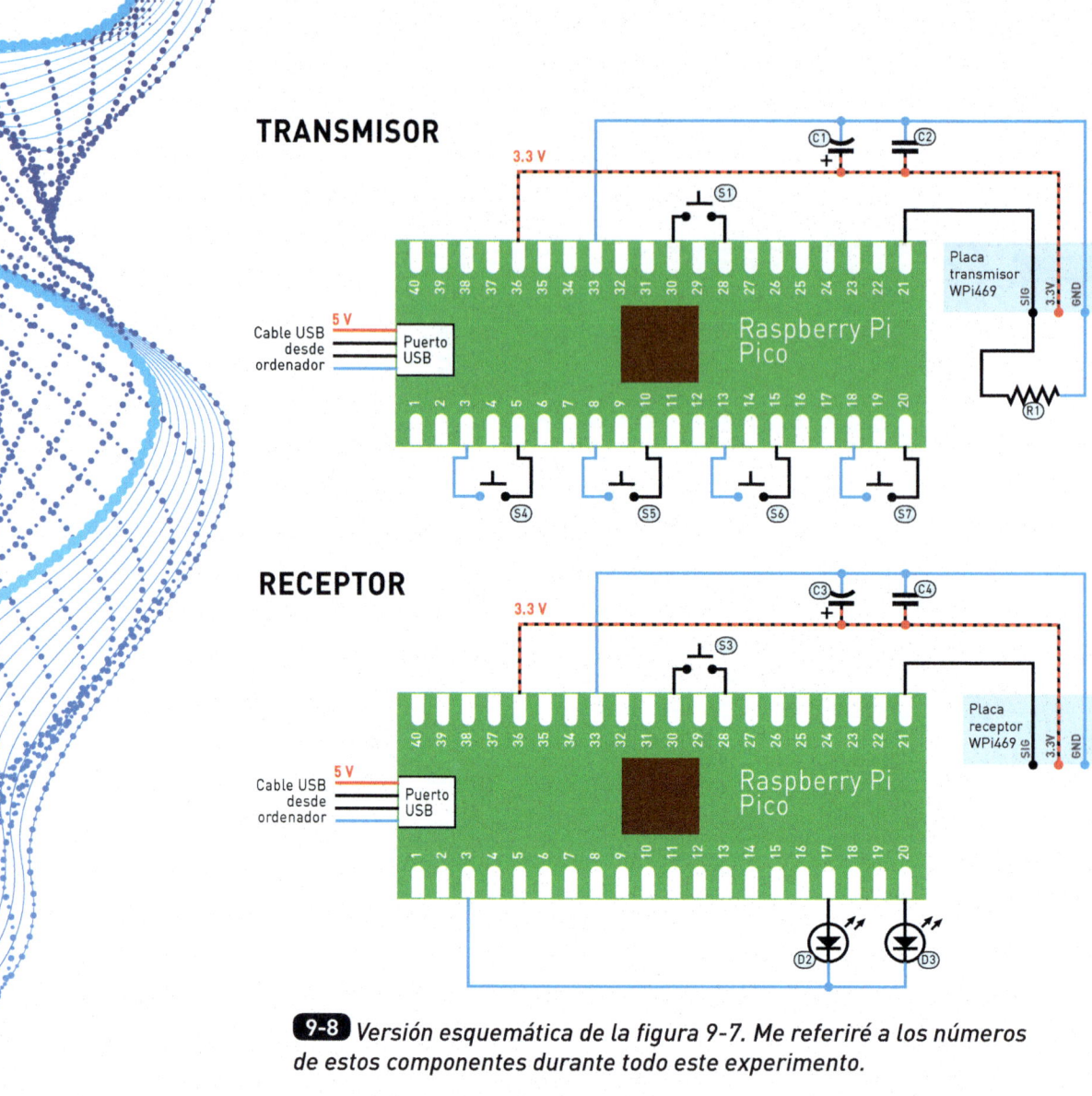

9-8 *Versión esquemática de la figura 9-7. Me referiré a los números de estos componentes durante todo este experimento.*

D1 y se han añadido los LED D2 y D3 (puedes reutilizar D1 como D2. Estoy renumerando los componentes para poder referirme a ellos sin confusión en el texto siguiente). En el circuito receptor no olvides añadir el puente de color azul que conecta el pin 3 de la placa Pico con el bus negativo en la parte inferior de la placa de pruebas. Esto es necesario para conectar a tierra los LED.

Al pulsarlos, cada uno de los botones de S4 a S7 conecta a tierra un pin IO en la placa Pico. Estos botones no están conectados con el bus de tierra de la placa de pruebas, pues algunos pines de la placa Pico están internamente conectados a tierra.

En el módulo transmisor hemos conservado R1 conectando a tierra el pin de señal. Si por alguna razón la placa Pico deja en el aire la señal de datos del transmisor, este resistor pulldown de 10 K garantiza que el transmisor permanezca apagado (se lo contrario, podría transmitir aleatoriamente y causar interferencias a otros mandos a distancia).

Ahora, deberás programar cada placa Pico con un sketch apropiado para controlar los módulos transmisor-receptor. Pero antes debes instalar la biblioteca rc-switch en el IDE de Arduino del ordenador. Esta biblioteca contiene código para codificar y descodificar secuencias de impulsos utilizadas por muchos mandos a distancia haciendo que sus circuitos receptores y transmisores sean compatibles con los mandos existentes.

El procedimiento es similar al de la instalación de la biblioteca LCD en el Experimento 4. Este procedimiento no requiere que ninguno de las placas Pico esté conectada al ordenador:

- Inicia el IDE de Arduino.
- Selecciona **Tools > Manage Libraries**.
- En el campo de búsqueda, escribe **rcswitch**.
- Verás **rc-switch by sui77**.
- Pulsa el botón **Install**.

Ahora, conecta la placa Pico que controla el módulo transmisor y abre el sketch **transmitter.ino** en la ventana del IDE. Verás el listado que se muestra en la figura **9-9**. Pulsa el botón Upload para que se instale en la placa Pico y permanezca en su memoria.

Cuando cargues el sketch, puede que aparezca un mensaje indicando que la biblioteca rc-switch puede ser incompatible con la placa actual. Yo he comprobado que esta librería funciona con la placa Pico, por lo que ignóralo.

```
1  #include <RCSwitch.h>
2  RCSwitch tx = RCSwitch();
3
4  const int tx_pin = 16; // pin 21
5  const int N = 4;   // number of switches
6  const int pin[]  = {     3,       7,       11,       15};
7  const int code[] = {1328149, 1328148, 1315861, 1315860};
8                    // pin 5,        10,       15,       20
9
10 void setup() {
11    tx.enableTransmit(tx_pin);
12
13    for (int i = 0; i < N; i++)
14      pinMode(pin[i], INPUT_PULLUP);
15 }
16
17 void loop() {
18    for (int i = 0; i < N; i++)
19      if (digitalRead(pin[i]) == 0)
20        tx.send(code[i], 24); // number of bits in code
21 }
```

9-9 *Sketch para la placa Pico que controla el módulo transmisor.*

```
1  #include <RCSwitch.h>
2  RCSwitch rx = RCSwitch();
3
4  const int rx_pin   = 16; // pin 21
5  const int led1_pin = 13; // pin 17
6  const int led2_pin = 15; // pin 20
7
8  void setup() {
9    Serial.begin();
10   rx.enableReceive(rx_pin);
11   pinMode(led1_pin, OUTPUT);
12   pinMode(led2_pin, OUTPUT);
13 }
14
15 void loop() {
16   int code;
17   if (rx.available()) {
18     code = rx.getReceivedValue();
19
20     Serial.print("Received ");
21     Serial.print(code);
22     Serial.print(", ");
23     Serial.print(rx.getReceivedBitlength());
24     Serial.print(" bits, protocol ");
25     Serial.println(rx.getReceivedProtocol() );
26
27     if (code == 1328149) digitalWrite(led1_pin, 1);
28     if (code == 1328148) digitalWrite(led1_pin, 0);
29     if (code == 1315861) digitalWrite(led2_pin, 1);
30     if (code == 1315860) digitalWrite(led2_pin, 0);
31
32     rx.resetAvailable();
33   }
34 }
```

9-10 *Sketch del receptor.*

Desconecta el transmisor Pico y conecta el receptor. Abre el nuevo sketch, denominado **receiver.ino**, en el IDE. Debe ser como el que aparece en la figura **9-10**.

Pulsa en el botón Upload para cargar el sketch a la placa Pico que controla el módulo receptor y ya puedes cerrar el IDE.

Vuelve a conectar el transmisor Pico a un puerto USB, de manera que ambas placas se alimenten del ordenador. Pulsa S4 para encender el LED D2 y pulsa S5 para apagarlo. Pulsa S6 para encender el LED D3 y pulsa S7 para apagarlo.

Los LED solo se utilizan para comprobar que el sistema funcione. Puedes utilizar las salidas del receptor Pico para controlar casi cualquier otro dispositivo mediante un transistor o un relé. Además, una vez que entiendas cómo funcionan los sketches, podrás modificarlos para controlar más de dos dispositivos.

A continuación te contaré algo más sobre el módulo transmisor y receptor y te explicaré los esquemas.

CÓMO FUNCIONA

Los módulos que utilizamos aquí son para la frecuencia 433.92 MHz (aunque a menudo se especifica solo 433 MHz). Es una frecuencia utilizada para mandos a distancia de corto alcance y baja potencia. Suelen venderse como transmisores y receptores ASK u OOK. ASK (*amplitude-shift keying* o **modulación por desplazamiento de amplitud**) significa que la amplitud de la señal varía para transmitir un mensaje. Eso suena similar a AM, y lo es, pero el término ASK suele reservarse para las señales digitales. OOK significa *on-off keying*. Con estos transmisores, los dos términos significan lo mismo: la señal está encendida o apagada.

Todos estos receptores y transmisores utilizan exactamente la misma frecuencia, por lo que se oirán entre sí si están dentro de su rango de transmisión. Dicho rango puede ser de 30 metros, o más si no hay nada en la línea de visión entre el transmisor y el receptor.

¿Y cómo saben los receptores de los distintos dispositivos qué señales les corresponden? ¿Y si tu vecino también utiliza máquinas teledirigidas en la misma frecuencia? La respuesta es que cada mando a distancia envía su propio *código digital* en forma de secuencia de pulsos. Los receptores escuchan continuamente todas las señales que encuentran, pero solo reaccionan ante los códigos que reconocen. ¿Qué ocurre si dos transmisores transmiten al mismo tiempo? Existe el riesgo de que no se reciba ninguno de los dos mensajes. Estas colisiones de mensajes suelen ser raras porque este tipo de dispositivo de radio solo puede transmitir brevemente: cuando el usuario pulsa un botón o lo hace a intervalos preestablecidos, como cuando un transmisor envía una lectura de temperatura. Hay límites en cuanto a la frecuencia y la duración de la transmisión.

LOS SKETCHES

Ahora que ya sabes lo que hacen los módulos transmisor y receptor ya puedes entender los sketches. La idea general es que el transmisor espere hasta que se pulse alguno de los botones. A continuación envía un código correspondiente a ese botón utilizando la biblioteca rc-switch que instalaste para el envío real.

El receptor utiliza la misma biblioteca para escuchar los códigos válidos. Si se encuentra uno de estos códigos y coincide con uno de los predefinidos, el sketch actualiza el estado de los pines de salida conectados a los LED. El sketch del receptor también imprime cualquier código recibido a través del puerto USB de serie. Puedes leer estos mensajes utilizando el monitor de serie en el IDE de Arduino y utilizarlo para aprender los códigos transmitidos por otros mandos a distancia que puedas tener.

SKETCH DEL TRANSMISOR

Observa el sketch del transmisor en la figura 9-9. La línea 1 le dice al compilador que el sketch usará la biblioteca rc-switch (que instalaste antes) y la línea 2 usa esa librería para declarar un objeto llamado **tx** (una abreviatura común para transmisor) que usaremos para interactuar con el módulo transmisor. A continuación se definen algunas constantes: en la línea 4, **tx_pin** es el pin conectado al módulo transmisor y **N**, en la línea 5, es el número de interruptores conectados.

Las líneas 6 y 7 definen dos matrices llamadas **pin** y **code**. La matriz pin contiene los números de los pines conectados a los pulsadores, y la matriz code contiene los códigos que quieres que envíe el sketch cuando se pulsen esos pulsadores.

La función setup inicializa el objeto **tx** en la línea 11 y le indica a qué pin de la placa Pico está conectado el transmisor. El bucle **for** loop en las líneas 13 y 14 declara todos los pines de los botones como entradas y activa los resistores pullup internos. Esto significa que estos pines se leerán como altos hasta que los botones los bajen conectándolos a masa negativa. La función loop lee cada pin y, tan pronto como encuentra uno con un valor bajo, lo que significa que el botón está pulsado, transmite el código correspondiente utilizando la función **tx.send()**. La función necesita dos parámetros: el código real a enviar y el número de bits que contiene (el valor habitual en los mandos a distancia son veinticuatro bits. Probablemente no necesites cambiarlo a menos que quieras que coincida con un mando a distancia existente).

SKETCH DEL RECEPTOR

A continuación, observa el sketch del receptor en la figura 9-10. La línea 1, de nuevo, incluye la biblioteca rc-switch y la 2 declara un objeto para interactuar con el receptor. Esta vez se llama **rx**, de *receptor*. Las líneas 4 a 6 definen los pines para el módulo receptor y los dos LED.

La función setup inicializa la comunicación de serie, que en este caso se lleva a cabo a través del cable USB. Se utilizará para escribir mensajes que pueden ser leídos en el ordenador conectado (utilizando el Monitor Serial del IDE de Arduino). La línea 10 inicializa el objeto receptor rc-switch y le dice a qué pin está conectado el receptor y las líneas 11 y 12 configuran los pines del LED como salidas.

La función loop comprueba si se ha recibido un nuevo mensaje en la línea 17. Si es así, se imprime un mensaje en el puerto serie del Arduino en las líneas 20 a 25. Las líneas 27 a 30 comparan el código recibido con cuatro valores de código, los mismos asignados a los botones del transmisor en el sketch del transmisor. Si se reconoce un código, uno de los pines del LED se pone alto o bajo. Por último, en la línea 32 se utiliza la función **rx.resetAvailable()** para indicar a la biblioteca que hemos terminado de procesar el mensaje y estamos listos para uno nuevo.

MANDOS A DISTANCIA COMERCIALES

En la figura 9-1 puedes ver algunos mandos a distancia de 433 MHz que son compatibles con el módulo receptor que hemos conectado a la placa Pico. Puedes encontrar muchos otros en Internet buscando

```
radio mando a distancia 433 MHz
```

Aunque todos los mandos a distancia que encontrarás comparten la misma frecuencia, utilizan **protocolos** diferentes, es decir, normas sobre cuántos bits (dígitos binarios 0 y 1) se envían en un mensaje y cómo se representan con las señales transmitidas de diferente longitud. La biblioteca rc-switch puede manejar muchos de estos protocolos, pero no todos. Por lo tanto, cuando compres un mando a distancia, lo mejor es comprobar en la descripción de cada producto los protocolos que son realmente compatibles. Los protocolos EV1527 y PT2262 funcionan bien. Estas denominaciones son en realidad números de tipo de chips IC, llamados codificadores, utilizados para generar la secuencia de pulsos. Los dos mandos a distancia centrales de la figura 9-1 contienen chips EV1527.

9-11 *Este pequeño módulo receptor mide aproximadamente 2,5 cm x 5 cm y contiene un relé que puede conmutar pequeños dispositivos domésticos.*

ESCUCHA EL CÓDIGO

Si dispones de un auricular de impedancia alta o del transductor piezoeléctrico pasivo del Experimento 1, puedes hacer esta sencilla prueba: conecta el auricular o el zumbador entre el pin de señal del módulo receptor y la masa negativa. Pulsa los botones de los mandos a distancia y escucha. Cada uno de ellos genera su propio código. Es posible que puedas oír algunas diferencias.

9-12 *Interior del módulo receptor de la figura 9-11.*

RECEPTORES COMERCIALES

También puedes comprar un módulo receptor que se pueda emparejar para que responda al código único de un módulo transmisor comercial. Para asegurarte de que el que adquieres contiene un relé que conmute dispositivos domésticos, como luces o cerraduras, busca

`módulo receptor 433 MHz relé`

9-13 *Parte inferior de la placa mostrada en la figura 9-12.. Los terminales de tornillo están etiquetados como se explica en el texto.*

9-14 *Programación de un módulo receptor para que reconozca un transmisor. El medidor comprueba la continuidad entre los contactos del relé.*

La figura **9-11** muestra un receptor que responde a un solo botón transmisor. Si haces palanca en la tapa de plástico con unos alicates o un destornillador, encontrarás una placa en el interior con un relé, cinco terminales de tornillo, un pequeño interruptor momentáneo (conocido como botón de aprendizaje) y un LED de montaje superficial, como se muestra en la figura **9-12**.

El receptor necesita 12 VDC para funcionar. Cuando dés la vuelta a la placa, como se muestra en la figura **9-13**, verás que dos de los terminales están etiquetados como V+ y V-. Puedes utilizar un adaptador de CA de 12 V para suministrarles corriente continua positiva y negativa. El terminal etiquetado NO conecta con el contacto normalmente abierto dentro del relé; el terminal NC se conecta con el contacto normalmente cerrado dentro del relé, y el terminal COM se conecta con el contacto que es común a NO y NC (es decir, se conecta con uno de ellos o con el otro, dependiendo de si el relé está activado o no).

La figura **9-14** muestra el receptor con un mando y un medidor que se utiliza para comprobar la continuidad entre los terminales del relé. Para que el receptor reconozca el transmisor, pulsa una vez el botón de aprendizaje y el LED de la placa se encenderá. Pulsa el botón del mando a distancia y el LED parpadeará y se apagará. Ahora este receptor en particular responderá a este mando a distancia en particular. Posteriormente, cuando pulses el botón del módulo transmisor, el relé se cerrará. No pasa nada si dicho relé conmuta 120 V siempre que utilices los terminales NO y COM o NC y COM.

Aunque existen muchos módulos receptores con un conjunto de funciones mucho más elaborado, supongo que tú, como yo, estás más interesado en construir y programar el tuyo.

APRENDER LOS CÓDIGOS DE OTROS MANDOS

Retoma las dos placas de pruebas, una con la placa transmisora y la otra con la receptora, y haz lo siguiente:

- Asegúrate de que el módulo transmisor no está conectado a un puerto USB del ordenador.
- Asegúrate de que el módulo receptor está conectado a un puerto USB del ordenador.
- Inicia el IDE de Arduino.
- En el menú selecciona **Tools > Serial Monitor**. Se abre una nueva ventana, que mostrará cualquier texto enviado por la placa Pico a través de su puerto serie (que en realidad se enruta a través del cable USB). Los mensajes enviados por las instrucciones **Serial.print** sen el sketch terminan aquí.
- Pulsa los botones del mando a distancia y observa la ventana Serial Monitor en el ordenador.

Verás un mensaje parecido a este:

```
Received 5659745, 24 bits, protocol 1
```

que se repetirá mientras mantengas pulsado el botón.

Si no se continúa abierto el código del sketch **receiver.ino** en la ventana principal del IDE, ábrelo.

Puedes decirle al sketch que reconozca el mando que acabas de utilizar. Selecciona con el ratón el número de siete dígitos de la ventana Monitor serie y pulsa Ctrl-C (Comando-C en Mac) para copiarlo. Ahora, ve al listado de sketches, selecciona el código **7115876** en la línea 27 y pega el nuevo código para reemplazarlo mediante Ctrl-V (Comando-V en Mac).

CLONAR UN MANDO A DISTANCIA

Ahora que ya sabes qué códigos envía tu mando a distancia prefabricado, puedes programar la placa Pico de la placa transmisora para que imite ese mando. Anota los códigos que has leído en el Monitor Serial y reemplaza uno o más de los cuatro códigos en la línea 7 del sketch del transmisor. El primer código de esa línea corresponde al botón S4 de la placa de pruebas, el segundo al S5, y así sucesivamente.

Si el mensaje "Received" de la ventana Serial Monitor no termina con el **protocolo 1**, tendrás que insertar el siguiente código como línea 12 en el sketch del transmisor (figura 9-9):

```
tx.setProtocol(2);
```

donde el **2** debe sustituirse por el número de protocolo que hayas visto en la salida del receptor. Así te aseguras de que la placa Pico no solo envía el código correcto, sino que también lo envía utilizando el mismo protocolo que el mando a distancia original. Por si te lo estás preguntando, la biblioteca rc-switch en la placa Pico receptora selecciona automáticamente un protocolo que coincide con los mensajes entrantes, por lo que no debes especificar el protocolo en el receptor.

Si ahora cargas el sketch modificado en la placa Pico de la placa transmisora podrás enviar los mismos códigos que el mando original, pues el mando a distancia ya está clonado.

Quizás se te ocurran aplicaciones útiles o divertidas para poder clonar mandos de radio. Antes de que te pongas demasiado creativo o te preocupes por la seguridad de todas tus cerraduras a distancia, debo decirte que los mandos a distancia para puertas de garaje y las llaves inalámbricas de coche utilizan un esquema de codificación diferente, aunque puedan utilizar la misma frecuencia y el mismo tipo de señalización por pulsos que los mandos a distancia que he descrito hasta ahora. Dado que, como sabes, no es seguro utilizar un código fijo para tales fines, estos utilizan (o deberían utilizar) algo más sofisticado. Una opción son los *rolling codes* o *códigos dinámicos*, un sistema en el que el transmisor genera nuevos códigos mediante un algoritmo criptográfico, y cada uno de estos códigos se envía una sola vez. El receptor registra los códigos que ya se han utilizado y no acepta códigos antiguos.

RECEPTOR DE TIMBRE INALÁMBRICO

Ahora, te mostraré cómo utilizar los módulos transmisor y receptor inalámbricos para construir un sistema de timbre inalámbrico. Si ya tienes un timbre inalámbrico, puedes añadirle botones o receptores.

Un sistema de timbre inalámbrico tiene dos partes: el pulsador situado fuera de la puerta, que transmite una señal de radio, y un receptor, que se coloca dentro de la casa. El receptor emite un sonido cuando detecta la señal de radio del pulsador.

Pero ¿y si tienes una casa grande y no puedes oír el timbre en todas las habitaciones? ¿O si tiene problemas de audición o, simplemente, prefieres una luz intermitente en lugar de un sonido?

Cuando el circuito receptor de la placa Pico capta la señal de radio del timbre, puedes hacer que cree la salida que elijas. Esto puede ser adicional al receptor suministrado con el timbre.

Para el proyecto del timbre de la puerta puedes utilizar la placa de pruebas transmisora que has construido antes o un botón transmisor de timbre de puerta prefabricado. A continuación te mostraré cómo modificar la placa de pruebas del receptor y su sketch para utilizarlo como timbre de puerta.

Carga el sketch de la figura **9-15** a la placa Pico receptora. Después, conecta la placa de pruebas del transmisor a un puerto USB para alimentarlo y pulsa S4. Uno de los LED de la placa de pruebas del receptor parpadeará cinco veces. Pulsa S6 y verás que el otro LED parpadea tres veces. Para que la señal se vea más, puedes sustituirlos por LED de alta luminosidad de diferentes colores. Tener diferentes alertas (en color o sonido) puede ser conveniente si dispones de diferentes puertas, y esta es una característica que no he visto en timbres disponibles comercialmente.

```
1  #include <RCSwitch.h>
2  const int rx_pin=16, led1_pin=13, led2_pin=15, audio_pin=14;
3  RCSwitch rx = RCSwitch();
4  void setup() {
5    Serial.begin();
6    rx.enableReceive(rx_pin);
7    pinMode(led1_pin, OUTPUT_12MA);
8    pinMode(led2_pin, OUTPUT_12MA);
9    pinMode(audio_pin, OUTPUT);
10 }
11 void loop() {
12   int code;
13   if (rx.available()) {
14     code = rx.getReceivedValue();
15     Serial.print("Received ");
16     Serial.print(code);
17     Serial.print(", ");
18     Serial.print(rx.getReceivedBitlength());
19     Serial.print(" bits, protocol ");
20     Serial.println(rx.getReceivedProtocol() );
21     if (code == 1328149) { // react to one button
22       for (int i = 0; i < 5; i++) // flash and beep 5 times
23       {
24         digitalWrite(led1_pin, 1);
25         tone(audio_pin, 440);
26         delay(250);
27         noTone(audio_pin);
28         digitalWrite(led1_pin, 0);
29         delay(250);
30       }
31     }
32     if (code == 1315861)  { // react differently to another
33       for (int i = 0; i < 3; i++) // flash and beep 3 times
34       {
35         digitalWrite(led2_pin, 1);
36         tone(audio_pin, 288);
37         delay(500);
38         noTone(audio_pin);
39         digitalWrite(led2_pin, 0);
40         delay(500);
41       }
42     }
43     rx.resetAvailable();
44   }
45 }
```

9-15 *Sketch del receptor del timbre.*

Para hacer que el receptor del timbre reconozca cualquier botón de timbre inalámbrico ya hecho que puedas tener utiliza el Monitor Serial de Arduino para ver qué códigos transmiten los botones (el sketch sigue imprimiendo todos los códigos recibidos) y adapta el sketch para que reconozca esos códigos.

También puedes añadir una alerta sonora. El sketch ya contiene el código para generar una señal de onda cuadrada audible en uno de los pines de la placa Pico: la llamada a la función **tone(audio_pin, 288)** de la línea 36 comienza a emitir una onda cuadrada con una frecuencia de 288 Hz en el pin especificado, y la función noTone en la línea 38 lo apaga de nuevo tras un retardo. Solo queda conectar un altavoz para que se pueda oír. Como la

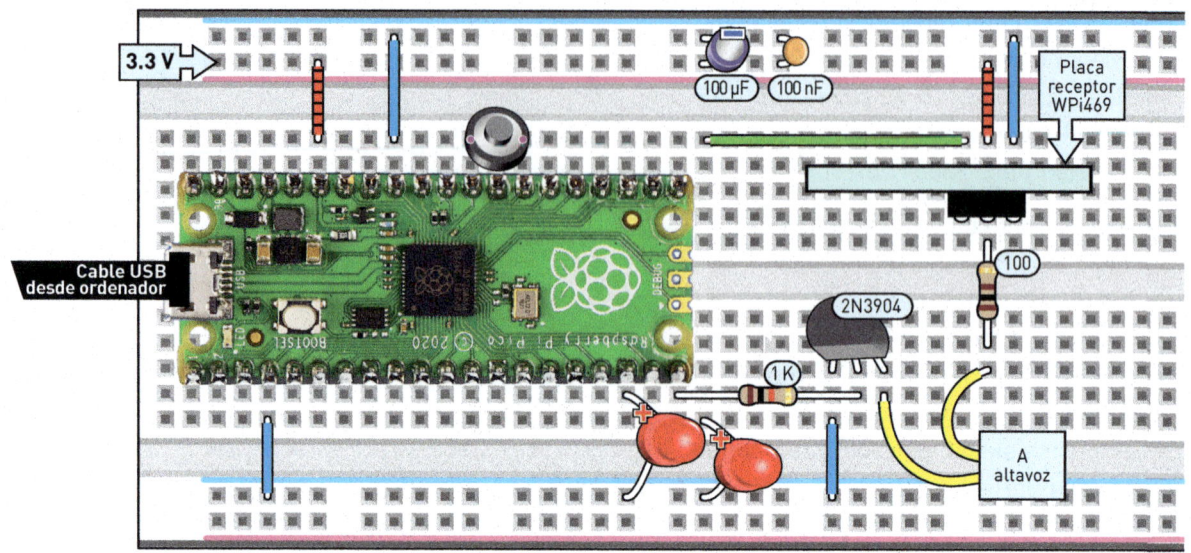

9-16 *Diseño de placa de pruebas de timbre para un receptor con salida de audio sencilla.*

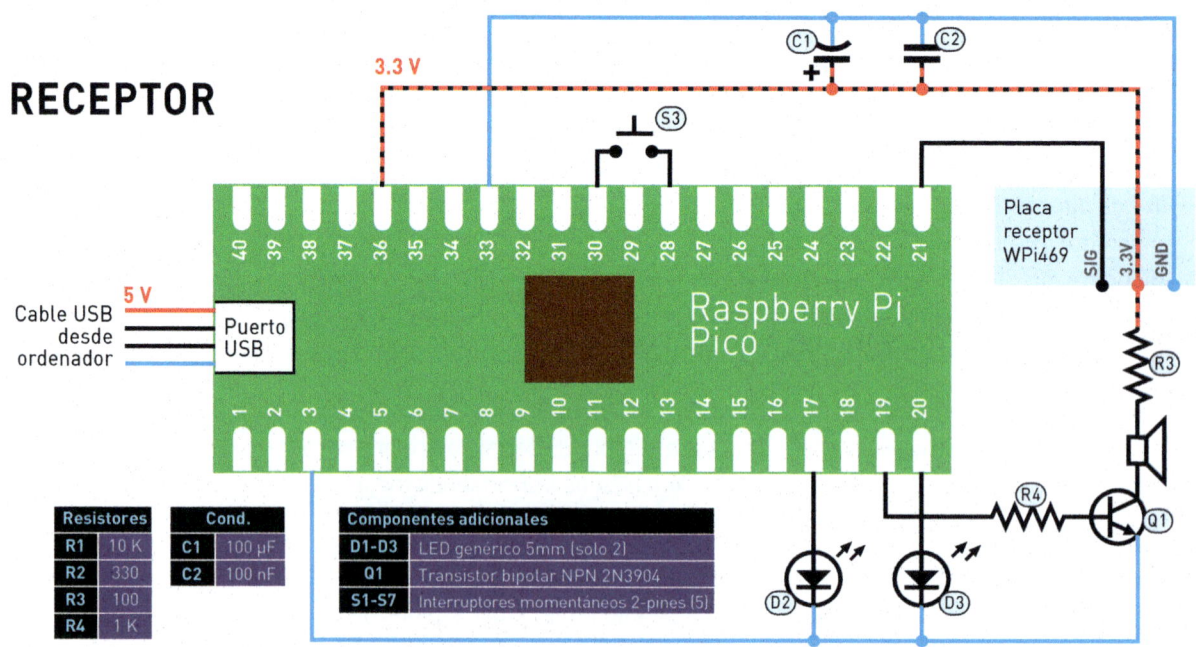

9-17 *Versión esquemática de la disposición de la placa de pruebas de la figura 9-16. La lista de componentes es suficiente para los tres circuitos descritos en este capítulo.*

señal es una onda cuadrada, podemos utilizar un simple amplificador de transistor, como se muestra en las figuras **9-16** y **9-17**.

Ahora, al pulsar el primer botón, S4, en la placa de pruebas del transmisor el receptor encenderá uno de los LED y reproducirá un sonido. El tercer botón del transmisor, S6, enciende el otro LED y reproduce otro sonido.

Si tienes el transductor piezoeléctrico pasivo (minialtavoz) del Experimento 1 puedes utilizarlo en su lugar. Solo tienes que conectarlo entre la salida de audio en el pin 19 de la placa Pico y la tierra (puedes omitir el transistor y los resistores que lo rodean).

Por supuesto, puedes adaptar la frecuencia y la duración del tono a tu gusto modificando el sketch, así como ajustar el volumen de audio cambiando el resistor en serie con el altavoz. Puedes bajar hasta los 22 ohmios manteniéndote dentro del límite de corriente del transistor. Llegados a este punto, puede que pienses que la alerta de onda cuadrada suena un poco áspera. ¿Qué tal unas bonitas campanillas en su lugar? En la siguiente sección te mostraré cómo utilizar la placa Pico para generar sonidos más agradables mediante técnicas de síntesis de sonido más avanzadas.

TIMBRE MUSICAL

Si quieres una salida de audio más bonita puedes usar la placa Pico para crear formas de onda de audio más avanzadas.

Carga el sketch de las figuras **9-18** y **9-19** (esta última en la página siguiente) en tu receptor Pico y prueba de nuevo los botones de la placa de pruebas del transmisor (o los botones del transmisor de tu timbre). Oirás una secuencia de tonos: tres para un botón y dos para el otro. Los tonos son más suaves que antes y varían en intensidad en lugar de empezar y parar bruscamente.

A continuación te cuento cómo funciona el sketch y cómo puedes modificarlo para reproducir tus propias notas.

```
1  #include <RCSwitch.h>
2  #include <PWMAudio.h>
3  const int rx_pin=16,led1_pin=13,led2_pin=15,audio_pin=14;
4  const int RATE = 44000; // PWM frequency & sample rate Hz
5  // ADSR:  Attack rate  Decay rate   Sustain Release rate
6  float      A=10.0/RATE, D=5.0/RATE, S=0.7,  R=10.0/RATE;
7  RCSwitch rx = RCSwitch();
8  PWMAudio audio = PWMAudio(audio_pin);
9  // musical note frequencies in Hz
10 #define C4  261.6256 // C in octave 4
11 #define C4s 277.1826 // C sharp
12 #define D4  293.6648 // etc
13 #define D4s 311.1270
14 #define E4  329.6276
15 #define F4  349.2282
16 #define F4s 369.9944
17 #define G4  391.9954
18 #define G4s 415.3047
19 #define A4  440.0000
20 #define A4s 466.1638
21 #define B4  493.8833
22 void setup() {
23   Serial.begin();
24   rx.enableReceive(rx_pin);
25   pinMode(led1_pin, OUTPUT);
26   pinMode(led2_pin, OUTPUT);
27   audio.setBuffers(4, 32);
28   audio.setFrequency(RATE);
29   audio.begin();
30 }
31
32 void play(float f, float len) {
33   int16_t s;
34   float e = 0;
35   char state = 'A';
36   int remaining = len*RATE;
37   for(int i = 0; ; i++) {
38     remaining--;
39     switch(state) {
40       case 'A':
41         e += A;
42         if (e >= 1)  {
43           state = 'D';
44           e  = 1.0;
45         }
46         break;
47       case 'D':
```

9-18 *Sketch de timbre-receptor con un audio más agradable.*

```
48        e -= D;
49        if (e <= S)
50          state = 'S';
51        break;
52      case 'S':
53        if (remaining <= 0)
54          state = 'R';
55        break;
56      case 'R':
57        e -= R;
58        if (e <= 0)
59          return; // end of the note
60        break;
61      }
62      s = 32767 * e * sinf(2*M_PI/RATE*f*i);
63      audio.write(s);
64    }
65 }
66 void loop() {
67    int code;
68    for (int i = 0; i < 4*32; i++)
69      audio.write(0); // clear buffer - silence
70    if (rx.available()) {
71      code = rx.getReceivedValue();
72      Serial.print("Received ");
73      Serial.print(code);
74      Serial.print(", ");
75      Serial.print(rx.getReceivedBitlength());
76      Serial.print(" bits, protocol ");
77      Serial.println(rx.getReceivedProtocol() );
78      if (code == 1328149) { // react to one button
79        digitalWrite(led1_pin, 1);
80        play(C4, 0.4);
81        play(E4, 0.4);
82        play(G4, 0.8);
83        digitalWrite(led1_pin, 0);
84      }
85      if (code == 1315861) { //  another button
86        digitalWrite(led2_pin, 1);
87        play(E4*2, 0.4);
88        play(C4*2, 0.8);
89        digitalWrite(led2_pin, 0);
90      }
91      rx.resetAvailable();
92    }
93 }
```

9-19 *Sketch de timbre-receptor con audio más agradable (continuación).*

CÓMO FUNCIONA
SÍNTESIS DE SONIDO

En el Experimento 5 mencioné que la modulación por ancho de pulso puede utilizarse para generar una señal de salida analógica con una salida digital. La biblioteca Arduino-Pico que estás utilizando contiene funciones para ayudar a reproducir sonidos utilizando modulación por ancho de pulso. Tienes que suministrar **muestras** como un número que represente la señal de audio en diferentes momentos. La biblioteca se encarga de reproducir esas muestras a una velocidad fija que puedes elegir.

Utilizar la modulación por ancho de pulso para emitir audio significa que la salida es una onda cuadrada (con una frecuencia mucho más alta que la propia señal de audio). Esta onda cuadrada puede amplificarse mediante el sencillo amplificador de transistor de la figura 9-16. El propio altavoz actúa como filtro, eliminando la alta frecuencia PWM para que sólo queden las frecuencias de audio (además, hemos elegido la frecuencia PWM fuera del rango audible para que aun así no se oiga).

EL SKETCH

A continuación se explican detalladamente las partes del sketch del timbre. Las partes receptoras del mando a distancia son las mismas que en los sketches anteriores, pero la generación de sonido es nueva. La línea 2 indica al compilador que el sketch utilizará la funcionalidad de audio y la línea 3 define los pines para diferentes propósitos. La constante **RATE** de la línea 4 es la *tasa de muestreo* en hercios, que es el número de muestras reproducidas por segundo. Como mínimo, la tasa de muestreo debe ser el doble de la frecuencia más alta que desea reproducir, pero una tasa mucho más alta contribuye a aumentar la calidad. Otra cuestión es que la frecuencia PWM también se ajusta a este valor y, por esa razón, es mejor elegir un valor bastante lejos del rango audible.

La línea 6 define constantes que describen el sonido, como explicaré a continuación. La 8 inicializa el sistema de audio y las líneas 10-21 definen las frecuencias para las diferentes notas en hercios. En la función setup, la línea 27 informa al sistema de audio sobre el tamaño y el número de **búferes** que necesita. Un búfer es un espacio para muestras en la memoria del microcontrolador. Cuando el programa produce muestras, éstas se almacenan en un búfer, mientras que el sistema de sonido reproduce muestras de otro. Todo esto lo gestiona el sistema de sonido; nosotros no necesitamos ocuparnos de los detalles. La línea 27 solicita cuatro búferes de 32 muestras cada uno. La línea 28 establece la tasa de muestreo y la 29 inicia el sistema de audio.

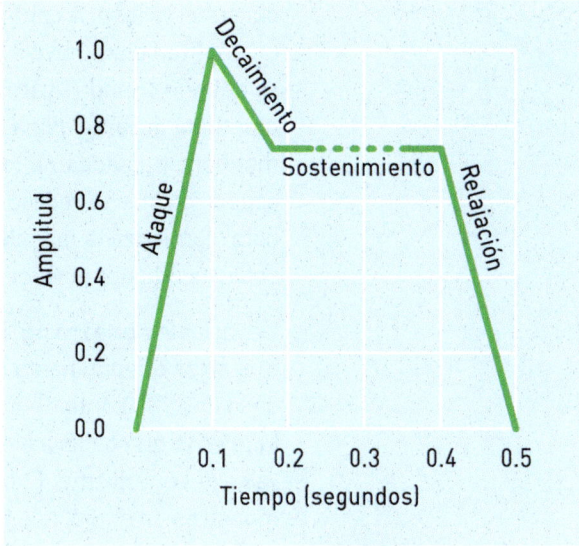

9-20 *Envolvente ADSR.*

La función **play(f, len)**, definida en la línea 33, reproduce un tono con frecuencia **f** durante una duración de **len** segundos. El tono es una onda sinusoidal, pero para hacerlo más interesante la amplitud varía durante la duración de este. El modo en que la amplitud varía con el tiempo se denomina **envolvente**. En la función se describe con cuatro números, denominados *attack*, *decay*, *sustain*, *release* o **ataque**, **decaimiento**, **sostenimiento**, **relajación**. TEste tipo de envolvente se denomina ADSR y es muy común en los sintetizadores, quizás porque es bastante simple a la vez que deja mucho margen para crear sonidos diferentes. Por ejemplo, el Commodore 64 (que yo programaba hace mucho tiempo) utilizaba envolventes ADSR para dar forma al sonido que creaba con su chip de sonido SID (si sientes curiosidad, o tienes la edad suficiente para sentir nostalgia, busca en Internet música SID y encontrarás vídeos en los que podrás escuchar la música y ver las formas de onda en una pantalla similar a un osciloscopio).

El envolvente ADSR tiene cuatro fases, como se muestra en la figura **9-20**. Durante la fase de ataque, la amplitud aumenta de 0 al valor máximo 1. El valor de ataque especifica la tasa de incremento o, en otras palabras, cuánto

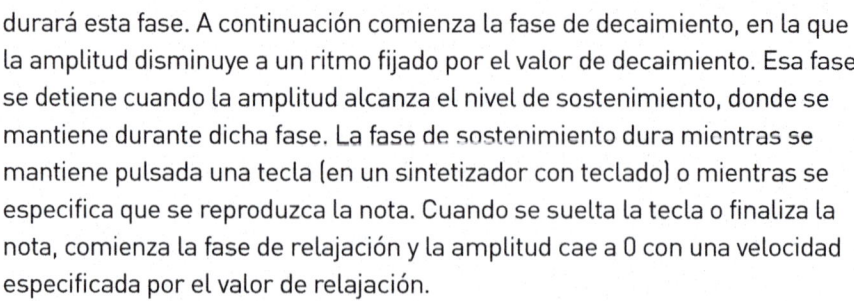

durará esta fase. A continuación comienza la fase de decaimiento, en la que la amplitud disminuye a un ritmo fijado por el valor de decaimiento. Esa fase se detiene cuando la amplitud alcanza el nivel de sostenimiento, donde se mantiene durante dicha fase. La fase de sostenimiento dura mientras se mantiene pulsada una tecla (en un sintetizador con teclado) o mientras se especifica que se reproduzca la nota. Cuando se suelta la tecla o finaliza la nota, comienza la fase de relajación y la amplitud cae a 0 con una velocidad especificada por el valor de relajación.

La variable **remaining**, definida en la línea 36, lleva la cuenta de cuántas muestras quedan hasta que termine la fase de sostenimiento. La variable *s* de la línea 33 contiene una muestra de audio en forma de entero de 16 bits (que es lo que espera el sistema de audio), y la variable *e* la línea 34 es el valor del envolvente. El bucle **for** que comienza en la línea 37 produce las muestras de audio. Las líneas 39-61 son el generador de envolventes, el cual maneja las cuatro fases mediante una instrucción **switch**. La variable **state** contiene una de las letras *A*, *D*, *S*, o *R* para indicar la fase actual. La instrucción **switch** hace que el microcontrolador salte a la instrucción **case** que coincida con el estado de la variable. Para cada caso se actualiza el valor *e* y se realiza una prueba para determinar si debe iniciarse la siguiente fase del envolvente. La instrucción **break** en la línea 46 indica que el manejo de un caso ha terminado y el control debe ser transferido al final del bloque switch. Omitir la instrucción break es un error común al escribir instrucciones switch. Cuando eso ocurra, el microcontrolador continuará alegremente ejecutando el código para el siguiente caso.

La línea 62 calcula un valor de muestra multiplicando la función **sinf** para un seno; el envolvente, para ajustar la amplitud, y la constante 32 768 para escalar el valor y que quepa en un entero de 16 bits. Es como si fuera un ejemplo de amplitud modulada: el envolvente modula la amplitud de la función sinusoidal.

La línea 63 reproduce la muestra o la coloca en el búfer de audio para reproducirla un poco más tarde. La función **audio.write()** is *blocking*, es bloqueante, lo que significa que, si los búferes de audio están llenos, la función esperará hasta que haya espacio para la muestra. Esto significa que la función play no necesita preocuparse del tiempo, sólo de producir muestras lo suficientemente rápido como para evitar que los búferes se vacíen (lo que provocaría un fallo audible). Se trata de una situación donde la alta velocidad de la placa Pico es conveniente (la placa es lo suficientemente rápida para calcular un seno y el envolvente para cada muestra).

En un microcontrolador más lento, probablemente habríamos tenido que leer los valores del seno desde una tabla en memoria y, además, evitar el uso de variables float, porque ralentizan el cálculo.

La función loop es similar a la del sketch anterior. Esta detecta dos códigos de control remoto y, para cada uno de ellos, enciende un LED, toca dos o tres notas y, después, apaga el LED.

LAS NOTAS MUSICALES

Las tres notas del primer botón forman un acorde mayor de sonido agradable. Las dos notas del segundo botón suenan como un timbre clásico. La multiplicación por 2 de las constantes de frecuencia en el segundo bloque hace que las notas sean una *octave* más altas. Estos son sólo ejemplos: puedes modificar como quieras las notas, sus duraciones (editando los comandos **play** de las líneas 80-82 y 87-88) y los valores ADSR de la línea 6. A continuación, te sugiero una alternativa para los valores de la línea 6 del sketch, que proporciona un sonido más percusivo:

```
float A = 50.0/RATE, D = 5.0/RATE, S = 0.3, R = 10.0/RATE;
```

Esas divisiones por la constante **RATE** están ahí para convertir las velocidades de subida de cuánto sube la señal por segundo a cuánto sube por muestra, que es lo que espera el generador de envolvente. Recuerda que *A*, *D*, y *R* son tasas de cambio de amplitud, mientras que *S* es el nivel en el que se mantiene el envolvente durante la fase de sostenimiento.

Si te gustan los sintetizadores puedes saltarte la parte del timbre y usar la placa Pico solo para hacer música y sonidos. Hay muchas posibilidades más allá del objetivo de este libro de radio.

OTROS MÓDULOS Y EL USO DE ANTENAS DE ALAMBRE

Todos los módulos de control remoto requieren antenas. Para los módulos WPI469 recomiendo tener antenas impresas en las placas de circuito, como se muestra en las figuras 9-2 y 9-3. Otros módulos de control remoto requieren que sueldes una antena. Si estás dispuesto a hacerlo, hay muchos otros tipos de módulos disponibles que puedes utilizar en su lugar.

Estos módulos de control remoto suelen venderse por pares, con un emisor y un receptor, y a veces también incluyen antenas en forma de bobinas helicoidales de alambre. Los transmisores y receptores de pares diferentes suelen ser compatibles, ya que la norma de codificación on-off es muy sencilla. Algunos modelos que he probado son el transmisor STX882 y el receptor SRX882, el transmisor WL102 y el receptor WL101, y el transmisor

SYN115 y el receptor SYN480R. Todos estos funcionan para las prácticas de este experimento si les sueldas antenas, como explicaré a continuación. Sin embargo, hay un tipo de módulo que hay que evitar, descrito a menudo como **receptor supergenerativo**. Es barato y está ampliamente disponible, pero es mucho menos sensible que los otros tipos mencionados aquí.

Los módulos de control remoto que recomiendo utilizan una frecuencia de 433.92 MHz (aunque los módulos se describen solo como de 433 MHz, en realidad funcionan a 433.92 MHz.) Esta frecuencia se utiliza en todo el mundo para el control remoto. Existen módulos similares para 315 MHz, que es otra frecuencia utilizada en Estados Unidos. Los módulos de 315 MHz funcionan del mismo modo, pero no son compatibles con los de 433.92 MHz.

En algunos módulos se incluyen antenas helicoidales de cable rígido que solo hay que soldar en el punto correcto de la placa de circuito. Si los módulos que compras no incluyen antenas, puedes fabricarlas tú mismo con trozos de cable de conexión de longitud adecuada, que en este caso es de unos 17 cm. Corta el cable de conexión (con precisión), pela una sección corta para el aislamiento de un extremo y suelda el extremo desnudo del cable a la almohadilla de soldadura en el módulo marcado ANT o similar. En la mayoría de los módulos, la almohadilla de soldadura de la antena está separada de las destinadas a la tensión de alimentación y la entrada o salida lógica.

Debes soldar una antena tanto en el transmisor como en el receptor. Dicha antena debe mantenerse lo más alejada posible de otros circuitos, cables u objetos conductores. En principio, debería ser recta, pero si quieres meter el circuito en una caja puedes intentar doblarla para que encaje. Probablemente funcione ¡siempre que la caja no sea metálica!

¿Por qué esta longitud? Para ser eficaz, una antena debe resonar con la frecuencia que debe transmitir o recibir. Una buena longitud es un cuarto de la longitud de onda cuando la señal se introduce en el cable por un extremo y el otro extremo está desconectado. Una antena de este tipo se denomina **antena de cuarto de onda**. Para saber qué longitud debe tener la antena primero hay que conocer la longitud de onda. La longitud de onda l es la velocidad de la luz dividida por la frecuencia (en el Experimento 1 mostré una relación similar para las ondas sonoras).

`l = c / f`

(*l* está en metros, *c* es 300 000 000 metros por segundo y *f* está en hercios).

`300,000,000 / 433,920,000 = 0.69 metros`

Así, un cuarto de la longitud de onda es 17,2 cm, o 6¾".

No he hecho hincapié en la longitud de la antena antes, cuando hemos hablado de la radio AM en la banda de onda media, porque en ese caso la longitud de onda es poco práctica —de 160 a 500 metros—, por lo que rápidamente pasamos a utilizar antenas de barras de ferrita.
Para los mandos a distancia de este experimento la longitud de onda es lo suficientemente corta como para tener una antena práctica de cuarto de onda, por eso te lo he contado ahora.

RECAPITULEMOS

En este experimento no solo has aprendido a hacer que la placa Pico funcione como un mando a distancia inalámbrico, sino que también has visto cómo puede generar agradables tonos de audio cuando funciona como timbre.

El siguiente experimento presenta un tipo diferente de receptor de radio. En lugar de limitarnos a las emisoras comerciales de radio AM, daremos el primer paso hacia el mundo de la radio de onda corta, donde los aficionados con licencia pueden transmitir libremente sus propias señales a cientos de kilómetros de distancia, o incluso más lejos, si las condiciones son favorables.

experimento

10

RECEPTOR AM REGENERATIVO

En este experimento construirás un tipo diferente de receptor AM utilizando solo un chip amplificador de audio LM386 de forma creativa. Este chip no está diseñado con este fin, pero es una prueba más de que el mundo que nos rodea está lleno de ondas de radio.

Un hombre llamado Martyn McKinney descubrió la capacidad hasta entonces desconocida de un LM386 cuando estaba reparando una radio convencional. Descubrió que el chip podía amplificar y demodular una señal AM, incluso cuando los demás componentes de la radio estaban desconectados.

Es un ejemplo de **receptor regenerativo**, que utiliza la retroalimentación positiva para amplificar la señal de radio. Esta era una técnica muy conocida en la época de los tubos de vacío, pero es toda una aventura, ya que la retroalimentación se convierte fácilmente en un problema fuera de control con resultados impredecibles. Tendrás que ajustarlo con

Necesitarás:

- Interruptor deslizante, SPST o SPDT, que se ajuste a la placa de pruebas (1).
- Resistores: 100 ohmios (1), 4.7 K (1).
- Condensador cerámico, 220 pF (1).
- Condensadores electrolíticos: 10 µF (2), 100 µF (2).
- Inductor, 1 mH (1). Debe tener un código de color marrón-negro-rojo-oro (o plata).
- Condensador de sintonización, 200 pF, tipo 223P, como en experimentos anteriores (1).
- Barra de ferrita de 9.5 mm de diámetro y 15 cm de longitud, como en experimentos anteriores (1).
- Potenciómetro trimmer, 10 K (1). Uno más grande es más manejable, pero no cabe en la placa.
- Chip amplificador LM386 (1), de Texas Instruments o National Semiconductor (ahora también Texas Instruments).
- Auriculares con cable, como los que se utilizan normalmente con un reproductor de música, con clavija de audio de 1/8" (1). El auricular de alta impedancia del Experimento 1 también funcionará.
- Adaptador de clavija de audio de 1/8" a terminal de tornillo (1).
- Opcional: altavoz, como en experimentos anteriores (1).

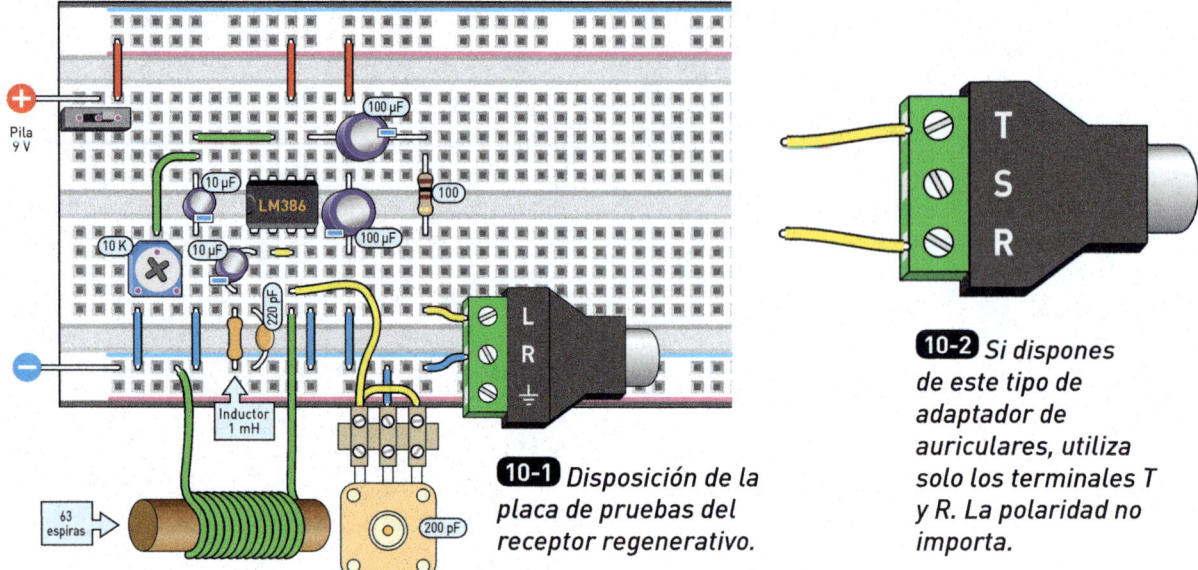

10-1 *Disposición de la placa de pruebas del receptor regenerativo.*

10-2 *Si dispones de este tipo de adaptador de auriculares, utiliza solo los terminales T y R. La polaridad no importa.*

precisión para encontrar el punto óptimo en el que la antena pueda captar transmisiones lejanas.

UN CIRCUITO REGENERATIVO

El circuito de la figura **10-1** es todo cuanto necesitas para el receptor de radio regenerativo.

El adaptador de auriculares está cableado de una forma poco habitual, de modo que, si utilizas dos auriculares que normalmente funcionan en estéreo, la señal mono de este circuito pasa a través de ellos en serie para duplicar su resistencia. También puedes utilizar los auriculares de alta impedancia del tipo presentado en el Experimento 1. El adaptador funcionará de ambas formas.

La figura **10-2** muestra cómo se debe cablear un adaptador con terminales con las letras *T*, *S* y *R* (de *tip*, *sleeve* y *ring*) en lugar de *L*, *R*, y el símbolo de tierra (de *left*, *right* y "masa negativa").

El comportamiento del circuito tiende a darte todo o nada: poco sonido o demasiado. También puede crear algunos efectos de sonido desagradables. Deberás ajustar la amplificación con el trimmer para cada emisora que recibas, pero es extraordinariamente sencillo en comparación con otros circuitos regenerativos. El esquema se muestra en la figura **10-3**.

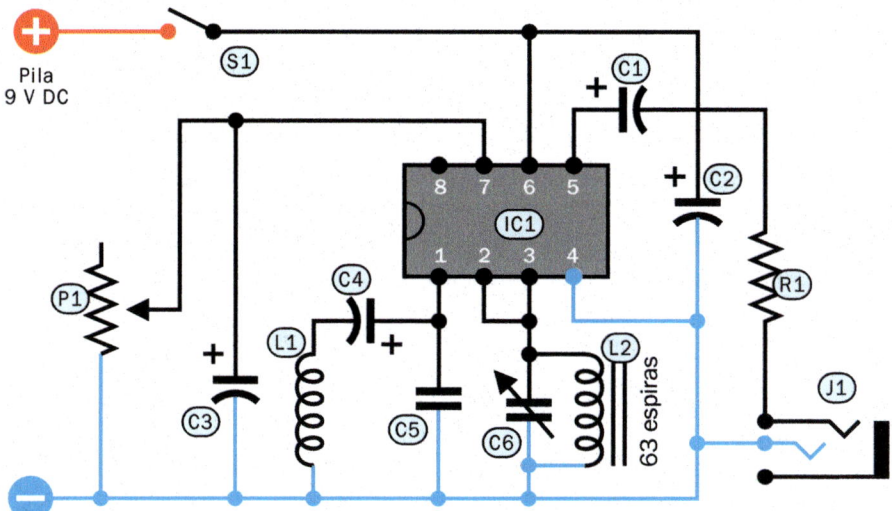

10-3 *Esquema del receptor regenerativo.*

C6 es el mismo condensador variable que utilizamos en el Experimento 1. Asegúrate de conectar el pin central al bus negativo de la placa, como se muestra en la Figura 10-1. Si no, es posible que al tocar el tornillo metálico situado en el centro del dial de sintonización se produzca un ruido desagradablemente alto en el auricular.

L2 es una bobina sobre una barra de ferrita, igual que en el Experimento 2, que consta de 63 espiras de cable de conexión en dos capas. Consulta las figuras 2-1, 2-2 y 2-3 para ver el método de bobinado (la segunda bobina, más corta, que se añadió en el Experimento 2 no será necesaria en este caso).

Cuando hayas montado el circuito, gira el trimmer completamente hacia la izquierda. Después de conectar la alimentación de una pila de 9 V, empieza a girar el trimmer en el sentido de las agujas del reloj hasta oír un sonido estático en los auriculares.

Para encontrar una emisora de radio tendrás que girar los dos controles a la vez. El condensador variable ajusta la frecuencia de sintonización, mientras que el potenciómetro trimmer ajusta la ganancia o el volumen del sonido.

Si el trimmer está demasiado bajo, no oirás nada. Cuando captes una emisora de radio comprobarás que girando el trimmer en el sentido de las agujas del reloj aumenta el volumen de audio hasta que, finalmente, la retroalimentación positiva se le va de las manos y crea un silbido. Este es el problema con un receptor regenerativo: tienes que hacerlo bien. Disminuye la retroalimentación girando el trimmer en sentido antihorario hasta que la señal vuelva a ser buena.

Los consejos sobre interferencias del Experimento 2 siguen siendo válidos. Tendrás que apagar todos los aparatos y dispositivos que generen radiointerferencias e, incluso, puede que tengas que salir al exterior para obtener una buena señal. Además, recuerda que la antena de ferrita es direccional: es más sensible a las señales que llegan perpendiculares a la barra. Para obtener una señal mejor trata de girarla.

Puedes utilizar un altavoz (el mismo que en los experimentos anteriores) en lugar de los auriculares. Para ello, retira el resistor R1 y el adaptador de auriculares J1 y conecta el altavoz en su lugar.

Descubrí que este receptor tenía una sensibilidad comparable a la del AMR2 o, incluso, un poco más.

CÓMO FUNCIONA

En este experimento aprovechamos una *función no documentada* en el LM386, una capacidad que el fabricante no pretendía que utilizáramos. Para ver con precisión cómo funciona es necesario observar el esquema interno del amplificador, que se muestra en la figura **10-4**. Cuando conectas el condensador C5 del pin 1 a la masa negativa aumenta la amplificación a un factor de miles, hasta el punto que es lo suficientemente sensible como para amplificar señales de radio. En un uso normal, este pin se deja sin conectar para una ganancia de 20 o se conecta al pin 8 a través de un condensador para una ganancia de 200 (que es lo que sugerí cuando usamos el LM386 para amplificar sonido en el Experimento 2). Aquí el pin 1 está conectado a tierra (a través de un inductor y un condensador) desactivando la retroalimentación totalmente negativa para las frecuencias de audio y provocando una ganancia para dichas frecuencias.

10-4 *Componentes interiores de un chip amplificador LM386.*

En este receptor, como en el AMR2, L2 actúa como antena, la cual capta el campo magnético variable de las ondas de radio entrantes. El condensador variable C6 y L2 forman juntos un circuito de resonancia; la frecuencia de recepción se selecciona ajustando la capacitancia de C6. El circuito de resonancia se conecta a los pines de entrada 2 y 3 del amplificador.

Y te preguntarás: ¿cómo demodula la señal el LM386? No basta con amplificar una señal AM para recuperar el audio. Sinceramente, no conozco la respuesta completa. Tiene que haber un efecto como el del diodo de la radio "de cristal" del Experimento 1 que recupera el audio rectificando la señal de radiofrecuencia. La unión base-emisor de los transistores de entrada (los que tienen sus bases conectadas a los pines de entrada 2 y 3) puede realizar esta función: la unión base-emisor de un transistor actúa como un diodo.

El trimmer de nuestro circuito controla la tensión del pin 7, que normalmente se utiliza solo para conectar un condensador estabilizador de tensión. En este circuito, la tensión en el pin 7 controla la corriente a través de los transistores de entrada y, por tanto, su amplificación (de forma similar a como la corriente de base controlaba la amplitud de oscilación en el AMT1 en el Experimento 3). Así es como el trimmer controla la cantidad de amplificación en el circuito (de nuevo, de forma no oficial y no documentada).

Cada vez que utilices una función no documentada de un componente electrónico te arriesgas a que no funcione, o a que funcione de forma diferente, según el fabricante. Los chips de National Semiconductor (como se muestra en la imagen superior de la figura **10-5**) son los que mejor funcionan en este circuito, pero como esa empresa es ahora propiedad de Texas Instruments, es posible que veas el logotipo de TI impreso en ellos y que se describan como vendidos por TI. Para complicar las cosas, existen tres variantes del LM386 de Texas Instruments: LM386-1, LM386-3 y LM386-4. Cada uno de ellos tiene características ligeramente diferentes pero, según mis pruebas, todos se comportan de forma similar en este circuito.

10-5 *Amplificadores LM386 de dos fabricantes diferentes: National Semiconductor (arriba) y de procedencia desconocida (abajo). Observa el logotipo de National Semiconductor, una N con puntas curvadas, en la parte superior.*

ONDA CORTA

El receptor regenerativo tiene otra característica no documentada: puede adaptarse para recibir señales de radio de *onda corta* en el rango de frecuencias comprendido entre 3 MHz y 30 MHz. Estas frecuencias tienen una propiedad importante: cuando irradian hacia el exterior de la Tierra, pueden reflejarse en una capa de la atmósfera conocida como *ionosfera*. A este nivel, la radiación solar puede ionizar algunas moléculas del aire (principalmente oxígeno y nitrógeno), lo que significa que pierden uno o más electrones. Esto puede permitir que las ondas de radio reboten y se reciba una señal más allá del horizonte.

La onda corta es divertida porque es menos predecible que la onda media. Se pueden oír emisiones desde muy lejos, incluso desde el otro lado del planeta, porque la señal puede rebotar entre la ionosfera y el suelo varias veces.

Es posible que puedas oír a los radioaficionados, y también que no oigas nada, porque las condiciones atmosféricas sean desfavorables o porque la señal quede ahogada por el ruido de fuentes locales. La propagación de las señales de onda corta varía porque las propiedades de la ionosfera cambian durante el día debido a la cantidad de cambios de luz solar entrante y en función de cómo la actividad solar, como las erupciones solares, afecta a la cantidad de radiación ionizante entrante. En términos generales, la noche tiende a ser favorable para una transmisión más larga. Sin embargo, esto es bastante aleatorio y depende de la frecuencia.

Las figures **10-6** y **10-7** muestran el circuito modificado para la recepción de ondas cortas.

10-6 *Adaptador del receptor LM386 para la banda de onda corta.*

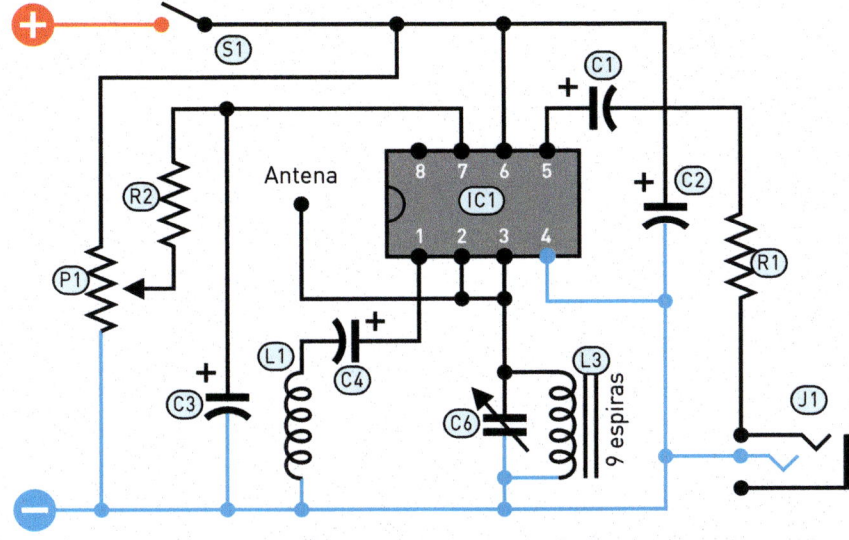

Antena

9 espiras

10-7 *Esquema del circuito de la figura 10-6. L2, la bobina de 63 espiras, solo se ha utilizado en la versión de onda media del circuito.*

Resistores	
R1	100
R2	4.7 K

Cond.	
C1	100 µF
C2	100 µF
C3	10 µF
C4	10 µF
C5	220 pF
C6	200 pF

Componentes adicionales	
IC1	Amplificador LM386
P1	Potenciómetro trimmer 10 K
L1	Inductor 1 mH
L2	63 espiras en barra ferrita
L3	9 espiras en barra ferrita
S1	Interruptor SPST o SPDT
J1	Adaptador jack 1/8"

Estos son los cambios que tienes que hacer en la versión anterior del circuito:

- Retira el condensador C5.
- Conecta el pin restante del potenciómetro trimmer P1 al bus positivo.
- Inserta el resistor R2 de 4.7 K entre el wiper del P1 y el pin 7 del IC1.
- Sustituye las 63 espiras de cable de la bobina L2 por 9. Si la bobina original está enrollada en un tubo de cartón, puedes intentar deslizarla fuera de la barra de ferrita para poder volver a colocarla más tarde. Si no puedes, simplemente enrolla la nueva bobina junto a la original.
- Conecta un cable de conexión de unos 2.7 metros de longitud como antena a los pines 2 y 3 del IC1.

La bobina de 9 espiras de la barra de ferrita, junto con el condensador variable, ajusta el rango de sintonización en la parte inferior de la banda de onda corta. Sin embargo, el cable de la antena añade cierta capacitancia, lo que reduce la frecuencia en una cantidad desconocida. Mientras escuchas, puedes deslizar la bobina hacia el extremo de la barra de ferrita para disminuir la inductancia y aumentar la frecuencia. Puedes experimentar añadiendo un cable de tierra conectado al bus negativo de la placa, como en el Experimento 1. Esto aumentará la intensidad de la señal, aunque puede que se añada una cantidad considerable de ruido.

Existe una forma alternativa de conectar la antena: enrolla el extremo del cable de la antena unas cuantas vueltas alrededor de la barra de ferrita situada junto a la bobina. Conecta el extremo corto del cable de antena a otro cable a tierra, o estíralo una distancia aproximadamente opuesta a la dirección de la primera antena. Esta disposición proporciona un acoplamiento más débil entre la antena y el circuito de resonancia, se supone que funciona mejor, según algunas fuentes, y no cambiará mucho la frecuencia de resonancia.

Tengo tres sugerencias en caso de que solo oigas ruido:
- Desliza la bobina hacia el extremo de la barra de ferrita, o quita una o varias espiras, para cambiar el rango de frecuencias.
- Prueba en otro momento, quizás por la noche.
- Prueba al aire libre y lejos de posibles fuentes de ruido.

If Si tienes suerte, podrás oír las transmisiones en código Morse, como una serie de pitidos cortos y largos. Hoy en día, el código Morse lo utilizan sobre todo los radioaficionados. En la banda de onda corta hay varios rangos de frecuencias reservadas para ellos y este receptor está diseñado para 3.5 MHz, la más baja de las bandas de onda corta.

Las transmisiones en código Morse (a veces llamadas CW, por **continuous wave** u **onda continua**, entre los radioaficionados) se crean encendiendo y apagando una onda portadora con la modulación más sencilla posible. Cada letra del alfabeto se identifica con su propio conjunto de pulsos largos y cortos (representados por guiones y puntos), separados del siguiente conjunto por una pausa más larga.

En un receptor AM normal no se puede recibir código Morse. Pero un receptor regenerativo sí cuando el control de retroalimentación se sintoniza por encima del punto de oscilación. Cuando el receptor oscila a una frecuencia cercana a la de una transmisión en código Morse, las dos señales se combinan para formar pitidos audibles.

Aprenderás más sobre esta mezcla de señales en el siguiente experimento, donde te mostraré cómo utilizarla en un detector de metales, y más adelante en otro tipo de receptor para la banda de onda corta. También volveremos a tratar el tema de la radio para aficionados en el último capítulo.

LECTURAS COMPLEMENTARIAS

Para consultar la descripción del circuito realizada por Martyn McKinney, y muchas otras variantes, consulta
edn.com/create-radio-receiver-circuits-with-the-lm386-audio-amplifier

RECAPITULEMOS

En este experimento hemos conocido los poderes y las peculiaridades de la retroalimentación positiva suministrada por un chip que no fue diseñado para ello. También hemos aprendido a recibir transmisiones en código Morse.

El siguiente experimento te sonará más, pues aprenderás a construir un circuito sencillo para usar en tu entorno y que te permitirá encontrar objetos metálicos que pueden ser invisibles a simple vista. Será el primer paso hacia una conclusión inesperada: la mezcla de frecuencias, que te permitirá demodular las señales de radio.

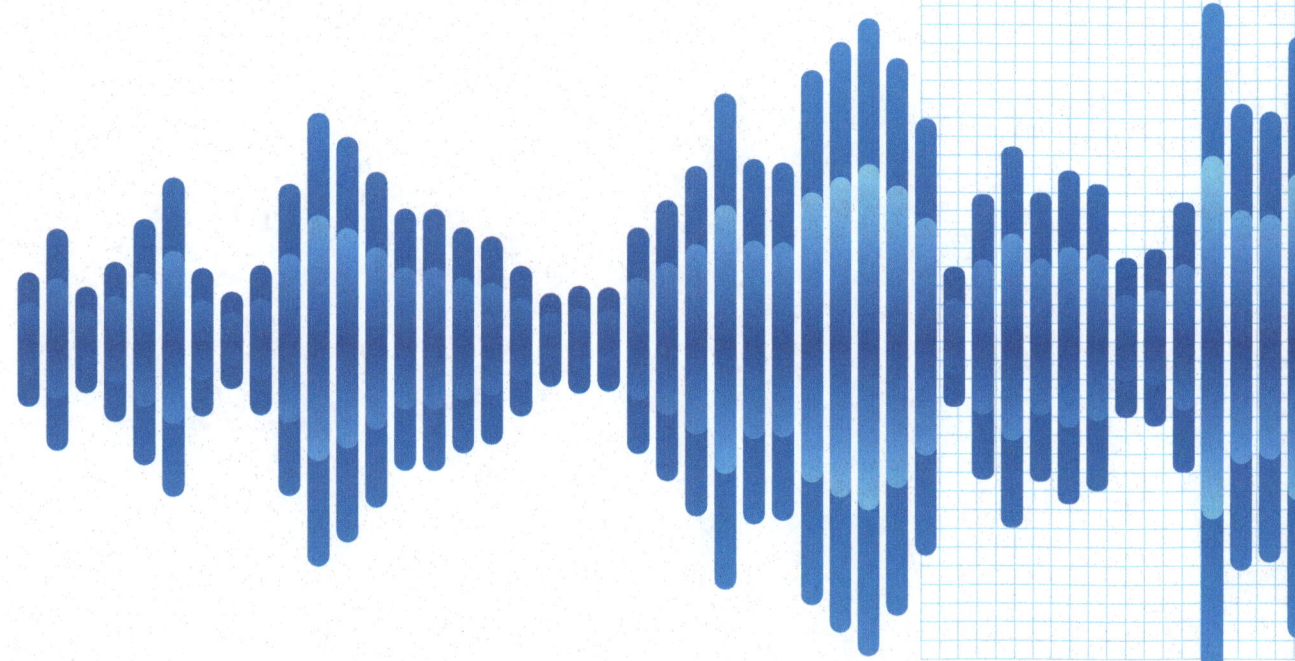

11

DETECTOR DE METALES

Es fácil construir un circuito que detecte metales en el ambiente, y este experimento te lo demostrará. Al principio, verás que el circuito reacciona cuando se coloca un objeto como una cucharilla en el centro de una bobina de alambre de gran diámetro. Tras completar esta prueba con éxito, podrás modificar la bobina para que pueda detectar monedas en el bolsillo de alguien. Esto demuestra que una bobina genera un campo magnético que crea corrientes eléctricas en otros objetos, aunque no sean magnéticos.

Aprenderás algo más sobre la inductancia y los osciladores y descubrirás que dos señales de alta frecuencia pueden combinarse para crear una frecuencia mucho más baja dentro del rango de audición humana. La lista de componentes incluye un chip con puertas lógicas, un puñado de condensadores y resistores, un inductor y un poco de cable.

Necesitarás:

- Interruptor deslizante, SPST o SPDT, que se ajuste a la placa (1).
- Resistores: 100 ohmios (2), 4.7 K (1).
- Inductor, 22 μH (1), Bourns 78F220J-RC o similar.
- Condensadores cerámicos: 220 pF (1), 470 pF (4), 100 nF (1).
- Condensador electrolítico, 100 μF (1).
- Condensador variable, 200 pF, tipo 223P (1), el mismo utilizado en experimentos anteriores.
- Auricular de alta impedancia o auriculares estéreo (1 o 1 par).
- Toma de audio de 1/8" con terminales de tornillo (1), la misma utilizada en experimentos anteriores.
- Chip lógico XOR cuádruple 4030B o 4070B, o chip lógico NAND cuádruple 4011B (1).
- Cable de conexión de calibre 22 para la bobina de detección (unos 4 metros).
- Opcional: el circuito contador de frecuencias del Experimento 7 (1).
- Opcional: base no conductora sobre la que montar la bobina de detección (1).
- Opcional: barra de ferrita, como la utilizada en experimentos anteriores (1).

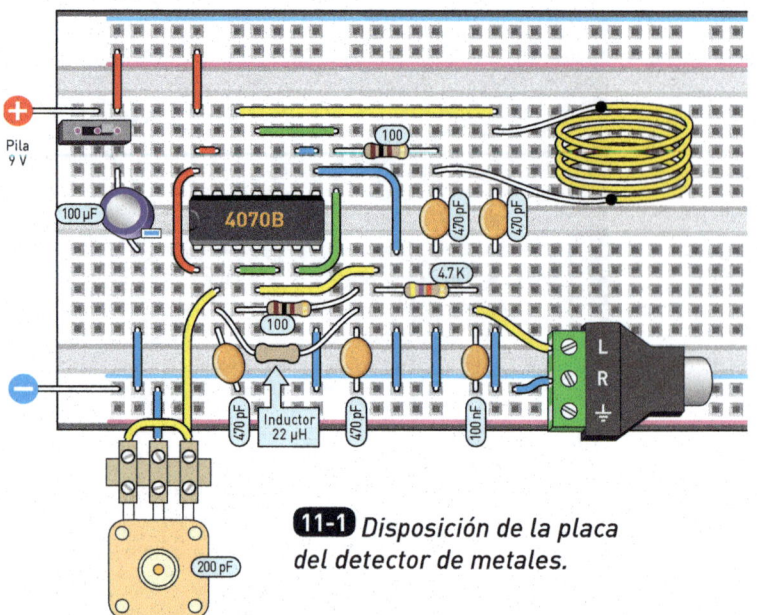

11-1 *Disposición de la placa del detector de metales.*

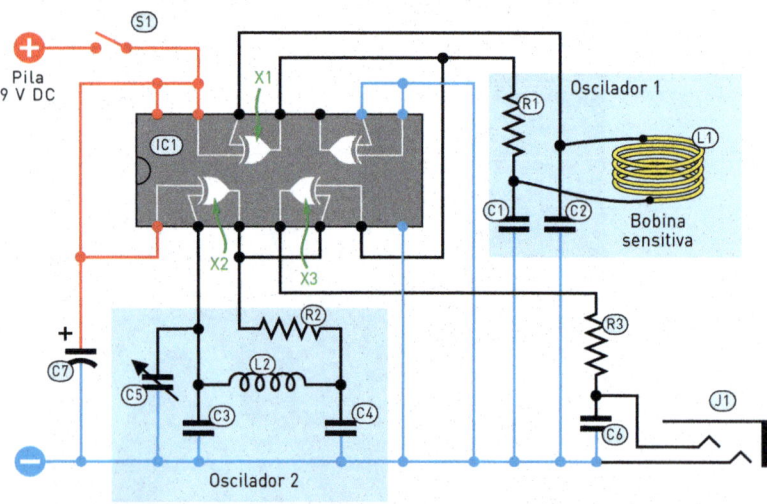

Resistores	
R1 & R2	100
R3	4.7 K

Cond.	
C1–C4	470 pF
C5	200 pF
C6	100 nF
C7	100 µF

Componentes adicionales	
L1	10 espiras de cable de calibre 22
L2	Inductor 22 µH
IC1	Chip XOR cuádruple 4070B
S1	Interruptor deslizante SPDT o SPST
J1	Adaptador de clavija de 1/8"

11-2 *Esquema del detector de metales.*

DOS OSCILADORES Y UN MEZCLADOR

Empieza montando el circuito de la figura **11-1**. El condensador de sintonización, identificado como C5 en la figura **11-2**, es el mismo que hemos utilizado anteriormente. La salida del jack de audio está cableada de la misma manera que en el Experimento 10, de modo que funciona con auriculares estéreo convencionales o con el auricular de alta impedancia de experimentos anteriores.

AÑADIR UNA BOBINA DE DETECCIÓN

La "bobina de detección" amarilla de ambas figuras funcionará como una antena para que el dispositivo sea sensible a objetos conductores cercanos. En la figura **11-3**, la bobina grande tiene unos 10.8 cm de diámetro, creada envolviendo 10 espiras de cable de conexión de calibre 22 alrededor de una botella de refresco de 2 litros. La bobina más pequeña cuenta con 17 espiras de 5 cm de diámetro. Pruébalas ambas, de una en una.

Las bobinas no tienen que ser exactamente circulares, pero podrás controlar su forma y manejarlas mejor si pegas cada una de ellas sobre un trozo de cartón o madera contrachapada. Cualquier superficie plana sirve siempre que no sea conductora de electricidad.

BUSCANDO UNA SEÑAL

Después de conectar una bobina y una pila de 9 V al circuito, gira el condensador variable hasta que oigas un silbido. Continúa girando el condensador muy despacio hasta que el sonido vaya bajando de tono y acabe desapareciendo. Sigue girando y oirás cómo reaparece y va subiendo de tono. Retrocede y coloca el condensador en el punto silencioso entre las frecuencias descendente y ascendente.

Ahora, mueve un objeto metálico cerca de la bobina. Si el objeto tiene un tamaño similar al de la bobina, el circuito detectará el objeto y responderá silbando.

¿Y si no oyes nada? Prueba a añadir o quitar una espira de cable a la bobina.

11-3 *La bobina de 5 cm cuenta con 17 espiras de alambre. La de 10.8 cm, con 10.*

Si acercas y alejas los dedos del circuito (especialmente del C2 o condensador de sintonización) oirás cómo cambia la frecuencia. El circuito detecta objetos cercanos conductores de electricidad, ¡incluso a ti! Tu cuerpo no es un buen conductor (tiene una resistencia eléctrica relativamente alta), pero los electrones pueden viajar a través de la humedad de los tejidos. En consecuencia, tu cuerpo tiene capacitancia, lo que afecta a la capacitancia de los circuitos osciladores.

Ahora, acércate a la bobina detectora con un objeto metálico (por ejemplo, unos alicates o la tapa metálica de una olla). Oirás un tono en los auriculares que aumenta de intensidad a medida que el objeto metálico está más cerca.

Puedes probar qué objetos puede detectar y a qué distancia. Por ejemplo, una moneda pequeña a 5 cm, una barra de ferrita (del Experimento 1) a 12 cm, unos alicates pequeños a unos 6 cm o un bucle de cable de conexión de 7.6 cm de diámetro, con los extremos pelados y unidos, a 12 cm de distancia. Prueba también con la misma longitud de cable de conexión pero sin formar un bucle: verás que no es detectada.

CÓMO FUNCIONA

Cuando el circuito aplica tensión a la bobina de detección puede inducir pequeñas cantidades de corriente en cualquier objeto cercano que conduzca electricidad, y esto cambia la frecuencia del circuito oscilador que contiene la bobina. Dado que los objetos metálicos son más conductores que las personas (en términos generales), la bobina reaccionará con más fuerza si detecta algún metal cerca.

Entradas

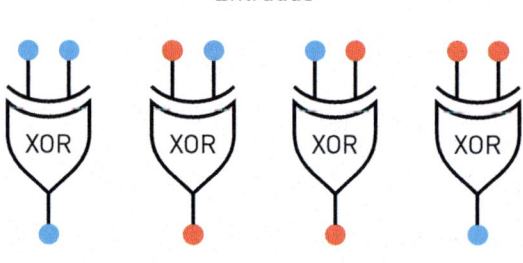

Salidas

11-4 *Salidas de una puerta lógica XOR en respuesta a entradas de baja tensión (puntos azules) y entradas de tensión de alimentación (puntos rojos).*

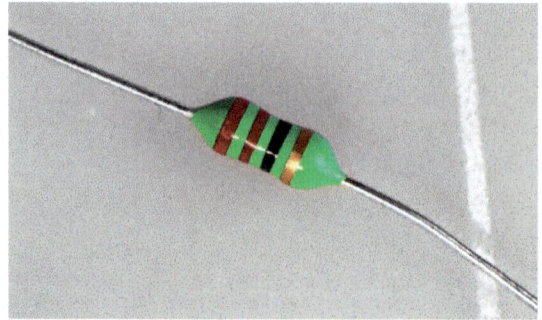

11-5 *El inductor contiene una bobina muy pequeña.*

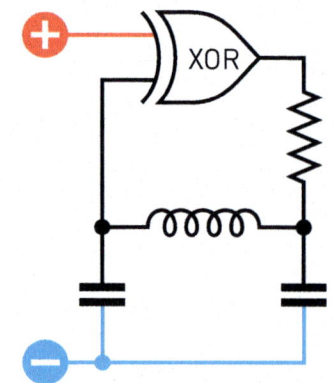

11-6 *Principio básico de cada oscilador.*

El único problema de utilizar este efecto es que, si elegimos un condensador variable y un inductor variable que sean convenientes y asequiblemente pequeños, el circuito oscilará a una frecuencia que es demasiado alta para oírla. Podemos evitar esta limitación utilizando un oscilador de referencia, además del de detección, y mezclando sus frecuencias de tal manera que la diferencia entre ellos esté a una frecuencia audible.

Este circuito utiliza puertas lógicas XOR para conseguirlo. Si no estés familiarizado con el XOR, debes saber que su salida es baja cuando ambas entradas son iguales, y alta cuando las entradas no son iguales, como se muestra en la figura **11-4**, donde los puntos azules indican 0 V, y los rojos la tensión de alimentación.

En la figura 11-2 una visión de rayos X muestra que hay cuatro puertas lógicas XOR dentro del chip de circuito integrado 4070B, identificado como IC1. El oscilador 1 consta de dos condensadores, un resistor y la bobina de detección conectados con la puerta XOR, etiquetada como X1. El oscilador 2 consta de dos condensadores, un condensador variable adicional, un resistor y una bobina de valor fijo (propiamente conocida como inductor) en un envase que se parece bastante a un resistor. La figura **11-5** muestra dicho inductor.

Cada oscilador funciona utilizando una puerta XOR como amplificador de inversión. La figura **11-6** sugiere este principio básico.

En la figura 11-2, el Oscilador 1 cambia la frecuencia de su salida cuando un objeto conductor se acerca o aleja de la bobina amarilla de alambre, mientras que el Oscilador 2 cambia la frecuencia de su salida cuando se ajusta el condensador variable C5.

Las salidas de los osciladores van a las entradas

de X3, la tercera puerta lógica XOR, que funciona como un mezclador, como se muestra en la figura **11-7**. Este compara las dos señales del oscilador y genera una señal acústica si las frecuencias difieren.

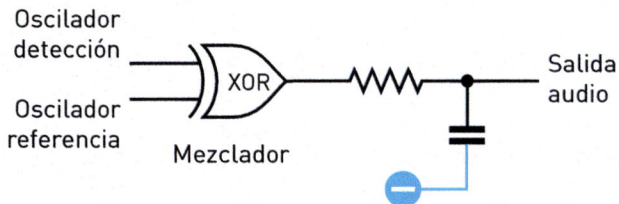

11-7 *La tercera puerta XOR mezcla las señales de los dos osciladores.*

La figura **11-8** muestra como el mezclador depende de las frecuencias de los dos osciladores al entrar y salir de fase entre sí. Cuando están exactamente o casi en fase, la mezcla tiene un rendimiento generalmente bajo. Cuando están exactamente o casi fuera de fase, la mezcla tiene un rendimiento generalmente alto. La variación entre una salida baja y una salida alta se produce tan rápidamente que crea su propia frecuencia audible.

La idea de comparar dos señales para generar una nueva señal con su diferencia de frecuencia es potente y se suele utilizar en las radios.

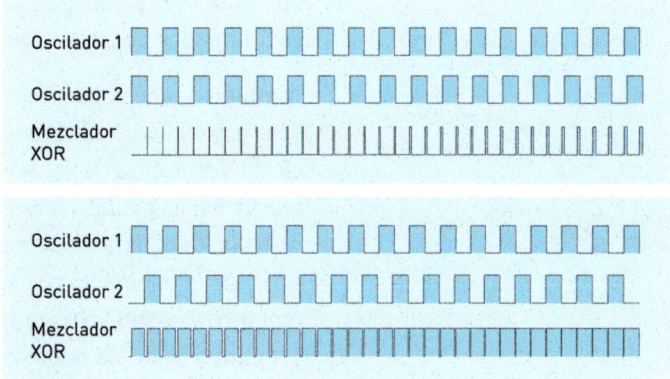

11-8 *Cómo mezcla la tercera puerta XOR las señales de los dos osciladores.*

En la radio, un circuito que hace esto se llama *mezclador* o *mezclador de frecuencias* (no debes confundirte con un mezclador de audio, que simplemente añade varias señales de audio o, a veces, permite el fundido entre ellas. Este es otro tipo de mezclador).

En el siguiente experimento construirás un receptor de radio en el que un mezclador mezcla la señal de la antena con una señal procedente de un oscilador sintonizable.

En ese caso, el circuito funcionará realmente con puertas NAND o XOR. Como el chip NAND 4011B y el chip XOR 4030B/4070B tienen la misma disposición de pines, es decir, que los pines de tensión de alimentación y las entradas y salidas de la puerta están en el mismo lugar, cualquiera de ellos funcionará.

MEDIR LAS FRECUENCIAS DE LOS OSCILADORES

Si todavía tienes el contador de frecuencias que construiste en el Experimento 7, puedes utilizarlo para medir la frecuencia del Oscilador 1 y del Oscilador 2. Alimenta el contador de frecuencias a través del puerto USB del ordenador, conecta el negativo a tierra entre las dos placas y conecta la entrada del contador al pin 11 del chip, la salida del oscilador de la bobina de detección.

Verás unos 2 MHz. Anota el valor. Mueve la entrada del contador al pin 3 del chip lógico, la salida del oscilador de referencia. Verás frecuencias en un rango aproximado de 1.9 MHz a 2.1 MHz, que cambiarán a medida que gires la rueda de sintonización por todo el rango.

Observa que el silbido aparece cuando los dos osciladores están cerca en frecuencia y que, cuando cambias la frecuencia de un oscilador con el condensador de sintonización, el silbido cambia de tono.

También puedes observar el cambio de frecuencia cuando se detecta un objeto metálico. Vuelve a colocar la entrada del contador de frecuencia en el pin 11 y sintoniza de nuevo el detector de metales: la conexión del contador afectará al oscilador. Anota la frecuencia sin objetos metálicos o conductores cerca de la bobina de detección. Coloca un objeto conductor y no magnético cerca de la bobina, escucha el tono y anota la frecuencia. Retira el objeto metálico y sustitúyelo por la barra de ferrita que utilizamos en el Experimento 1 (puedes dejar las bobinas encendidas). Vuelve a anotar la frecuencia.

Verás que el primer objeto conductor aumenta la frecuencia, mientras que la barra de ferrita no conductora, pero magnética, la reduce. Cualquiera de estos cambios de frecuencia es audible en los auriculares, pero no hay forma de distinguirlos escuchando. Suena igual tanto si la frecuencia del oscilador sensor sube como si baja.

DETECCIÓN DE METALES Y MATERIALES MAGNÉTICOS

Si has medido el cambio en la frecuencia del oscilador al acercar la bobina a un objeto conductor o magnético, habrás visto que un objeto conductor aumenta la frecuencia, mientras que un objeto magnético la disminuye. Ambos efectos se producen por cambios en la inductancia de la bobina de detección.

En el Experimento 1 aprendiste que enrollar una bobina en un material magnético como una barra de ferrita aumenta la inductancia de dicha bobina. Una inductancia mayor significa que la frecuencia de resonancia del circuito LC es menor. Por tanto, con un material magnético cerca la inductancia de la bobina aumenta y la frecuencia disminuye.

En el receptor AM, la barra de ferrita hace dos cosas: aumenta la inductancia de la bobina enrollada en ella, como aquí, y concentra el débil campo magnético —que forma parte de la onda de radio que se desea recibir—, de modo que la pequeña bobina se convierte en una antena mucho más eficaz de lo que sería la bobina por sí sola. Ambas cosas se deben a la alta permeabilidad magnética de la ferrita, aunque aquí solo nos interesa el cambio de inductancia.

Con el material conductor la situación es un poco más complicada. Podrías pensar que el material conductor y la bobina de detección forman un transformador. La bobina de detección es el devanado primario, donde el oscilador crea una corriente oscilante. El material conductor actúa como una bobina secundaria en cortocircuito, donde el campo magnético fluctuante de la bobina primaria induce una corriente.

La corriente en la bobina secundaria crea un campo magnético propio en dirección opuesta al de la bobina de detección, como se muestra en la figura **11-9**.

La bobina de detección percibe la influencia del campo procedente del objeto conductor. En total, la presencia de dicho objeto disminuye la inductancia de la bobina, que aumenta la frecuencia del oscilador.

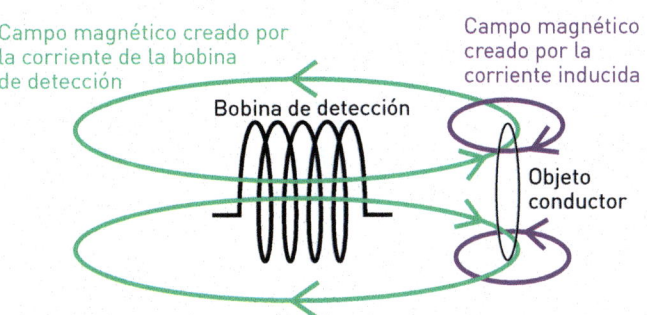

Campo magnético creado por la corriente de la bobina de detección

Campo magnético creado por la corriente inducida

Bobina de detección

Objeto conductor

11-9 *Campos magnéticos alrededor de la bobina de detección y un objeto conductor cercano.*

RESOLUCIÓN DE PROBLEMAS

Si no oyes un fuerte silbido al sintonizar el condensador de sintonización se me ocurren dos cosas que pueden estar mal.

La primera es que uno de los dos osciladores del circuito no funciona. Si tienes un osciloscopio, o el contador de frecuencias del Experimento 7, puedes medir la señal o la frecuencia de la señal en los pines 11 y 3, las salidas del oscilador. En ambos verás una onda cuadrada a unos 2 MHz.

En segundo lugar, las frecuencias de los osciladores pueden estar tan separadas que el rango del condensador de sintonización no sea suficiente para sintonizarlos a la misma frecuencia. Esto puede ocurrir si la bobina de detección tiene un número incorrecto de espiras o si el tamaño no es correcto. De nuevo, puedes utilizar un contador de frecuencias para comprobarlo. También puedes intentar añadir un condensador de 220 pF en paralelo con C2 o C3 para disminuir la frecuencia de cualquiera de los osciladores.

AMPLIAR EL RANGO DE DETECCIÓN

El rango de sensibilidad de la bobina de detección es aproximadamente tan grande como el diámetro de la bobina. Esto está relacionado con la forma de las líneas de campo magnético que la rodean, por lo que, si deseas detectar objetos más lejanos, necesitarás una bobina de detección más grande. Sin embargo, un mayor rango de una bobina grande tiene un precio: el campo magnético se extiende por una superficie mayor, lo que hace que una bobina grande sea menos sensible a los objetos pequeños. Por esa razón es preciso llegar a un equilibrio con el tamaño de la bobina.

Si quieres experimentar, busca en Internet una calculadora de inductancia de bobina como la de

66pacific.com/calculators/coil-inductance-calculator.aspx

o utiliza la aproximación de Wheeler de la figura 1-41. Experimenta eligiendo el número de espiras y el diámetro de la bobina para mantener la inductancia constante en unos 22 µH. Una bobina más grande necesita menos espiras para tener la misma inductancia. La frecuencia del oscilador en sí no es crítica en este circuito, pero el oscilador de referencia debe ser sintonizable a la misma frecuencia que el de detección. Un contador de frecuencias es útil para experimentar. Cuando la bobina de detección más grande da la frecuencia correcta de un modo aproximado, puedes sintonizar los dos osciladores ajustando los condensadores (por ejemplo, añadiendo un condensador de 220 pF en paralelo con C2 o C3, como se sugiere en la sección "Resolución de problemas").

Te sugiero que mantengas la frecuencia por debajo de unos 2,5 MHz, ya que he descubierto que la salida de audio del mezclador se vuelve débil y poco fiable a frecuencias más altas.

RECAPITULEMOS

En este experimento, hemos visto (u oído) cómo la frecuencia de resonancia de un circuito de bobina y condensador puede verse afectada por su interacción con objetos cercanos siempre que conduzcan la electricidad. Aunque esta frecuencia puede estar muy por encima del rango audible, si se mezcla con otra frecuencia el resultado puede oírse fácilmente.

En el siguiente experimento descubrirás cómo se puede utilizar el concepto de mezcla para construir un tipo de receptor maravillosamente sencillo que mezcla una alta frecuencia con señales de radio.

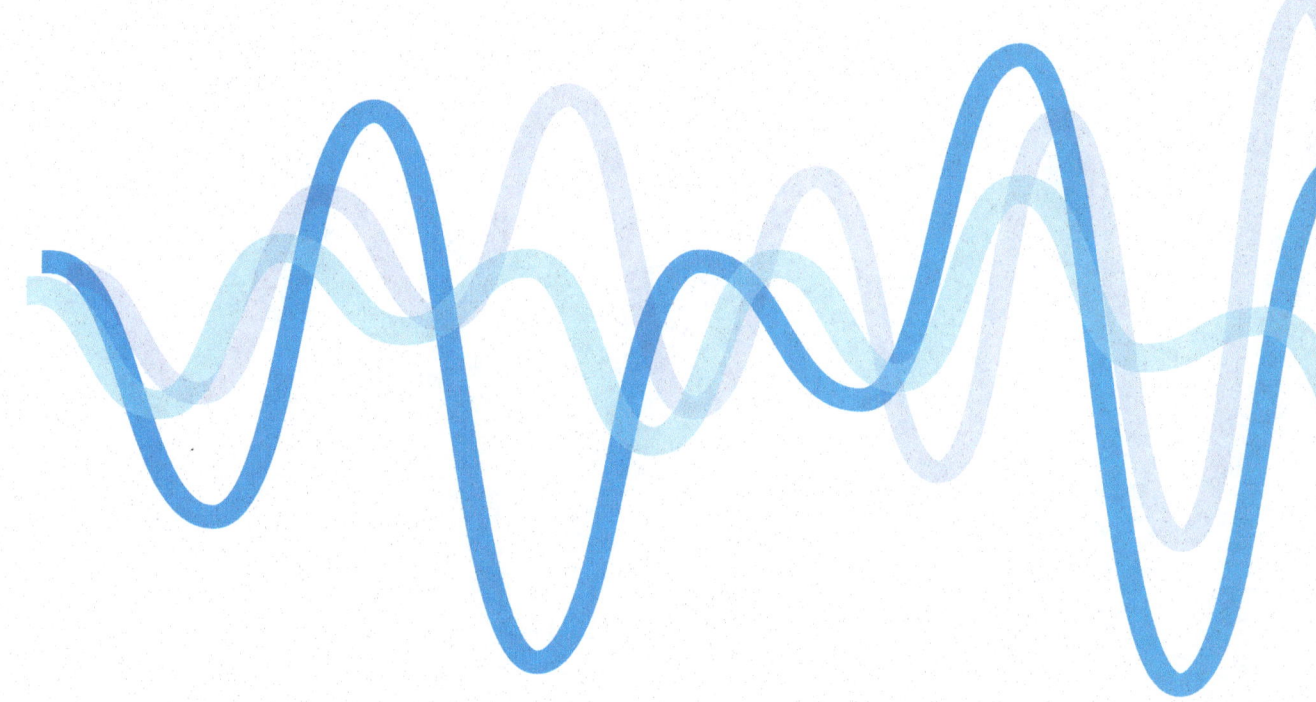

12

RECEPTOR DE CONVERSIÓN DIRECTA

En el experimento anterior hemos visto que un circuito mezclador puede crear una frecuencia audible a partir de dos frecuencias altas cuando interactúan. En este experimento utilizaremos condensadores y un inductor para construir un oscilador sintonizable que cree su propia señal de alta frecuencia en el espectro radioeléctrico. Cuando una señal de radio de una frecuencia similar entra por una antena, las dos frecuencias se mezclan para crear una salida audible.

Esto se denomina receptor de **conversión directa** porque hace audibles las señales de radio en un solo paso. Puede recibir transmisiones en código Morse o audio en un modo de transmisión conocido como **banda lateral única** o **SSB** (de **single side band**), muy popular entre los radioaficionados en las bandas de onda corta.

También veremos cómo funciona un filtro para seleccionar las frecuencias que desea tratar mientras bloquea el resto y descubriremos más cosas sobre el código Morse.

Necesitarás:

- Resistores: 22 ohmios (1), 100 ohmios (2), 330 ohmios (1), 1 K (1), 2.2 K (1), 47 K (3).
- Trimmer, 10 K (1).
- Inductores, 10 µH (2), como Bourns 78F100J-RC.
- Condensadores cerámicos: 33 pF (3), 68 pF (1), 220 pF (1), 470 pF (1), 1 nF (3), 47 nF (1), 100 nF (2).
- Condensadores electrolíticos: 10 µF (2), 470 µF (2).
- Condensadores de sintonización, 200 pF, tipo 223P (2), los mismos utilizados en experimentos anteriores.
- Transistor NPN bipolar 2N3904 (1).
- Auriculares y toma de audio de 1/8", o altavoz (1).
- Chip amplificador LM386 (1).
- Diodo Schottky BAT48 (1).
- Interruptor deslizante, SPST o SPDT, que se ajuste a la placa de pruebas (1).
- Cable de calibre 22 para la antena y la toma de tierra (al menos unos 20 metros y un poco más para la toma de tierra). Si lo deseas, puedes utilizar tubo de cobre para la conexión a tierra en lugar de alambre. Consulta la sección "Antena" para obtener más información sobre la longitud necesaria.
- Opcional: el circuito contador de frecuencias del Experimento 7.

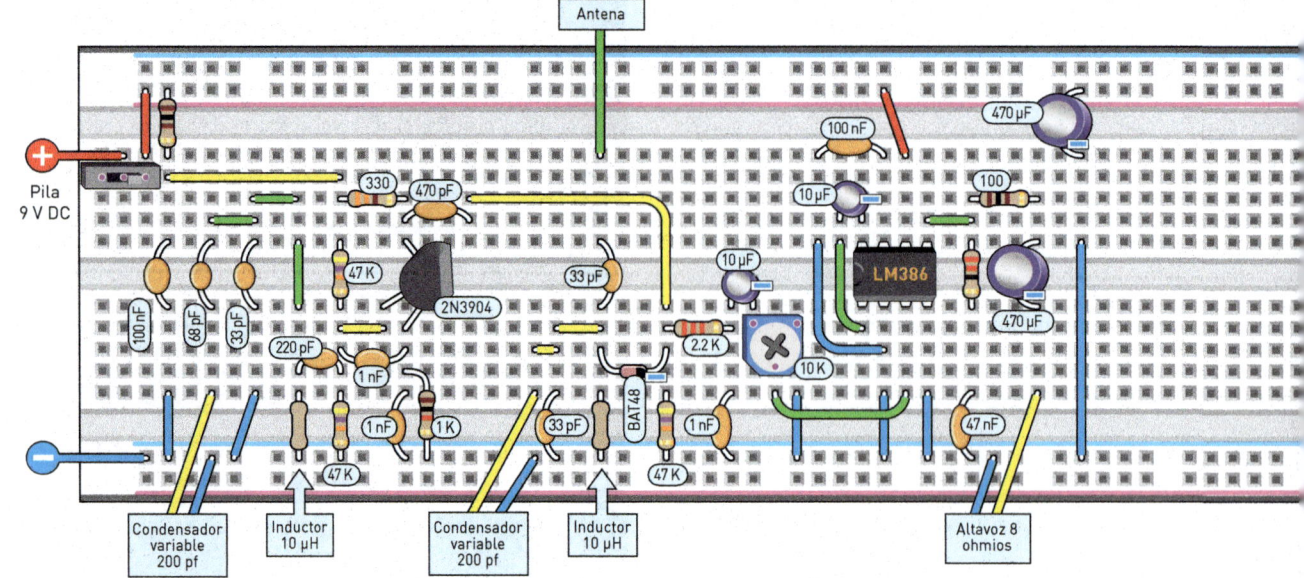

12-1 *Esquema de la placa para el receptor de conversión directa.*

CONSTRUCCIÓN

Construye el circuito de las figuras **12-1** y **12-2**. El circuito utiliza un diodo Schottky como mezclador y un amplificador de audio LM386, que ya conoces de experimentos anteriores. Hay dos condensadores variables: uno para ajustar la frecuencia del oscilador y otro para filtrar las señales de la antena antes de pasarlas al mezclador.

El condensador C14 en gris en el amplificador de audio es opcional. Cuando está presente, la amplificación aumenta de 20 a 200 veces. Generalmente no es necesario si utilizas auriculares, pero para un altavoz puede ir bien.

ANTENA

Este receptor requiere una antena larga y una conexión a tierra, como en el AMR1 del Experimento 1. El receptor es para la banda de radioaficionados, que puedes encontrar a 3.5-3.8 MHz, lo que corresponde a una longitud de onda de casi 80 metros. Un cuarto de la longitud de onda es una buena longitud para una antena de alambre. Para este receptor, eso significa un cable de casi 20 metros de largo, idealmente colgado al aire libre, elevado, con un extremo conectado a la radio. Para la conexión a tierra puedes utilizar un cable conectado a un tubo de cobre clavado en el suelo. Si el

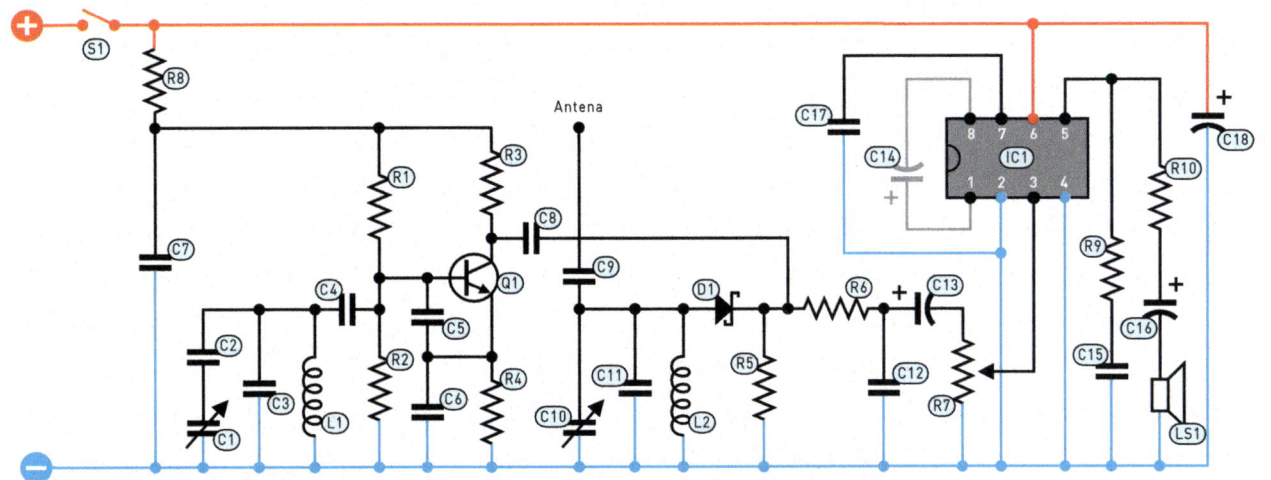

Resistores	
R1, R2, R5	47 K
R3	330
R4	1 K
R6	2.2 K
R7	10 K
R9	22
R8, R10	100

Cond.	
C1, C10	200 pF
C2	68 pF
C3, C9, C11	33 pF
C4	220 pF
C5, C6, C12	1 nF

Cond.	
C7, C17	100 nF
C8	470 pF
C13, C14	10 µF
C15	47 nF
C16, C18	470 µF

Componentes adicionales	
IC1	Chip amplificador LM386
Q1	Transistor bipolar 2N3904
S1	Interruptor SPDT o SPST
L1, L2	Inductor 10 µH
D1	Diodo Schottky BAT48
LS1	Altavoz 8-ohmios 3" o 4"

12-2 *Esquema del receptor de conversión directa.*

suelo está muy seco, puede ser difícil conseguir una buena conexión a tierra, en cuyo caso puedes colocar un trozo de cable de la misma longitud que la antena. Consulta los consejos sobre la antena y la toma de tierra en el Experimento 1.

La frecuencia es más alta en este caso que en el Experimento 1, lo que hace que la longitud de onda sea más corta. Esto significa que es más práctico tener una antena de un cuarto de longitud de onda. En la ciudad puede resultar difícil instalar una antena y la densidad de fuentes de ruido radioeléctrico es mayor. Intenté utilizar para este receptor una antena de barra de ferrita, como en el AMR2, pero no conseguí que funcionara (quizás porque la ferrita se vuelve más deficitaria y responde más débilmente a medida que aumenta la frecuencia).

ESCUCHA

Conecta la antena y los cables de tierra a la radio. Baja el volumen. Aplica corriente con el interruptor deslizante.

Escucha por el altavoz o utiliza los auriculares. Deberás afinar tres controles: la frecuencia del oscilador, la frecuencia del filtro y el volumen.

La idea general es que sintonices la radio usando el condensador variable de la izquierda para el oscilador y que luego ajustes el condensador de filtro para la señal más fuerte.

Incluso más que la banda de radiodifusión AM que escuchaste en experimentos anteriores, la banda de onda corta es impredecible y depende de la hora del día. La tarde y la noche son los mejores momentos para recibir emisoras; la noche permite alcances más largos. Si en el primer intento solo oyes ruidos estáticos, tómate un descanso y vuelve a intentarlo más tarde. Además, al igual que en la banda de radiodifusión AM, las fuentes de ruido locales pueden dificultar la recepción. Consulta el Experimento 2 para identificar las fuentes típicas de ruido y saber qué hacer al respecto.

RECIBIR CÓDIGO MORSE

Para tus primeras pruebas de audición quiero que intentes encontrar algunas transmisiones en código Morse, ya que son fáciles de reconocer. Empieza con el dial del oscilador en sentido antihorario. Se trata del extremo más bajo de la escala de frecuencias y es la parte de la banda donde se concentran las transmisiones en código Morse (debido al **band plan**, un acuerdo sobre cómo se dividen las bandas de frecuencias de radioaficionados para diferentes usos). Ajusta el dial del filtro para obtener la señal más intensa (es posible que haya un pico en el ajuste máximo de las agujas del reloj, pero intenta encontrar uno en el rango medio-antihorario del dial). A continuación, ajusta lentamente la frecuencia del oscilador en el sentido de las agujas del reloj. Si tienes suerte, encontrarás una o varias señales en código Morse. Al sintonizarlas variarán de tono, como lo hacía el detector de metales cuando el oscilador de referencia se sintonizaba a través de la frecuencia del oscilador de detección. En este caso, el receptor es similar al del detector de metales, pero ahora el oscilador de búsqueda se sustituye por la señal de un radiotransmisor lejano captada por la antena.

COMPROBAR LA FRECUENCIA

- Si tienes el contador de frecuencias del Experimento 7 puedes utilizarlo para comprobar el rango de sintonización. Debe ser de aproximadamente 3.5-3.8 MHz para coincidir con el rango de frecuencias de radioaficionados.
- Conecta la masa negativa del contador de frecuencias a la masa negativa del receptor.

- Aplica una alimentación al contador de frecuencias con un cable USB.
- Conecta la entrada del contador de frecuencias (recuerda: el condensador y el resistor de protección) a la salida del oscilador, entre Q1 y C8.

RECIBIR TRANSMISIONES DE AUDIO

Si sigues sintonizando hacia arriba en frecuencia entrarás en la banda asignada para las transmisiones de voz. El audio SSB está relacionado con el AM pero es más eficiente, en el sentido de que solo requiere la mitad del *ancho de banda*, el rango de frecuencias que ocupa una sola transmisión.

Las transmisiones SSB son muy sensibles a la sintonización del receptor. Si esta es ligeramente incorrecta, la voz puede entenderse pero el tono ser erróneo, y, en errores de sintonización mayores, la voz se vuelve confusa e ininteligible. Se necesita práctica para conseguir la sintonización correcta, y en este receptor puede ser bastante difícil, ya que un movimiento muy pequeño de la rueda de sintonización marca la diferencia entre una señal inteligible y otra confusa.

Los receptores más sofisticados ofrecen varias soluciones: un dial de sintonización precisa adicional o un dial de sintonización multivuelta con unos engranajes mecánicos que hacen girar con gran precisión un condensador variable, o un oscilador controlado digitalmente que permite seleccionar la velocidad de sintonización.

Otra molestia que encontrarás con este receptor es que las manos afectan a la sintonización añadiendo una pequeña cantidad de capacitancia. Una solución en este caso es montar los condensadores de sintonización detrás de una placa metálica conectada a la masa negativa del circuito de radio. También puedes intentar aprovechar el efecto de la capacitancia de la mano y ajustar la frecuencia de recepción acercando la mano al condensador.

INTERFERENCIAS ENTRE EMISORAS

Al sintonizar la banda también puedes oír emisoras AM acompañadas de un silbido, procedente de la onda portadora de la señal AM. No debería haber emisoras AM en la banda de frecuencias de radioaficionado, así que probablemente la emisora esté en una frecuencia que sea múltiplo de la frecuencia de tu oscilador. En el mezclador estas frecuencias se combinan con la frecuencia del oscilador y producen resultados de audiofrecuencia. Esto no lo queremos y es tarea del filtro (C10, C11 y L2) mantener lejos esas frecuencias. Sin embargo, las señales de radiodifusión pueden ser fuertes, y a veces se oyen de todos modos. Para ver por qué es necesario el filtro

puedes probar a quitar C10, C11 y L2 temporalmente y, probablemente, oirás muchas señales de otras bandas de frecuencia.

CÓMO FUNCIONA

El circuito consta de cuatro secciones: un oscilador, un filtro de frecuencias, un mezclador y un amplificador de audio. La idea principal es que el mezclador combine las señales de la antena con una señal del oscilador y, como en el detector de metales, se creen nuevas frecuencias. La frecuencia que queremos es la de batido audible entre la emisora de radio que se recibe y el oscilador.

EL OSCILADOR

El oscilador se construye en torno al único transistor del circuito. Utiliza un circuito LC formado por C1, C2, C3 y L1 para ajustar la frecuencia de oscilación. Al igual que el oscilador de transistor del transmisor AM del Experimento 3, se trata de un oscilador Colpitts. Como comenté en los Experimentos 3 y 11, un oscilador puede verse como un amplificador con retroalimentación de la salida a la entrada que permite que una frecuencia seleccionada dé vueltas y se amplifique repetidamente. Los condensadores C5 y C6 proporcionan una retroalimentación desde la salida del amplificador en el emisor hasta la entrada del amplificador en la base, y el circuito LC selecciona la frecuencia.

Aquí los condensadores y la bobina del circuito LC se eligen para que el rango de sintonización sea de 3,5-3,8 MHz y coincida con la banda de frecuencia de radioaficionados de onda corta que estamos tratando de recibir. Un oscilador de un receptor o transmisor de radio suele denominarse *oscilador local* porque la señal que produce se utiliza localmente dentro del circuito.

EL FILTRO

El filtro consta de C10, C11 y L2, cableados como un circuito de resonancia, y selecciona qué frecuencias de la antena pasan al mezclador. Este filtro es necesario porque las señales en otras bandas de frecuencia —especialmente en múltiplos enteros de la frecuencia que queremos recibir— pueden causar interferencias en el mezclador.

EL MEZCLADOR

Cuando tratamos con audio, un mezclador es un circuito que simplemente suma (o promedia) señales, por ejemplo, con un divisor de tensión. En la radio, un mezclador puede (y suele) significar algo diferente, pues sigue combinando dos señales, pero de una forma que genera frecuencias completamente nuevas. Por ejemplo, un mezclador puede crear una señal audible a partir de dos señales de radiofrecuencia. Así es como utilizamos un mezclador en el detector de metales: para comparar las señales de los dos osciladores de forma audible. Allí, el mezclador era una puerta lógica XOR.

En el receptor de este experimento, el diodo D1 actúa como mezclador. Elegí el mismo diodo Schottky BAT48 que en el receptor de cristal del Experimento 1 porque tiene una tensión umbral baja.

Aquí tienes un ejemplo para explicar cómo funciona un mezclador de diodos. La figura **12-3** muestra un diodo conectado a dos fuentes de señal emitiendo ondas sinusoidales a 10 kHz y 12 kHz. Para simplificar, supongamos un diodo ideal e ignoremos la tensión umbral. Estas frecuencias de entrada son mucho más bajas que las utilizadas en la radio para facilitar su visualización.

La figura **12-4** muestra las señales en varios puntos del circuito. Los dos resistores crean una media de las dos señales en el punto 3. Cuando las dos señales de entrada están en fase, de modo que los picos y los valles se alinean, la señal en el punto 3 tiene una gran amplitud, y cuando las señales de entrada están desfasadas, de modo que los picos de una se alinean con los valles de la otra, la amplitud es pequeña. Como las dos señales tienen frecuencias diferentes se desfasarán entre sí, de forma que su media en el punto 3 varía en amplitud. Al escuchar una señal de este tipo, el oído la interpreta como un tono único que varía en intensidad, sobre todo cuando las dos frecuencias se encuentran a

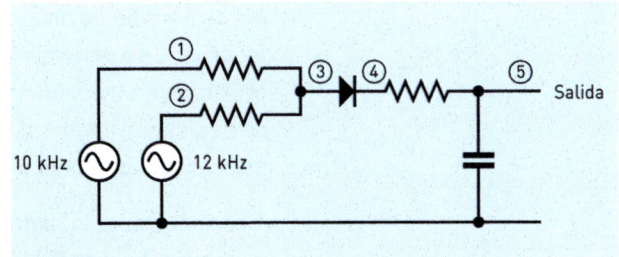

12-3 *Mezclador simple de diodos conectado a dos osciladores que generan ondas sinusoidales de 10 kHz y 12 kHz. Las señales pasan por dos resistores iguales y luego por un diodo. El resistor y el condensador situados a la derecha del diodo forman un filtro paso bajo.*

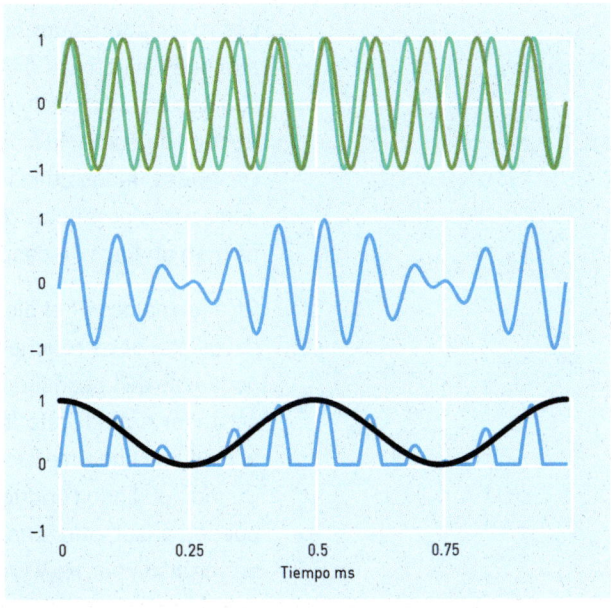

12-4 *Formas de onda en distintos puntos del circuito de la figura 12-3. El panel superior muestra las ondas sinusoidales de los dos osciladores en los puntos 1 y 2. En el punto 3 (panel central) la tensión es la media de las dos señales de entrada. En el panel inferior vemos que en el punto 4, después del diodo, los periodos negativos de la señal se han cortado (en azul). Al suavizar la salida del diodo se obtiene una señal sinusoidal lenta en el punto 5 (en negro).*

pocos hercios de distancia, de modo que la amplitud varía lentamente. Este fenómeno se denomina **beat**, que tiene una **frecuencia de latido**. Cuanto más próximas en frecuencia estén las dos señales de entrada, más lentamente se desfasarán entre sí. La frecuencia de latido es la **diferencia** entre las frecuencias de las dos señales de entrada.

A continuación, la señal media pasa por un diodo, que corta las partes negativas de la señal. Al igual que en el Experimento 1, en el que se utilizó un diodo para demodular una señal AM, dicha señal puede ser filtrada en paso bajo, lo que crea una nueva señal suave a una frecuencia más baja que cualquiera de las señales de entrada, mostrada en negro en la figura 12-4.

(Observa cómo la salida de la puerta XOR de la figura 11-8 funciona de forma similar al diodo detectando cómo las dos señales entran y salen de fase entre sí, y generan una señal de baja frecuencia).

Los mezcladores también pueden producir una señal a una frecuencia más alta que las señales de entrada, es decir, a la suma de las frecuencias de las señales de entrada. Normalmente, el mezclador extrae una combinación de la frecuencia suma, la frecuencia diferencia y, a veces, las dos señales originales. Después puedes utilizar un filtro para seleccionar solo la señal que desees entre estos productos del mezclador. En el receptor (ver figura 12-2) R6 y C12 forman un filtro de paso bajo que selecciona solo las frecuencias de audio.

Otra forma de ver el diodo es como un interruptor. En el receptor la señal del oscilador es mucho más fuerte que la de la antena. Durante las partes negativas de la señal del oscilador el diodo conduce (porque la salida del oscilador tira del cátodo del diodo a una tensión baja), y, durante las positivas, el diodo no conduce (porque el oscilador tira del cátodo a una tensión alta). Cuando el diodo conduce, las pequeñas fluctuaciones de la señal de la antena pueden pasar, pero cuando el diodo bloquea no. La señal de salida del diodo es promediada por R6 y C12. La media varía a medida que la señal de la antena entra y sale de fase con la señal del oscilador de forma similar a la figura 12-4.

RECIBIR TRANSMISIONES MORSE

Las transmisiones en código Morse consisten en una única señal sinusoidal que se enciende y se apaga. Las letras y los números se codifican al ritmo de pulsos cortos y largos de la señal. Un receptor AM no es adecuado para recibir transmisiones en código Morse, porque tanto cuando la señal está encendida como cuando está apagada la amplitud es constante y el receptor la detecta y permanece en silencio. El receptor de conversión directa de este experimento hace un trabajo mucho mejor con el Morse. El truco consiste

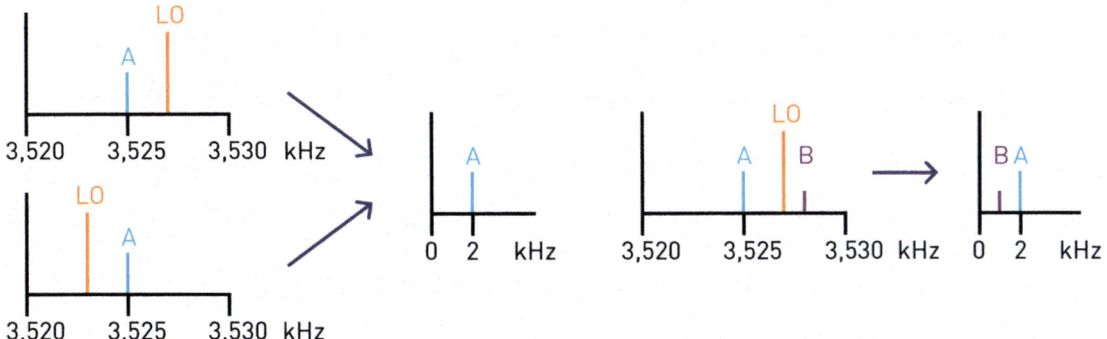

12-5 *Diagrama de recepción de la señal A a la frecuencia 3.525 kHz con un receptor de conversión directa. Con el oscilador local LO a 3.527 kHz o 3.523 kHz, el resultado es un tono de 2 kHz. La imagen de la derecha muestra que, cuando dos señales A y B están presentes, ambas aparecen en el audio de salida, con frecuencias determinadas por su distancia a la frecuencia del oscilador local.*

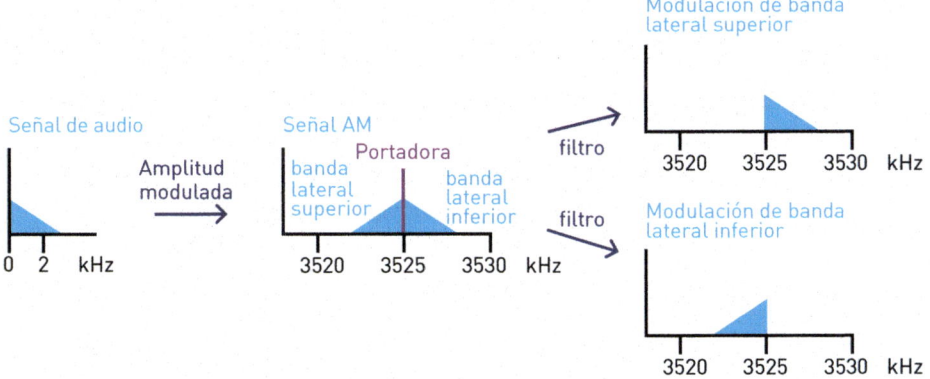

12-6 *Una manera de generar una señal de banda lateral es empezar con una amplitud modulada y después usar un filtro para eliminar la frecuencia portadora y una banda lateral.*

en sintonizar el oscilador local a una frecuencia cercana (dentro de unos 2 kHz), pero no exactamente a la misma que la transmisión Morse, como se muestra en la figura **12-5**. De este modo, siempre que la señal esté encendida, el receptor emitirá un pitido. Esta es la forma típica de recibir transmisiones en Morse: una serie de pitidos largos y cortos.

Si puedes oír varias estaciones transmitiendo en frecuencias cercanas todo se vuelve más confuso. En este experimento, el receptor capta señales tanto por encima como por debajo de la frecuencia del oscilador local, como se muestra en la parte derecha de la figura 12-5. En receptores más sofisticados es posible seleccionar solo frecuencias por encima o por debajo de la frecuencia de sintonización.

TRANSMISIONES DE AUDIO CON MODULACIÓN SSB

Para explicar la SSB tenemos que fijarnos en el espectro de frecuencias presente en una señal AM.

Si tienes un transmisor AM y lo enciendes, pero no hablas por el micrófono, transmitirá la onda portadora con una amplitud constante. En un espectro, esta señal tiene una sola frecuencia. Si ahora añades una señal de audio (las frecuencias de 0-3 kHz son típicas para el habla por radio), la amplitud de la portadora varía en el tiempo. En el espectro se muestran señales adicionales a ambos lados de la frecuencia portadora denominadas **bandas laterales**. El espectro de una señal de audio se muestra en la figura **12-6** (en este ejemplo, tiene forma de triángulo). La versión de amplitud modulada de esta señal tiene una de estas bandas laterales a cada lado de la frecuencia portadora y ambas contienen la misma información. La idea de la modulación monobanda es transmitir solo las frecuencias de una de las bandas laterales. Una manera de hacerlo es filtrar la frecuencia portadora y una de las bandas laterales de una señal AM. "Modulación de banda lateral superior" y "modulación de banda lateral inferior", abreviadas como USB y LSB, indican qué banda lateral se mantiene.

Un inconveniente de la SSB es que no se puede recibir con los receptores sencillos que construimos en experimentos anteriores, pues requiere un receptor con oscilador local, que en cierto modo sustituye a la frecuencia portadora filtrada. La figura **12-7** muestra el receptor de conversión directa sintonizado a una señal LSB. La sintonización correcta es tener el oscilador local justo por encima de la señal LSB, ya que este devuelve el audio original. Si se modifica ligeramente la sintonización se obtiene un audio comprensible con un cambio de tono. Sintonizar el oscilador local por debajo de la señal da como resultado un audio en el que las frecuencias altas y bajas han cambiado de lugar, lo que suena extraño (e históricamente se ha utilizado como forma de encriptación analógica del habla).

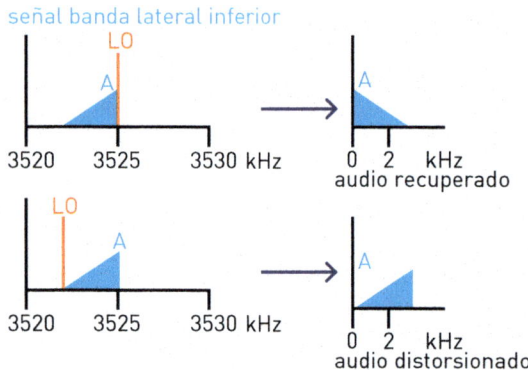

12-7 *Diagrama de recepción de una señal de audio de banda lateral inferior y la salida de audio resultante para dos frecuencias de oscilador local diferentes. Cuando la frecuencia del oscilador local está justo por encima de la señal de banda lateral única, el audio resultante coincide con la señal de audio original. Con el oscilador local justo debajo de la señal, esta puede oírse, pero distorsionada, porque las frecuencias bajas y altas han cambiado de lugar.*

RENDIMIENTO

¿Es bueno este receptor? Me sorprendió que funcionara tan bien construido sobre una placa de pruebas, lo cual no es nada recomendable para los circuitos de radiofrecuencia. Tiene algunos puntos débiles: el amplificador LM386 es un poco ruidoso y se nota al escucharlo con auriculares (prueba a desconectar el diodo mezclador del amplificador:

el ruido sigue ahí). La sintonía del oscilador local cambia al acercar las manos hacia él, cosa que podría arreglarse montando el condensador de sintonización y la parte del oscilador del circuito dentro de una caja metálica. El diseño original del VK6 80 en el que está basado este receptor (véanse las fuentes más abajo) recomendaba una caja metálica y, probablemente, también sea mejor para otros aspectos. Tomé distintas decisiones para que la construcción fuera lo más sencilla posible y para utilizar los mismos componentes que en los otros experimentos. Creo que podemos aprender mucho de las radios simples, incluso si el rendimiento no es el mejor. Además, permiten apreciar mejor las opciones de diseño de las radios más avanzadas.

Con suerte, podrás oír a algunos radioaficionados en la banda de onda corta. En el próximo y último capítulo sugeriré algunas formas de continuar con la radio como afición. Una de ellas es obtener una licencia de radioaficionado para poder transmitir también en las bandas de radioaficionado de onda corta.

FUENTES Y LECTURAS COMPLEMENTARIAS

Las partes del oscilador y del mezclador de los circuitos se basan en el receptor VK6 80 de Peter Parker, que apareció en el número de septiembre de 1995 de Amateur Radio, publicado por el Wireless Institute of Australia. Puedes leer el artículo en la página 486 en:

worldradiohistory.com/AUSTRALIA/Amateur-Radio/Amateur-Radio-AU-1995.pdf

Aquí tienes un par de buenos artículos sobre el tema: "High-Performance Direct-Conversion Receivers", por Rick Campbell, publicado en el número de agosto de 1992 en QST. Es bastante avanzado, con ideas interesantes sobre lo que hace bueno a un receptor de conversión directa. Puedes leer el artículo en línea en:

arrl.org/files/file/Technology/tis/info/pdf/9208019.pdf

RECAPITULEMOS

En los 12 experimentos anteriores hemos presentado los aspectos de la radio más fáciles de entender y mostrado lo accesible que es el espectro radioeléctrico si se reúnen unos cuantos componentes asequibles. Ya hemos visto que se pueden crear señales de radio muy fácilmente, y probablemente hayas descubierto que hay emisoras AM a tu alrededor que desconocías.

En la siguiente y última sección del libro verás cómo acceder al mundo de las transmisiones de radioaficionados con licencia, así como algunas otras formas de seguir explorando el mundo de la radio.

Todos interactuamos unos con otros, al instante, a través de Internet. En esta era de comunicación global instantánea podría pensarse que la radioafición ya no se lleva, pero no es así. La actividad continúa y, de hecho, sus señales nos rodean.

Los pequeños circuitos transmisores descritos en este libro están muy limitados en potencia para cumplir la normativa gubernamental. Si estudias para obtener una licencia, podrás manejar equipos de mucho mayor alcance y esto te abrirá, literalmente, un mundo de nuevas posibilidades.

Este último capítulo describe los indicativos de llamada, el protocolo de comunicación, las tarjetas QSL, las bandas de frecuencia y las fuentes a las que puedes acudir si deseas comprar un transmisor y un receptor de bajo coste. También aprenderás sobre la radio definida por software, que aprovecha la potencia de un ordenador de sobremesa. En muchos sentidos, el mundo de la radioafición nunca ha sido tan accesible. También te daré algunas sugerencias para continuar con la construcción de circuitos de radio y te mostraré algunos equipos de prueba útiles.

Necesitarás:

- Opcional: un ordenador y un receptor SDR (1). Consulta "Radio definida por software" en la página 209 para obtener más información.

LA RADIOAFICIÓN

La radioafición es una forma de comunicación entre aficionados a través de frecuencias de radio. Hay varios rangos de frecuencias asignadas a la radioafición y, para hacer tus propias transmisiones en estas frecuencias, necesitarás una licencia de radioaficionado. Los detalles varían en cada país, pero, en general, para obtener una licencia hay que aprobar un examen donde demuestres que conoces las normas, los reglamentos y los requisitos técnicos para utilizar correctamente los radiotransmisores.

Algunos aspectos de la radioafición son los siguientes:
- Conocer personas que comparten tus intereses.
- Desarrollar competencias técnicas.
- Construir circuitos y experimentar con ellos.
- Comunicarse con todo el mundo, a veces con equipos construidos por ti mismo.
- Prepararse para emergencias: comunicarse con otras personas cuando fallan otros métodos, por ejemplo, durante una catástrofe natural.

La mayoría de los países tienen asociaciones de radioaficionados que pueden darte más información sobre la obtención de licencias. En Estados Unidos, la mayor asociación es la ARRL, la *American Radio Relay League*:

`arrl.org`

Las asociaciones de radioaficionados publican revistas como QST y CQ, donde puedes encontrar interesantes artículos técnicos y proyectos de construcción.

LA LICENCIA

En Estados Unidos la FCC (Federal Communications Commission) realiza exámenes tipo test y concede licencias de radioaficionado. Hay tres tipos de licencia: Técnico, General y Extra. Cada tipo requiere más conocimientos y, al mismo tiempo, otorga más derechos, como poder utilizar una potencia mayor o acceder a más rangos de frecuencia. Para más información sobre los tipos de licencia accede a

`arrl.org/getting-licensed`

Los temas que aparecen en el examen de licencia incluyen lo siguiente:
- Normas que limitan dónde y cómo se puede transmitir.
- Abreviaturas utilizadas en las radiocomunicaciones.

- Teoría básica de la electrónica, como unidades, componentes y símbolos esquemáticos.
- Teoría de las ondas de radio y su propagación.
- Diferentes modulaciones.
- Antenas.
- Seguridad eléctrica.

Si estás interesado en obtener una licencia te sugiero que busques un club local de radioaficionados, donde podrás aprender mucho más. Puedes probar en

`arrl.org/find-a-club`

También puedes encontrar exámenes para practicar en varios sitios web, como por ejemplo

`hamexam.org`

El sitio web de la ARRL también tiene un foro de preguntas y exámenes de práctica. Requiere registrarse, pero, por lo demás, es gratuito.

En muchos países antes se solía exigir la superación de un examen de código Morse, especialmente para acceder a las bandas de onda corta, pero este requisito ha desaparecido. Sin embargo, el código Morse sigue siendo popular, ya que puede permitir la comunicación en condiciones en las que las transmisiones de voz no son posibles.

Además del código Morse y la comunicación oral, existen modos digitales más modernos que envían texto por radio. Una forma de utilizarlos es conectar una tarjeta de sonido de ordenador a una radio para enviar y recibir las señales digitales. También puedes enviar y recibir código Morse de esta forma para poder codificar y descodificar mensajes sin tener que aprender a enviar e interpretar Morse manualmente.

INDICATIVOS DE LLAMADA

Cada estación de radioaficionado se identifica con un *indicativo de llamada* único formado por letras y números. Por ejemplo, mi indicativo de llamada es OH1HSN, en el que *OH* es el código de país de Finlandia, el número *1* identifica una región del país y las letras *HSN* identifican una estación concreta. En Estados Unidos, los indicativos empiezan por las letras *A*, *K*, *N* o *W*.

En Estados Unidos, el indicativo de llamada de una estación transmisora debe enviarse al principio de cada transmisión y, después, una vez cada 10 minutos. El intervalo de repetición requerido varía según el país.

Cuando pronuncias los caracteres de un indicativo utilizas el alfabeto fonético. *A* es "Alfa", *B* es "Bravo", *C* es "Charlie", *D* es "Delta", y así sucesivamente. Estas palabras se eligen para que suenen distintas y puedan entenderse aunque la conexión sea deficiente. Algunos operadores de radio pueden utilizar alfabetos fonéticos diferentes, especialmente para la comunicación local en un idioma distinto del inglés.

PROTOCOLO DE COMUNICACIÓN

La comunicación bidireccional suele comenzar con una estación que envía una llamada general del tipo "CQ CQ CQ, aquí OH1HSN".

CQ (del inglés "*seek-you*") significa "llamando a cualquier estación". A continuación, el indicativo se deletrea utilizando el alfabeto fonético, que en este caso sería "Óscar Hotel Uno Hotel Sierra Noviembre".

La persona que lo reciba puede responder: "OH1HSN, aquí OH1AA", de nuevo con los indicativos de llamada deletreados. Si la primera estación que llama oye esto, normalmente enviará un mensaje más largo. Es habitual intercambiar informes de señal, que consisten en dos o tres números que indican la intensidad de la señal de la otra estación y lo bien que se puede entender, seguidos de la ubicación de la estación. Las ubicaciones suelen indicarse con nombres de ciudades o con coordenadas en un formato breve compuesto por dos letras, dos números y dos letras más.

Más allá de eso, entre radioaficionados se puede hablar de cualquier cosa. Es una cuestión de preferencia personal si entablas largas conversaciones o simplemente estás viendo qué puedes encontrar.

TARJETAS QSL

Los radioaficionados suelen disfrutar con el reto de comunicarse a grandes distancias o con el mayor número posible de estaciones o países. Como prueba de un contacto por radio, los radioaficionados intercambian ***QSL cards***.

Dichas tarjetas, que parecen postales, mencionan los indicativos de llamada de las dos estaciones, la fecha y hora del contacto, la frecuencia utilizada y la modulación (como morse, audio o digital). En la figura **13-1** se muestran algunos ejemplos de tarjetas de llamada.

La ARRL también ofrece una versión electrónica de estas tarjetas, conocida como Logbook of the World.

BANDAS DE FRECUENCIA

Hay varios rangos de frecuencia, o bandas, asignados para el uso de aficionados. Los rangos exactos, los límites de potencia y la normativa varían según el país, pero afortunadamente las bandas se solapan razonablemente bien, lo que hace posible la comunicación internacional.

A grandes rasgos, las bandas se dividen en onda corta (3 MHz a 30 MHz) y frecuencias más altas (VHF y UHF).

Las señales de radio en las bandas de onda corta pueden ser reflejadas hacia la Tierra por ciertas capas de la atmósfera. Esto hace posible la comunicación más allá del horizonte. Sin embargo, la radiación solar afecta a las propiedades de la atmósfera a lo largo del día, por lo que las vías de comunicación abiertas varían. Esto se denomina *propagación de ondas de radio*. Las distintas bandas de la gama de onda corta también pueden tener características muy diferentes en distintos momentos.

En la siguiente tabla se enumeran algunas de las bandas más populares. La longitud de onda es aproximada, pero suele utilizarse para referirse a la banda. Hay otras bandas de aficionados con frecuencias más bajas y altas.

13-1 *Tarjetas QSL de varias estaciones de radioaficionado.*

Longitud onda	Frecuencia	Banda
80 m	3.5–4.0 MHz	onda corta
40 m	7.0–7.3 MHz	onda corta
20 m	14.0–14.35 MHz	onda corta
10 m	28.0–29.7 MHz	onda corta
2 m	144–148 MHz	VHF
70 cm	420–450 MHz	UHF

Para las comunicaciones locales se recomiendan bandas de 2 m y 70 cm. Son fiables para la comunicación local, con un alcance de decenas de kilómetros para las radios portátiles y de hasta cien kilómetros con radios más grandes y con antenas montadas en altura. El alcance es limitado, ya que las ondas de radio no suelen reflejarse en la atmósfera. Este alcance limitado tiene la ventaja de que las estaciones lejanas no interfieren en las comunicaciones locales.

Para la comunicación entre radioaficionados en las bandas de frecuencia VHF y UHF puede haber **estaciones repetidoras** locales, que aumentan el alcance de sus transmisiones. El repetidor funciona escuchando en una frecuencia y retransmitiendo en otra y permite a la comunidad local de radioaficionados mantenerse conectada.

Las bandas VHF y UHF se dividen generalmente en **canales**, con frecuencias específicas que se recomienda utilizar y que varían según el país y la región. Las bandas de onda corta no suelen tener estas divisiones de canales.

A mí me gustan las bandas de onda corta porque explorarlas puede parecer una búsqueda del tesoro. Son imprevisibles, pero es posible que se produzcan conexiones muy largas. Puedes utilizar equipos caseros o comprar hardware comercial.

OBTENER UNA RADIO

Una radio que puede transmitir y recibir se llama **transceptor**. Otra opción es simplemente comprar un receptor, que puedes utilizar sin necesidad de licencia. Y otra posibilidad es la radio definida por software.

Antes de invertir en cualquier equipo piensa en qué tipo de comunicación quieres. Puedes visitar un club de radio local y dejarte aconsejar. Los clubes suelen permitir probar algunas radios y, en ocasiones, comprar equipos de segunda mano.

A algunos aficionados les gusta utilizar equipos de comunicación antiguos, como excedentes de radios militares, que pueden contener tubos de vacío

RADIO DEFINIDA POR SOFTWARE

La **radio definida por software**, o SDR, es un equipo en el que una parte del procesamiento de la señal se realiza digitalmente mediante un ordenador. Esto significa que se pueden añadir nuevas modulaciones instalando aplicaciones de software, a diferencia de las radios tradicionales, en las que todas las funciones se implementan en hardware.

Un **escáner** es un equipo de radio que puede sintonizar un amplio rango de frecuencias en busca de señales interesantes. Con la SDR puedes hacerlo en la pantalla de un ordenador, con la ventaja de ver las frecuencias activas cercanas en lugar de buscar únicamente escuchando.

La RTL-SDR es una pequeña SDR que se utilizó por primera vez como receptor barato de emisiones de TV digital conectándose con un ordenador, que se encarga de una parte de la demodulación de la señal y muestra el vídeo. Aquellos que querían utilizar este receptor con Linux escribieron su propio programa controlador. Descubrieron que, además de recibir televisión digital, el receptor puede sintonizarse en cualquier frecuencia entre unos 20 MHz y 1700 MHz, convirtiendo una sección de unos pocos megahercios en una forma digital que puede enviarse a través de un puerto USB. Después, un programa informático puede seguir procesando los datos para recibir muchos tipos diferentes de transmisiones.

Si vives cerca de un aeropuerto puedes captar la comunicación entre el control aéreo y los aviones, habitualmente en el rango de frecuencias 118-137 MHz por modulación AM. Cerca de los puertos y rutas marítimas puedes escuchar la banda VHF marítima, que cubre el rango 156-174 MHz y utiliza FM.

También se pueden captar interesantes transmisiones digitales. Los barcos y los aviones llevan transmisores automáticos que transmiten periódicamente su posición, velocidad y rumbo, así como un número de identificación. Al recibir estas señales puedes "ver" los barcos cercanos en tiempo real. En el caso de los barcos, el sistema se denomina **sistema de identificación automática** (**AIS**, de *automatic identification system*) y funciona en las frecuencias 161.975 y 162.025 MHz de la banda VHF marítima. En el caso de los aviones, el sistema se denomina **ADS-B** y funciona a 1090 MHz.

En sitios web como Marinetraffic.com (para barcos) y Flightradar24.com (para aviones) se puede ver esta información recopilada por una red de estaciones y trazada en un mapa. Aun así, creo que es más interesante recibir las señales uno mismo.

Antes de utilizar escáneres o receptores SDR como el RTL-SDR, comprueba la normativa local, ya que varía según el país y puede haber limitaciones legales sobre lo que puedes recibir, especialmente si vas a publicar la información que has recibido por radio.

HARDWARE

Existen muchos dispositivos SDR diferentes según el propósito. Algunos solo pueden recibir señales, mientras que los más caros también pueden transmitirlas. Un modelo barato pero competente que recomiendo es el que vende RTL-SDR.com. Recomiendo comprar a través de esta web (no tengo ninguna relación con ella), pues existen muchas copias, algunas de las cuales dan el pego. Lo que diferencia al receptor más oficial de las copias genéricas es una mayor precisión de frecuencia y la posibilidad de recibir también las frecuencias más bajas de la banda de onda corta. El receptor SDR de este sitio web incluye una antena dipolo telescópica.

SOFTWARE

Quiero mencionar tres programas gratuitos. Su instalación puede ser más difícil que la de los programas habituales y su uso conlleva un poco de aprendizaje, por lo que prepárate para leer unos cuantos manuales.

GQRX está disponible en Gqrx.dk y funciona con Linux o macOS. Se trata de un receptor general para diferentes modulaciones: FM, AM, SSB y Morse.

SDRangel SDRangel se puede encontrar en SDRangel.org y funciona con Linux, macOS y Windows. Este es especialmente recomendable para modos digitales, como el seguimiento de barcos y aviones mencionado anteriormente. Al recibir cualquiera de esas transmisiones el programa muestra una ventana con un mapa en el que aparece la ubicación de la fuente.

SDR# (pronunciado "SDRsharp") está disponible en Airspy.com y solo funciona con Windows. Se trata de un programa de recepción de uso general.

ANTENA

Para obtener buenos resultados con una SDR o cualquier otra radio necesitas una antena. Con la radio RTL-SDR puedes comprar una antena dipolo telescópica. Los dispositivos USB RTL más baratos suelen venir con una pequeña antena sobre una base magnética, con la cual, probablemente, podrás captar las emisoras locales de FM, pero poco más. Sea cual sea la antena que tengas, si puedes móntala en el exterior, elevada y libre de interferencias, pues tendrás mejor recepción que en el interior.

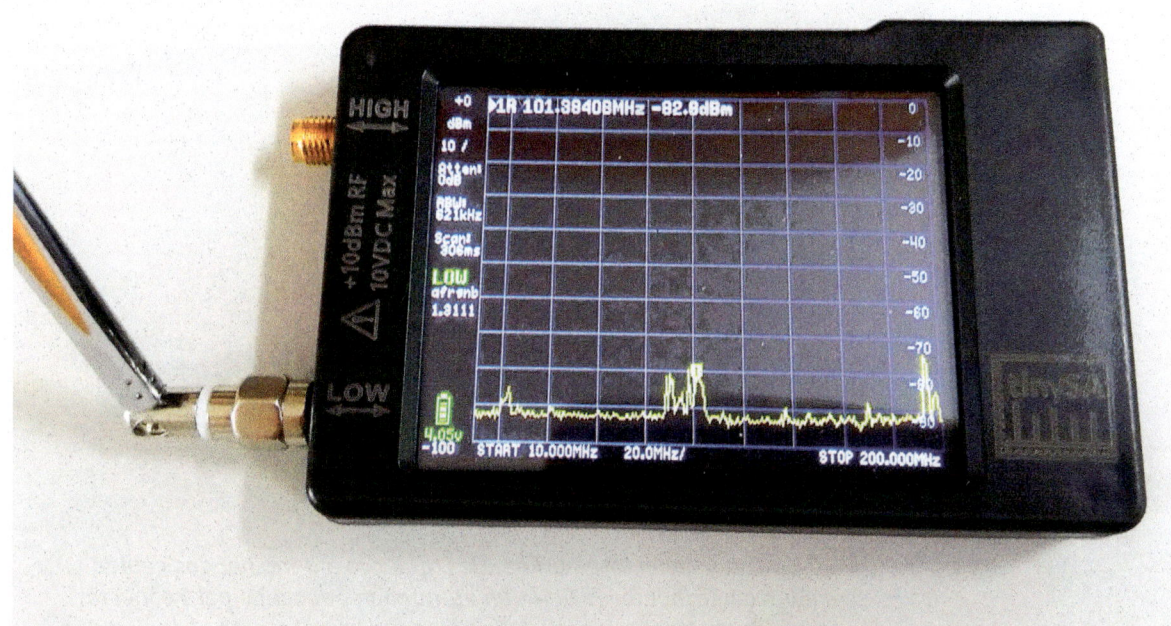

13-2 *El analizador de espectro tinySA. La curva amarilla muestra la intensidad de la señal a diferentes frecuencias, actualmente configurada para mostrar 10-200 MHz. Los picos en el centro de la pantalla muestran las emisoras en la banda de radiodifusión FM.*

EQUIPO DE PRUEBA

En los experimentos anteriores ya has construido dos equipos de prueba: un generador de señales y un contador de frecuencias. Si te gusta construir circuitos de radio, quizás te interese adquirir dos instrumentos adicionales para poder probar y medir señales de radio: un **osciloscopio** y un **analizador de espectro**. Los osciloscopios se describen en el Apéndice D, ya que tienen múltiples aplicaciones en la electrónica. A primera vista, un analizador de espectro es similar a un osciloscopio: mide una señal y la muestra en una pantalla. Pero mientras que el osciloscopio muestra la señal en el tiempo, el analizador de espectro la muestra en la frecuencia.

Los analizadores de espectro solían ser equipos de laboratorio (con un precio acorde a ello). Hay uno nuevo llamado tinySA, que se muestra en la figura **13-2**, con un precio mucho más asequible para los aficionados. Lo encontrarás en TinySA.org. El tinySA también puede generar señales de prueba, lo que resulta útil para probar receptores.

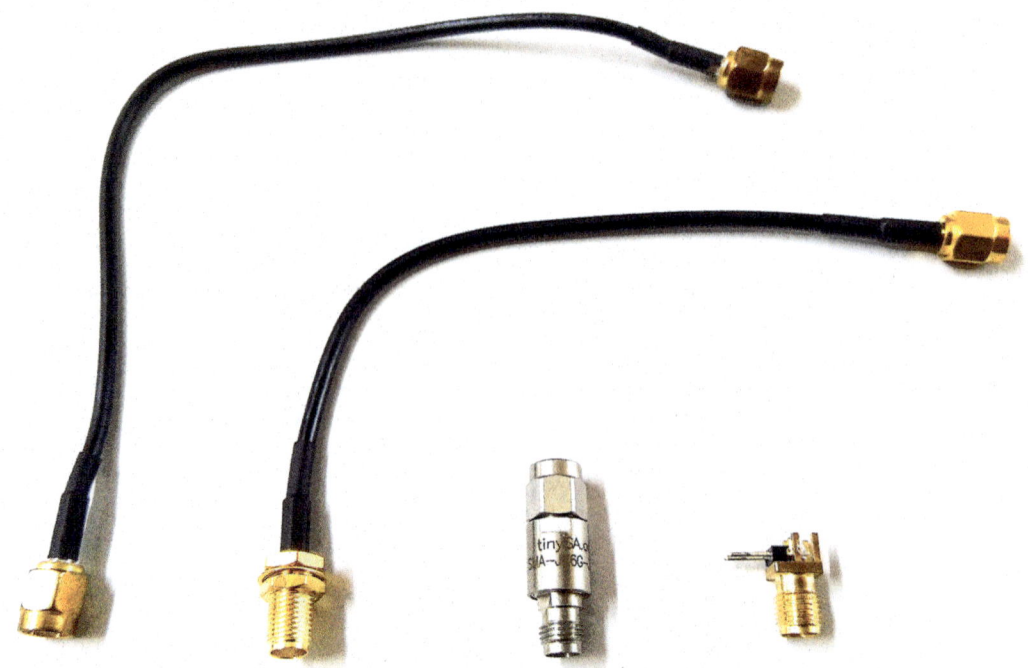

13-3 *Cables y conectores útiles. De izquierda a derecha: dos cables coaxiales con conectores SMA; un atenuador, adecuado para conectar la salida de un transmisor de baja potencia directamente al analizador de espectro, y un adaptador casero de SMA a placa de circuito impreso, fabricado soldando un cabezal de dos pines a un conector SMA.*

Al igual que con el RTL-SDR anterior, aconsejo comprar solo en el sitio web oficial de las tiendas mencionadas para evitar copias de calidad desconocida.

También te recomiendo que consigas un **atenuador de 30 dB** (que debería costarte unos pocos dólares) si quieres conectar cualquier transmisor directamente al analizador. El analizador de espectro no puede manejar potencias de entrada elevadas y puede sobrecargarse o mostrar picos falsos si la señal es demasiado fuerte. El atenuador se conecta entre el transmisor y el analizador de espectro para reducir la señal a un nivel seguro. Ten en cuenta que dB es la abreviatura de **decibelios**, una medida que indica la atenuación de una señal. 30 dB significa que $\frac{1}{1000}$ de la potencia de entrada se transmite a la salida.

El tinySA utiliza unos conectores denominados **SMA**. Son habituales en los **cables coaxiales** de diversos instrumentos y radios cuando las potencias de señal son bajas y los cables pueden ser finos. Las radios RTL-SDR y muchos otros receptores similares también utilizan conectores SMA. La figura **13-3** muestra algunos cables y conectores.

Si construyes un transmisor puedes utilizar un analizador de espectro para ver la señal que produce. En concreto, te mostrará si estás generando señales, como armónicos, en frecuencias no deseadas.

Puedes conectar una antena (una varilla telescópica o un pequeño lazo de alambre) a la entrada. Muévete y busca en tu casa fuentes de ruido de radio. Yo he descubierto que una tableta de dibujo para ordenador emite una señal intensa a unos 660 kHz; lo oí mientras probaba los receptores AM.

Con una antena también puedes buscar señales interesantes. El rango de frecuencias que puedes ver a la vez es mucho más amplio (cientos de megahercios) que lo que puede mostrar una RTL-SDR a la vez (unos pocos megahercios).

FÍSICA Y MATEMÁTICAS

Los osciladores, las resonancias y los espectros son fenómenos que aparecen en muchos objetos físicos, como los péndulos, las cuerdas que vibran en los instrumentos musicales y los tubos de los órganos. En la física, un modelo simple de sistemas de vibración es el **oscilador armónico**. Este modelo es útil para comprender los circuitos LC de las radios. Las ondas son importantes en muchos fenómenos, como el sonido, las olas en la superficie del agua o la función de onda que describe las partículas en la mecánica cuántica. En este libro, las ondas más importantes son las del espectro electromagnético, incluida la luz visible, los rayos X y, por supuesto, las ondas de radio.

Un punto en el que las matemáticas son útiles para la radio es en la descripción, el análisis y el tratamiento de señales. Algunos conceptos útiles son la **trigonometría** (para la función seno) y los **logaritmos** (para la unidad de decibelios). Otros temas más avanzados incluyen los **números complejos** y el **análisis de Fourier** (para describir cómo una señal puede descomponerse en ondas sinusoidales de distintas frecuencias).

El procesamiento matemático de señales en un ordenador, denominado **procesamiento digital de señales**, es lo que permite la radio definida por software.

Cuantos más conocimientos técnicos adquieras, mejor equipado estarás para comprender y explorar el fascinante tema de la radio.

MICROCONTROLADOR PARA COMUNICACIÓN INALÁMBRICA DE DATOS

En el Experimento 9 conociste los mandos a distancia en la frecuencia de 433 MHz. Si quieres, por ejemplo, configurar una red de sensores inalámbricos y quieres transferir más de unos cuantos bytes de datos a la vez, o necesitas que los datos se transmitan de forma fiable, los módulos de control remoto se vuelven poco prácticos. Para esos casos, puedes explorar las siguientes opciones:

Wi-fi: muchos microcontroladores admiten wi-fi para redes inalámbricas. La Raspberry Pi Pico, recomendada en este libro, no lo hace, pero la **Raspberry Pi Pico W** sí. El wi-fi es rápido, pero bastante exigente con la potencia y su alcance es limitado (de unos 90 metros en condiciones ideales). No hace falta que sepas mucho de radio para utilizar wi-fi en un microcontrolador; es más una cuestión de redes informáticas y de programación de los chips de red en el módulo microcontrolador.

Otros módulos de radio: existen varios módulos de radio que pueden utilizarse con microcontroladores, por ejemplo, los basados en el chip CC1101. Son mucho más sofisticados que los módulos de control remoto, pero también más complicados de utilizar y programar. Estos módulos suelen utilizar rangos de frecuencia libres de licencia, como los módulos de control remoto del Experimento 9. En cuanto al software, un buen punto de partida es la biblioteca de Arduino RadioLib, que puedes encontrar en

github.com/jgromes/RadioLib.

En la documentación de esta biblioteca encontrarás una lista de módulos de radio compatibles.

LoRa, del inglés *long range*, que significa "largo alcance", es un estándar de comunicación específico (y patentado) para el que existen módulos dedicados, que prometen un largo alcance (kilómetros) con un bajo consumo de energía cuando la cantidad de datos a transmitir se limita a unos cuantos kilobytes por segundo o menos.

CONSTRUYE OTROS CIRCUITOS DE RADIO

Filtros, osciladores, amplificadores y mezcladores son los conceptos centrales de la construcción radiofónica. Casi cualquier circuito de radio los contiene como bloques de construcción, y los has visto todos en acción en los proyectos de este libro. He aquí un pequeño resumen y algo de terminología para estudios posteriores:

Los *filtros* permiten el paso de señales de algunas frecuencias, mientras que bloquean otras. Ya has visto *filtros de paso bajo* en los circuitos de audio del libro. Los circuitos de resonancia LC pueden actuar como *filtros paso banda* permitiendo solo señales cercanas a la frecuencia de resonancia. Los circuitos de resonancia del AMR1 y el AMR2 y el filtro del receptor de conversión directa del Experimento 12 son ejemplos de ello. En las radios, los filtros pueden construirse con resistores, condensadores e inductores, pero también hay componentes de filtro específicos, como los *resonadores cerámicos* y los *filtros SAW* (SAW significa "onda acústica superficial", del inglés *surface acoustic wave*). Especialmente para el audio, y otras señales de baja frecuencia, se pueden construir buenos filtros con *amplificadores operacionales*.

Un *amplificador* aumenta la amplitud de una señal. Se utilizan tanto en los receptores como en los transmisores y suelen estar construidos con transistores o circuitos integrados. Los receptores pueden contener una etapa amplificadora para realzar la débil señal de la antena antes de su posterior procesamiento y otro amplificador, que hace que la señal de audio final sea lo suficientemente fuerte como para activar un altavoz. En el Experimento 2 utilizamos ambos tipos de amplificadores. En los transmisores un amplificador puede aumentar la señal a la antena, como hizo el transistor en la versión final del AMT2B en el Experimento 6.

Un *oscilador* crea una señal a una frecuencia determinada. En los experimentos 1 y 2 utilizamos osciladores construidos sobre el chip temporizador 7555. Los experimentos 3 y 12 contenían un oscilador construido a partir de un transistor y un circuito de resonancia. En general, muchos osciladores pueden considerarse como un amplificador con retroalimentación positiva a través de un filtro.

En el Experimento 5 utilizamos la placa Pico como generador de frecuencia dividiendo la frecuencia del reloj para crear una frecuencia más baja, conocida con precisión. Una limitación de este enfoque es que no se pueden generar todas las frecuencias, solo fracciones enteras de la frecuencia de reloj de la placa Pico. Hay circuitos generadores de reloj que utilizan una técnica llamada *bucle de enganche de fase* para generar una frecuencia precisa y controlable. Uno de los más populares es el Si5351A, un chip tan pequeño que resulta difícil de manejar por sí solo, disponible en placas base de Adafruit. Es controlable con I2C, por lo que debería funcionar bien con la placa Pico (aunque para programarlo adecuadamente deberás investigar un poco). ¿Qué te parecería utilizar un generador de frecuencias de este tipo como oscilador local en el receptor de conversión directa del Experimento 12? Podríamos tener una frecuencia precisa y estable controlada por la placa Pico con lectura de frecuencia en una pantalla LCD. Tal vez un **codificador rotatorio** estaría bien como control de sintonización.

En las radios los **mezcladores** permiten pasar una señal de una frecuencia a otra. Ya vimos un diodo actuando como mezclador en el Experimento 12 y una puerta XOR desempeñando este papel en el Experimento 11. Hay otros tipos con propiedades diferentes: por ejemplo, los **mezcladores de diodos en anillo**, disponibles en paquetes parecidos a los de los circuitos integrados.

Otro enfoque que se ha hecho popular en los diseños de aficionados de las últimas décadas es utilizar un chip multiplexor analógico como mezclador, a menudo en un circuito llamado **detector de muestreo en cuadratura**. Este mezclador es perfecto para una radio definida por software, en la que la señal analógica se digitaliza después del mezclador y la demodulación y el procesamiento finales se realizan por software.

Una vez familiarizado con estos componentes para la construcción de radio, puedes buscar otros circuitos de radio que construir. Prueba con los libros

y páginas web que he mencionado en capítulos anteriores o en algunas de las revistas de radioaficionados mencionadas anteriormente. También puedes intentar montar un kit. Te recomiendo la serie SoftRock de radios definidas por software (una vez construí una, funcionaba y las instrucciones eran detalladas) disponibles en www.softrock.com, y he visto varios kits de QRP Labs que tienen buena pinta (pero que no he probado). Muchos de ellos utilizan el diseño de detector de muestreo en cuadratura. Estos proyectos son más avanzados que los de este libro y requieren soldadura; además algunos de ellos son transceptores para las bandas de aficionados y requieren una licencia de aficionado para funcionar, pero también hay opciones de sólo recepción.

Quiero darte un último consejo: no te compliques demasiado desde el principio intentando conseguir todas las funciones posibles en la radio que quieres construir. Empieza por lo sencillo y construye. ¡Buena suerte y disfruta!

APÉNDICES

APÉNDICE A: ESPECIFICACIONES DE LOS COMPONENTES

Este apéndice contiene información sobre los componentes utilizados en los experimentos del libro.

En el momento de escribir estas líneas, los kits están en preparación, pero aún no sé exactamente qué componentes los compondrán. Visita estos dos sitios y busca "Make:Radio":

- www.protechtrader.com
- www.makershed.com

También puedes encargar los componentes por tu cuenta, pero es probable que tengas que pedirlos en varios sitios, los cuales se incluyen en el Apéndice B.

La tabla enumera los componentes necesarios para cada experimento. La columna denominada "Mínimo" muestra el número mínimo de cada componente que necesitas para realizar los experimentos, suponiendo que desmontas uno antes de construir el siguiente, de modo que puedes reutilizar los componentes. La columna denominada "Total" muestra un conjunto recomendado de componentes para que puedas tener varios circuitos montados a la vez. En concreto, creo que los siguientes circuitos son divertidos juntos, y puedes conseguirlos con los componentes de la columna "Total":

- Experimentos 2 y 3: receptor AMR2 y transmisor AMT1
- Experimentos 2 y 6: receptor AMR2 y transmisor AMT2B Pico
- Experimentos 3 y 7: emisor AMT1 y contador de frecuencia
- Experimentos 7 y 11: contador de frecuencia y detector de metales
- Experimentos 3 y 10: emisor AMT1 y receptor regenerativo
- Experimentos 6 y 10: emisor AMT2B Pico y receptor regenerativo

En el Experimento 9, para construir simultáneamente el receptor y el transmisor del mando a distancia, se necesitan dos placas Pico, dos placas de pruebas y dos cables USB.

RESISTORES

Los resistores utilizados en este libro son del tipo común de ¼ vatio. Te recomiendo encarecidamente que utilices resistores con una tolerancia del 5 % porque su código de colores de cuatro bandas es fácil de leer: dos bandas para el dígito inicial, una banda para el número de ceros y la cuarta banda, de color dorado, para la tolerancia (consulta el Apéndice C para interpretar el código de colores.) Los resistores más precisos tienen un código de cinco bandas que es mucho más difícil de leer.

Los resistores son tan baratos que puede que te merezca la pena comprar cien de cada uno de los valores que aparecen en la tabla. También puedes plantearte comprar un juego de resistores, que suele contener 10 o 20 cada uno para un conjunto de valores comunes. Es probable que un juego de este tipo contenga todos los valores necesarios para este libro, pero compruébalo antes de comprarlo y asegúrate de que los resistores tienen una tolerancia del 5 %. Los juegos de resistores están disponibles en eBay, Amazon y muchas otras tiendas. Unas buenas palabras clave para buscar son "resistor de película de carbono" y "agujero pasante" (evitando así las variantes de resistores montados en superficie, que no caben en una placa de pruebas). Un resistor recomendable es el Yageo CFR-25JR-52-330R (el segmento en cursiva del número de producto indica la resistencia).

TRIMMERS

Lo ideal es que los trimmers (más propiamente conocidos como potenciómetros trimmer) tengan los pines rectos para que encajen bien en la placa de pruebas (la serie T7 de Vishay, las series 3306F, K, P y W de Bourns y las series 3362F, H, P y R de Bourns son algunos ejemplos). Si utilizas trimmers con pines doblados es posible que tengas que enderezarlos con unos alicates.

Los trimmers se utilizan como controles de volumen en varios experimentos. Necesitarás un destornillador para ajustarlos por lo que, si estás construyendo una versión permanente de un circuito, puedes sustituirlos por un *potenciómetro* de montaje en panel, que es eléctricamente equivalente a un trimmer, pero físicamente más grande, con un eje que puede equiparse con un control rotatorio. Si compras un potenciómetro de tamaño normal no esperes que quepa en una placa de pruebas.

Para controlar el volumen es preferible utilizar un *potenciómetro logarítmico*, ya que produce una variación uniforme del volumen en todo el rango de rotación. Sin embargo, para los experimentos en una placa de pruebas los potenciómetros trimmer comunes funcionan bien.

CONDENSADORES CERÁMICOS

Para comprar condensadores cerámicos, los dos aspectos principales a tener en cuenta son la claridad y legibilidad de las etiquetas y el *material dieléctrico*, que actúa como aislante. Los condensadores cerámicos suelen tener su valor marcado con un código de tres dígitos (consulta el Apéndice C). Sin embargo, en algunos condensadores las marcas son tan pequeñas que no pueden leerse a simple vista (deberás utilizar una lupa o la cámara de un smartphone).

Los condensadores cerámicos contienen placas metálicas pequeñas y finas separadas por un material dieléctrico cerámico. Existen varios tipos de materiales dieléctricos con propiedades diferentes. La elección es una relación entre precio, tamaño físico del condensador y estabilidad cuando cambian las condiciones.

Los materiales más baratos pueden tener un coeficiente de temperatura elevado, lo que significa que la capacitancia varía mucho con los cambios de temperatura. En algunos materiales dieléctricos la capacitancia puede cambiar aún más cuando se aplica una tensión. Cuando el condensador se utiliza para suavizar una fuente de alimentación, la exactitud en la capacitancia puede no importar mucho mientras sea lo suficientemente grande. Pero en los circuitos de radio, especialmente en los circuitos LC, los valores de los componentes pueden elegirse para proporcionar una frecuencia de resonancia exacta. Por ejemplo, en el Experimento 3 la frecuencia de transmisión se ajusta mediante un condensador cerámico y una bobina, y en el Experimento 12 la frecuencia de recepción se ajusta mediante un circuito formado por una bobina y varios condensadores en el oscilador local.

Creo que, para los experimentos de la placa de pruebas de este libro, puedes conseguir que los circuitos funcionen incluso con los condensadores más baratos. Ahora bien, si puedes elegir, intenta evitar los dieléctricos más inestables. Para ello, debes conocer algunos de los tipos de dieléctricos y sus códigos. Estos son los más comunes:

- C0G o NP0: muy estable; disponible para valores de hasta 1nF.
- X5R o X7R: moderadamente estable; buena elección para capacitancias superiores a 1nF.
- Y5V: la opción más barata y el material que permite el tamaño físico más pequeño, pero la capacitancia varía mucho con la temperatura (y a menudo con la tensión aplicada).

CONDENSADORES ELECTROLÍTICOS

Los circuitos del libro requieren tres tipos de condensadores electrolíticos. Deben ser "pasantes" y "radiales" (a diferencia de los "axiales", en los que los dos conductores están unidos en los lados opuestos del cuerpo del condensador). Estos condensadores tienen una tensión nominal máxima. 16 V es un máximo suficiente para los circuitos del libro; los modelos de mayor tensión funcionan, pero suelen ser más grandes y caros.

INDUCTORES

En la lista de componentes se especifican inductores con tres valores de inductancia diferentes. El tipo recomendado se parece a un resistor y tiene un código de colores del mismo estilo, que indica la inductancia en microhenrios. Por ejemplo, te recomiendo los siguientes inductores de Bourns: 78F100J-RC (10 µH), 78F220J- RC (22 µH), 78F102J-RC (1000 µH).

BARRA DE FERRITA

La barra de ferrita utilizada en los experimentos tiene un diámetro de ⅖" (1 cm) y una longitud de 6-⅓" (16 cm). También se pueden utilizar barras más largas o cortas siempre que midan al menos 10 cm. Ten en cuenta que la ferrita es frágil, por lo que si el vendedor no la empaqueta bien puede romperse durante el transporte (y acabas teniendo el doble de barras de las que pediste, pero la mitad de largas). Si esto ocurre, puedes intentar que te devuelvan el dinero, pero da palo y lleva su tiempo. No he encontrado estas barras en las grandes tiendas de electrónica, por lo que es posible que, en este caso, tengas que confiar en sitios como eBay, Amazon o AliExpress. Haz una búsqueda por "barra de ferrita", "varilla de ferrita" o "loopstick". A mí me ha ido bien con An Ant Store en AliExpress.

CONDENSADOR VARIABLE

El condensador variable es otro componente que no se encuentra fácilmente entre las grandes tiendas de Estados Unidos. El tipo que necesitas es el 223P, que tiene secciones de 60 pF y 140 pF en la configuración de mayor capacidad, lo que da 200 pF en total. Asegúrate de que no compras el 223F, de aspecto similar, que tiene una capacitancia máxima mucho menor. Generalmente se incluye una rueda de sintonización de plástico con los condensadores variables y es casi imprescindible, pues si tienes que utilizar unos alicates para girar el eje de un condensador variable no te hará mucha gracia.

Puedes encontrar condensadores variables catalogados como condensadores de sintonización. Mientras el componente tenga el número de pieza 223P ya está bien.

BLOQUE DE CONEXIÓN

Necesitarás un bloque de conexión de tipo europeo con 12 pares de terminales espaciados ⁵⁄₁₆" (8 mm) (consulta la figura 1-25). Soy específico sobre el espaciado de los terminales porque el bloque necesita ajustarse a los conectores del condensador variable. Deberás cortar el bloque en secciones de tres, cuatro y cinco terminales, como se muestra en la figura 1-26.

SEMICONDUCTORES

Hay tres tipos de semiconductores que necesitarás para los experimentos:

- Diodo Schottky BAT48: no todos los diodos Schottky funcionan igual de bien, así que no lo sustituyas por otro. Está disponible con un cuerpo de cristal marrón rojizo, como los diodos pequeños normales, o con un cuerpo azul. Elegí los azules para poder distinguirlos más fácilmente de los diodos de silicio normales, pero cualquiera de los dos tipos sirve.
- Transistor NPN 2N3904: un transistor común y barato de uso general, NPN bipolar. De cualquier fabricante sirve.
- LED: necesitas al menos dos, uno rojo y otro de cualquier color, de 5 mm o 3 mm.

CIRCUITOS INTEGRADOS

Para todos los circuitos integrados siguientes necesitarás la versión con orificio pasante, que cabe en una placa de pruebas, y no una variante montada en superficie. El tipo de chips encapsulados que necesitas se denomina DIP o PDIP. Evita los tipos "SOIC", "SSOP" o "TSSOP", ya que son de montaje superficial. Estos son los que debes buscar:

- 7555 o ICL555: son versiones CMOS del chip temporizador 555. Necesitas dos de estas versiones.
- Amplificador de audio LM386: en el Experimento 10, los fabricados por Texas Instruments (antes National Semiconductor) parecen ser los que mejor funcionan. Existen tres versiones, LM386N-1, LM386N-3 y LM386N-4, y parecen funcionar igual de bien.
- Chip lógico 4030B o el 4070B con cuatro compuertas XOR de dos entradas: tienen cuatro puertas XOR con dos entradas cada una. El 4011B, con cuatro puertas NAND, también funciona.

INTERRUPTOR DESLIZANTE

Nuestros experimentos suelen utilizar un interruptor deslizante o SPDT (del inglés *single pole*, *double throw* o unipolar de doble tiro) como interruptor de potencia. El SS12D00 es una buena opción, pero cualquier conmutador funcionará siempre que la separación entre pines sea de 0,1" para que estos encajen en filas adyacentes de la placa de pruebas.

PULSADOR

Necesitarás un pulsador momentáneo, también conocido como interruptor táctil, como el SKRGAED010, el TE Connectivity FSM2JART, el Panasonic EVQ- PV205K o el Mountain Switch 101-TS7311T1601-EV. Deberá tener dos pines separados 0,2" para que quepan en la placa de pruebas.

ALTAVOZ

El altavoz debe tener un diámetro de 2" o 4" y una impedancia de 8 ohmios. El sonido será mucho mejor si se monta en algún tipo de caja (consulta el Experimento 1).

PLACA DE PRUEBAS

Podemos hablar de placa de pruebas o de placa de pruebas sin soldaduras. Necesitas una con 830 puntos de contacto y dos buses para la tensión de alimentación a cada lado de la placa. Un modelo habitual es el MB-102.

Te recomiendo que compres al menos dos para poder tener un transmisor y un receptor al mismo tiempo. Una placa de pruebas de tamaño medio (con unos 400 puntos de contacto) es suficiente para algunos de los circuitos, por ejemplo, los de los Experimentos 7 y 9. Ten en cuenta que, en algunas placas, los buses de alimentación se interrumpen en el centro de la misma. Si es así, las líneas roja y azul a lo largo de los buses de alimentación también se interrumpen en ese punto. Si tienes una de estas tienes que puentear los huecos en los buses de alimentación con jumpers.

CABLE DE CONEXIÓN

Para hacer jumpers para conectar las filas de la placa y cablear sus componentes necesitas un cable de conexión. El cable debe ser de núcleo sólido (no trenzado) y de un grosor AWG 22 (para que se ajuste bien a la placa). Necesitas cuatro colores, preferiblemente, rojo, verde, amarillo y azul o negro. Es muy práctico tener un juego de varios colores en las bobinas, pues te durará mucho tiempo. Para enrollar bobinas y fabricar antenas se necesita bastante más alambre. Quizás te resulte más fácil utilizar un cable más fino (hasta AWG 26), pero he descubierto que un AWG 22 también funciona muy bien. La cantidad total de cable utilizada en nuestros experimentos es de unos 32 metros, pero puedes reutilizarlo, así como empalmar trozos para las bobinas. Para las bobinas y antenas el color del cable no importa.

CABLES PARA JUMPERS

Para el montaje de placas de pruebas en general te recomiendo que cortes tus propios cables para el puente a partir de bobinas de cable de conexión (ver más arriba). Córtalos a la longitud adecuada para que queden planos sobre la placa; de lo contrario, será muy difícil ver si has cableado correctamente. Para la tarea específica de conectar el módulo LCD a la placa te recomiendo utilizar cables de jumper prefabricados. Necesitas cuatro cables con clavijas en cada extremo, de la misma longitud, unos 15 cm, y deben ser macho-hembra, o MF, para encajar en la placa y en los pines del módulo LCD. Lo ideal es que sean de color rojo, negro, verde y amarillo.

AURICULAR DE ALTA IMPEDANCIA

Los auriculares de alta impedancia se pueden utilizar en varios proyectos del libro y son esenciales para la radio del Experimento 1; en este caso, los auriculares normales de baja impedancia utilizados en los reproductores de música no funcionarán. Los auriculares de alta impedancia ya no son habituales, pero se siguen vendiendo, a menudo para radios de cristal (consulta la figura 1-34). Desgraciadamente, la calidad es cuestionable (ProTechTrader.com vende una versión con conexiones soldadas, que es más fiable, y se reconoce por tener cables negros en lugar de los habituales de color beige). Una alternativa más barata y segura, que también es más fácil de conseguir, es un zumbador piezoeléctrico pasivo.

En este caso, *pasivo* significa que el componente no genera sus propias formas de onda, sino que creará sonidos en función de la señal eléctrica que reciba, que es exactamente lo que nosotros necesitamos. Un auricular de alta impedancia contiene una membrana piezoeléctrica similar; la diferencia es que el auricular tiene una carcasa de plástico que se ajusta al oído.

MICROCONTROLADOR RASPBERRY PI PICO

El microcontrolador **Raspberry Pi Pico** se utiliza en los Experimentos 4 a 9. Los experimentos se han probado con un dispositivo de este tipo original. Hay muchas variantes con el mismo chip microcontrolador RP2040, pero no puedo garantizar que todas sean compatibles.

La Raspberry Pi Pico H tiene cabezales de pines soldados. Estos cabezales son necesarios para conectar la Pico a la placa de pruebas, así que compra el modelo H o prepárate para soldarlos tú mismo. No he probado la versión wi-fi (que tiene una W al final del nombre).

Si tienes dos placas Pico, puedes utilizar una para transmitir señales de control remoto, y otra para recibirlas. Si solo tienes una, deberás comprar un botón transmisor o un mando a distancia y utilizar la única Pico como receptor.

PANTALLA LCD

Las pantallas LCD con dos filas de 16 caracteres se denominan LCD 1602. Lo más importante es que necesitas una pantalla LCD con el controlador HD44780 (o compatible) y con una interfaz I2C, lo que hace posible controlar la pantalla usando solo cuatro cables desde la placa Pico. La funcionalidad

I2C se proporciona generalmente mediante una pequeña placa de circuito independiente montada en la parte posterior del módulo LCD. También hay módulos LCD similares que tienen la funcionalidad I2C sin la placa adicional montada en la parte posterior. Busca "Pantalla LCD 1602 con I2C". Si por casualidad tienes un módulo LCD más grande con el mismo controlador HD44780 e I2C, probablemente funcionará (y, si quieres, puedes adaptar los sketches del libro para usar toda el área de la pantalla).

MÓDULO RECEPTOR FM SI4703

Utiliza un SparkFun WRL-12938 o una copia siempre que uses el chip receptor FM Si4703. Si no tienes equipo de soldadura o no quieres soldar compra un módulo con los cabezales de pines ya soldados.

Hay dos versiones de este módulo con los pines de alimentación positiva y negativa en posiciones diferentes, así que comprueba las marcas de la placa de circuitos para ver el cableado correcto.

MÓDULOS DE CONTROL REMOTO 433 MHZ

Te recomiendo el juego de módulos inalámbricos WPI469 433MHz (compuesto por un transmisor y un receptor; consulta las figuras 9-2 y 9-3). Se vende bajo las marcas Whadda, Velleman y Pimoroni en tiendas como Jameco, RobotShop, AliExpress (busca "433 open-smart" y localiza una placa de circuito azul), eBay y Digikey. Presta atención a la frecuencia, ya que existe un módulo similar que utiliza una frecuencia de 315 MHz.

Estos módulos (o sus copias) son únicos porque tienen una antena convenientemente integrada como una señal en la placa de circuito. Si consigues otros módulos de control remoto es probable que funcionen en el experimento, pero tendrás que soldar una antena adecuadamente larga (consulta el Experimento 9 para más detalles.)

Ahora bien, hay un tipo de receptor de mando a distancia que debo desaconsejar: la variante más barata, a menudo denominada receptor supergeneratívo. Si se venden como un par, el transmisor en el par está marcado como FS1000A y las placas de circuito suelen ser de color verde. Este receptor es considerablemente menos sensible que todos los demás.

Si solo tienes una placa Pico necesitarás una de estas para el Experimento 9:

- Un mando a distancia que funcione a 433 MHz con uno o varios botones (consulta la figura 9-1.) Asegúrate de que admite el protocolo EV1527 o PT2262. Busca "433MHz EV1527" en eBay o Amazon.
- Un pulsador de timbre de 433 MHz compatible con los protocolos EV1527 o PT2662 (el dispositivo situado más a la izquierda en la figura 9-1 es un ejemplo).

RADIO LISTA DE COMPONENTES

Capítulo	1	2	3	4	5	6	7	8	9	10	11	12	
RESISTORES													
22		1										1	
100	1	2			1	1			1	1	2	2	
330	1	1							1			1	
1 K			3			3	1		1			1	
2.2 K	2	4					2					1	
4.7 K			2							1	1		
6.8 K		2											
10 K	2	4	1			2			1				
47 K		5										3	
TRIMMER													
10 K		1			1	1				1		1	
500 K	1												
CONDENSADOR CERÁMICO													
33 pF												3	
68 pF												1	
100 pF	1	1					1						
220 pF						1				1	1	1	
470 pF											4	1	
1 nF												3	
2.2 nF			1										
4.7 nF		1											
10 nF	3	8					1						
47 nF		1	1			1						1	
0.1 uF	1	4	1						2		1	2	
1 uF			1		1	1	1	1					
CONDENSADOR ELECTROLÍTICO													
10 uF		2	1			1				2		2	
100 uF	1	1							2	2	1		
470 uF		2						1				2	
INDUCTOR													
10 uH												2	
22 uH			1								1		
1000 uH										1			

Mínimo	Total	Observaciones
		Debe tener un 5 % de tolerancia y un código de color de 4 bandas
1	1	Ejemplo: Yageo CFR-25JR-52-22R
2	3	Ejemplo: Yageo CFR-25JR-52-100R
1	1	Ejemplo: Yageo CFR-25JR-52-330R
3	4	Ejemplo: Yageo CFR-25JR-52-1K
4	4	Ejemplo: Yageo CFR-25JR-52-2K2
2	2	Ejemplo: Yageo CFR-25JR-52-4K7
2	2	Ejemplo: Yageo CFR-25JR-52-6K8
4	6	Ejemplo: Yageo CFR-25JR-52-10K
5	5	Ejemplo: Yageo CFR-25JR-52-47K
		Debe ajustarse a la placa de pruebas
1	2	Ejemplo: Bourns 3362P-1-103
1	1	Ejemplo: Bourns 3362P-1-504
		Evita los de tipo Y5V (consulta el Apéndice A); elige los que tienen etiquetas grandes y legibles
3	3	
1	1	
1	1	
1	1	
4	4	
3	3	
1	1	
1	1	
8	8	
1	2	
4	5	
1	2	
2	3	Ejemplo: WCAP-ATG5 10uF 16V 20%
2	2	Ejemplo: WCAP-ATG5 100uF 16V 20%
2	2	Ejemplo: WCAP-ATG5 470uF 16V 20%
2	2	Ejemplo: Bourns 78F100J-TR-RC
1	1	Ejemplo: Bourns 78F220J-RC
1	1	Ejemplo: Bourns 78F102J-TR-RC

RADIO LISTA DE COMPONENTES

Capítulo	1	2	3	4	5	6	7	8	9	10	11	12	
IC													
7555	2	2					1						
LM386		1								1		1	
4030B/4070B/4011B											1		
MÓDULOS													
Raspberry Pi Pico H				1	1	1	1	1	1(2)				
LCD				1	1	1	1	1					
Placa FM SparkFun WRL-12938 Si4703								1					
Par remoto de 433 MHz									1				
Botón o mando a distancia de 433 MHz*									1				
SEMICONDUCTORES													
BAT48	1			2	2	2	4	2			1		
LED rojo**		1							2				
2N3904		3	1			1			1		1		
MISC													
Interruptor deslizante SPDT	1	1								1	1	1	
Pulsador				1	1	1	1	3	6				
Pila 9 V	1	1	1							1	1	1	
Barra de ferrita	1	1								1	[1]		
Cond. de sintonización	1	1	1							1		2	
Altavoz	1	1						1	1			1	
Cable de audio		1				1		1					
Adaptador de audio		1				1		1		1	1	1	
Placa de pruebas	1	1	1	1	1	1	1	1	1(2)	1	1	1	
Micro USB				1	1	1	1	1	1(2)				
Jumper MF				4	4	4	4	4					
Auricular de alta impedancia	1												
Bloque de conexión tipo Euro	1	1	1							1		1	
Conector de pila de 9 V	1	1	1							1	1	1	
Cable de calibre 22													
Cable de calibre 22	40										13		
Cable de calibre 26	6	15				30							

* El Experimento 9 necesita un pulsador o un mando a distancia de 433 MHz (protocolo EV1527 o PT2262) o dos placas Pico y dos placas de pruebas. ** Un LED tiene que ser rojo. El otro puede ser de cualquier color.

Mínimo	Total	Observaciones
2	2	Debe ser CMOS; no sustituyas el componente TTL
1	1	Preferiblemente National Semiconductor o Texas Instruments
1	1	
1	2	
1	1	1602 con I2C
1	1	
1	1	WPI469 o copia de Open-SMART
1	1	Protocolo EV1527 o PT2262
4	4	Preferiblemente con el cuerpo azul para no mezclarlo con el 1N4148 común
2	2	
3	4	
1	1	Cables espaciados 0 1" para ajustarse a la placa de pruebas
6	6	Cables espaciados 0 2" para ajustarse a la placa de pruebas
1	2	
1	1	10 mm x 160 mm (0.4" x 6.3")
2	2	
1	1	
1	1	Con conectores 1/8"
1	1	Conector de audio de 1/8" a terminales de tornillo
1	2	
1	2	
4	4	
1	1	Puede sustituirse por un zumbador piezoeléctrico; consulta el Experimento 1 y el Apéndice A
1	1	Terminales espaciados 5/16" (8 mm); pueden estar descritos como tipo H, 3A
1	2	
Aprox. 1 m	Aprox. 1 m	En rojo, negro, amarillo y verde; núcleo sólido
12 m	12 m	Cualquier color; núcleo sólido
9 m	9 m	Cualquier color, para enrollar bobinas, núcleo sólido; también más grueso, hasta calibre 22

APÉNDICE B: DÓNDE CONSEGUIR KITS, HERRAMIENTAS Y COMPONENTES

KITS

ProTechTrader (www.protechtrader.com)

PROVEEDORES DE COMPONENTES

En Estados Unidos hay tres grandes proveedores de componentes profesionales que también venden al por menor: Mouser (www.mouser.com), DigiKey (www.digikey.com) y Newark (www.newark.com).

Estos son de confianza: obtendrás exactamente lo que pidas y los sitios web ofrecen una hoja de datos de cada componente para que puedas comprobar sus propiedades. Hay múltiples opciones, así que, por ejemplo, cuando compres un resistor de 10 K verás cientos de variantes de distintos fabricantes, montados o de superficie, etc. El inconveniente es que puede resultar difícil elegir. Debes aprender a utilizar los buscadores de las páginas web de las tiendas. Los proveedores venden la mayoría de los componentes en cantidades sueltas, pero a menudo ofrecen precios mucho más baratos si se compra al por mayor. Por ejemplo, no tiene mucho sentido comprar un único resistor; yo suelo comprar cien por cada valor que necesito. Los gastos de envío no son gratuitos (o puede haber un importe mínimo de pedido para el envío gratuito), así que intenta agrupar todo lo que puedas en un único pedido.

En Europa he tenido buenas experiencias con Mouser y Reichelt (www.reichelt.de).

EBAY Y ALIEXPRESS

Algunos componentes de este libro no pueden encontrarse en las grandes tiendas de componentes (en particular, los condensadores variables y la barra de ferrita; consulta el Apéndice A). Y a veces puedes encontrar mejores ofertas de proveedores online, que no son más que intermediarios de un gran número de vendedores diferentes. Los dos ejemplos más conocidos son probablemente eBay (www.ebay.com o sus variantes regionales) y AliExpress (www.aliexpress.com).

Según mi propia experiencia, los paquetes de AliExpress siempre llegan, normalmente en menos de dos semanas (aunque a veces puede ser mucho más). La calidad suele ser buena, pero puede ocurrir que no haya información detallada, como el número exacto del componente o una hoja de datos.

Por lo general, no recomiendo vendedores concretos, ya que mi experiencia con cada uno de ellos es limitada y no sé durante cuánto tiempo estarán operativos. Para las barras de ferrita (que son frágiles), sin embargo, mencioné An Ant Store en AliExpress, ya que las envían en paquetes bien acolchados.

Merece la pena comparar los precios sobre todo de estos componentes:
- Barras de ferrita
- Condensadores variables
- Módulos de radio FM
- Módulos transmisor y receptor de 433 MHz
- Pulsadores de timbre o transmisores de mando a distancia de 433 MHz
- Pantallas LCD I2C
- Placas de prueba (compra varias)
- Bloques de conexión tipo Euro
- Adaptadores de jack de audio a tornillo
- Pelacables (por ejemplo, YTH-5023)

TIENDAS PARA AFICIONADOS

Las tiendas para aficionados pueden ser un buen lugar para encontrar placas de pruebas, herramientas, cables de conexión y placas como la Raspberry Pi Pico y el receptor FM.

SparkFun (www.sparkfun.com) diseña y vende muchos módulos, como el módulo receptor FM que hemos utilizado en este libro.

Adafruit (www.adafruit.com) vende herramientas y módulos.

Si estás en Europa, Kiwi Electronics (www.kiwi-electronics.com) también es un buen recurso.

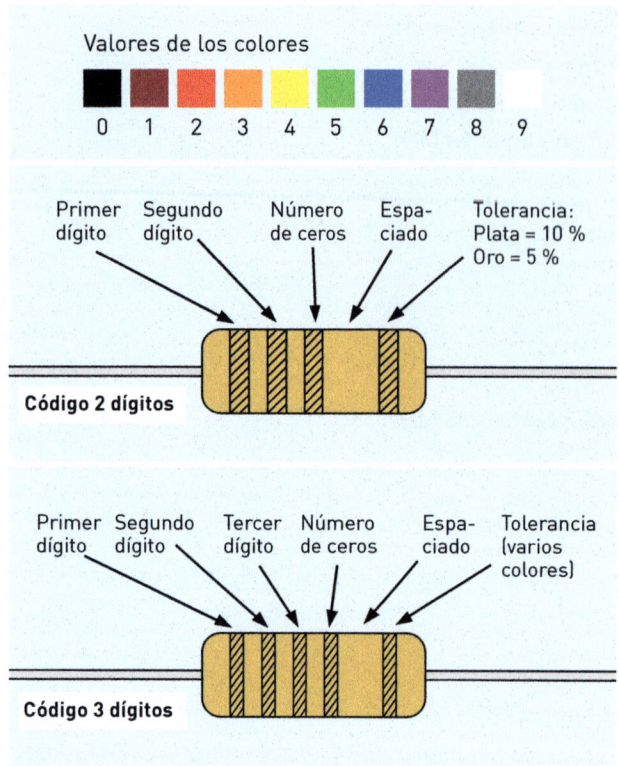

Valores de los colores

0 1 2 3 4 5 6 7 8 9

Primer dígito · Segundo dígito · Número de ceros · Espaciado · Tolerancia: Plata = 10 % Oro = 5 %

Código 2 dígitos

Primer dígito · Segundo dígito · Tercer dígito · Número de ceros · Espaciado · Tolerancia (varios colores)

Código 3 dígitos

C-1 *Código de color de un resistor.*

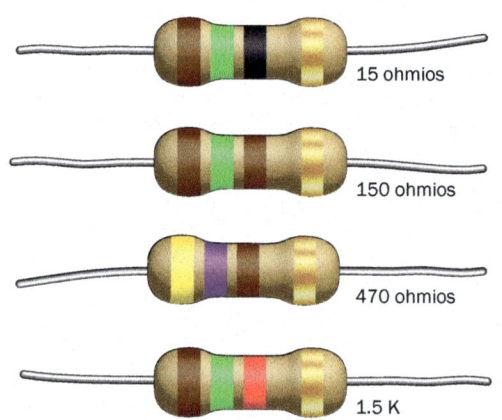

15 ohmios

150 ohmios

470 ohmios

1.5 K

C-2 *Ejemplos de códigos de color de los resistores.*

APÉNDICE C: MARCAS EN RESISTORES Y CONDENSADORES

Este apéndice explica cómo leer las marcas de los resistores y los condensadores.

RESISTORES

Los resistores utilizados en este libro están marcados con bandas de colores. Los colores son un código para describir el valor del resistor en ohmios y su tolerancia. El uso de bandas de colores permite leer el valor desde cualquier ángulo, incluso si el resistor está soldado a una placa de circuito.

Para construir un circuito hay que saber distinguir los resistores. Los esquemas de la placa de pruebas en todo este libro muestran los resistores con sus bandas de colores, lo que te ayudará a encontrar el componente correcto. Sin embargo, merece la pena que aprendas a descodificarlos tú mismo.

Los resistores suelen estar marcados con cuatro o cinco bandas de colores. La versión de cuatro bandas es más fácil de leer. Cada banda representa un dígito, como se muestra en la figura **C-1**. Para ayudarte a recordar los valores, observa que los colores del rojo (2) al violeta (7) aparecen como en el arco iris.

Este es el procedimiento: los resistores modernos de cuatro bandas casi siempre tienen una banda dorada, que denota una tolerancia del 5 %. Gira el resistor de modo que la banda dorada quede a la derecha y empieza a leer las bandas por la izquierda. Para traducir los dígitos a un valor de resistencia, toma los dos primeros dígitos seguidos del número de ceros que muestra el tercer dígito. Practica con los resistores de la figura **C-2**.

Los resistores de cinco bandas utilizan el mismo sistema, excepto que tienen tres bandas de dígitos y la cuarta banda da el número de ceros. La quinta banda indica la tolerancia y suele ser marrón (1 %). Esto hace que sea más difícil ver por dónde empezar a leer el código, aunque suele haber un espaciado mayor entre la banda de tolerancia y las demás. Te recomiendo encarecidamente conseguir resistores de cuatro bandas para poder practicar la lectura rápida.

En este libro utilizamos los siguientes resistores:

Secuencia de colores	Numeración	Resistencia
rojo rojo negro dorado	2-2-0-5 %	22
marrón negro marrón dorado	1-0-1-5 %	100
naranja naranja marrón dorado	3-3-1-5 %	330
marrón negro rojo dorado	1-0-2-5 %	1 K
rojo rojo rojo dorado	2-2-2-5 %	2.2 K
amarillo violeta rojo dorado	4-7-2-5 %	4.7 K
azul gris rojo dorado	6-8-2-5 %	6.8 K
marrón negro naranja dorado	1-0-3-5 %	10 K
amarillo violeta naranja dorado	4-7-3-5 %	47 K

La resistencia se mide en ohmios. En algunos libros se utiliza la letra griega Ω para representar esta unidad, pero muchos esquemas omiten el símbolo y yo, en este libro, sigo esa convención. Los resistores más grandes utilizan kilohmios (1000 ohmios) y megaohmios (1 000 000 de ohmios). En los esquemas, estas unidades se escriben como *K* y *M*. Así, *47 K* significa "47 000" ohmios. A veces, no en este libro, podrás ver *3K3* en lugar de *3,3 K*. Esto ahorra un carácter y evita depender de un punto decimal, que puede ser difícil de ver si el texto es pequeño.

Los resistores se fabrican con valores estándar denominados serie E. En este libro, he seleccionado los de la serie denominada E6, en la que los dos primeros dígitos del valor de la resistencia son 10, 15, 22, 33, 47 o 68. El uso de esta serie significa que hay un número limitado de códigos de color y, después de un tiempo, serás capaz de reconocerlos rápidamente sin consultar la tabla para cada banda de color individual. De todos modos, no está de más comprobar los valores con un multímetro para ir sobre seguro.

CONDENSADORES

La capacitancia se mide en faradios utilizando la letra *F*. Como un faradio es una unidad muy grande, los condensadores se miden en picofaradios (pF), nanofaradios (nF), microfaradios (µF) o milifaradios (mF):

- 1000 pF = 1 nF
- 1000 nF = 1 µF
- 1000 µF = 1 mF
- 1000 mF = 1 F

(El milifaradio no se suele utilizar mucho).

Este libro utiliza dos tipos de condensadores: condensadores electrolíticos para valores superiores a 1 µF y condensadores cerámicos para 1 µF e inferiores.

Los condensadores electrolíticos están claramente marcados con la capacitancia en µF y una tensión máxima. Estos condensadores están polarizados: tienen un cable positivo y otro negativo y deben conectarse de la forma correcta. El cable negativo es más corto y está marcado con una raya o un signo menos en el cuerpo del condensador. En los esquemas, los condensadores electrolíticos tienen un signo más que marca la placa positiva (para recordarte que es sensible a la polaridad) y la placa negativa está curvada.

Los condensadores cerámicos son físicamente bastante pequeños, por lo que el espacio para las marcas es limitado. Suelen estar marcados con un código compacto, normalmente de solo tres dígitos, los cuales dan la capacitancia en picofaradios. Al igual que en el código de colores de los resistores, los dos primeros dígitos representan los primeros dígitos de la capacitancia y el tercero indica el número de ceros.

Este libro utiliza los siguientes valores de condensadores cerámicos:

Código de capacitancia	Valor de capacitancia
330	33 pF
680	68 pF
101	100 pF

Código de capacitancia	Valor de capacitancia
221	220 pF
471	470 pF
102	1000 pF = 1 nF
222	2200 pF = 2.2 nF
472	4700 pF = 4.7 nF
103	10 000 pF = 10 nF
473	47 000 pF = 47 nF
104	100 000 pF = 0.1 µF
105	1 000 000 pF = 1 µF

Fíjate especialmente en las dos primeras filas, donde el cero final puede confundir: 330 significa 33 pF (es decir, sin ceros) y no 330 pF.

INDUCTORES

En algunos experimentos has fabricado tú mismo los inductores enrollando un cable de conexión en una barra de ferrita o en un objeto no magnético. También puedes comprar inductores ya hechos como componentes, como para los Experimentos 3, 10, 11 y 12. Los que sugiero parecen resistores y utilizan el mismo código de colores (de cuatro bandas) para el valor de inductancia en µH. La inductancia se mide en henrios, abreviado H. Al igual que el faradio, un henrio es una gran cantidad de inductancia, por lo que los inductores prácticos tienen valores en microhenrios (µH) o milihenrios (mH). En este libro se utilizan los siguientes inductores:

Secuencia de colores	Numeración	Resistencia
marrón negro negro dorado	1-0-0-5 %	10 µH
rojo rojo negro dorado	2-2-0-5 %	22 µH
marrón negro rojo dorado	1-0-2-5 %	1000 µH = 1 mH

APÉNDICE D: CONOCER LOS OSCILOSCOPIOS

Este apéndice final explica las características fundamentales de un *osciloscopio*, que puede ser una herramienta muy valiosa para cualquier persona interesada en la electrónica.

Este dispositivo se utiliza sobre todo para mostrar una imagen gráfica de una tensión que puede cambiar rápidamente dentro de un circuito. Un multímetro no puede mostrar cambios rápidos porque requiere un momento para "asentarse" cuando se mide una tensión continua. El multímetro dispone de un ajuste CA, que indica el valor de una tensión alterna, pero solo si la tensión fluctúa de forma regular y repetida dentro de un rango limitado de frecuencias. Por ejemplo, un Fluke 179 se considera un medidor de gama alta, pero no puede medir frecuencias superiores a 10 kHz. Otros medidores tienen limitaciones similares; un osciloscopio no.

¿En qué situaciones concretas podemos utilizar un osciloscopio? Aquí tienes algunos ejemplos:

- Para ver la forma de una señal oscilante. El osciloscopio mostrará si se trata de una onda cuadrada, una onda triangular, una onda sinusoidal, una onda de audio u otra cosa.
- Para ver si una fuente de alimentación de CC suministra una tensión constante, no tiene fluctuaciones y sigue siendo precisa con distintas cargas.
- Para ver si la salida de un componente contiene un pico de tensión transitorio.
- Para ver fenómenos que cambian rápidamente, como la corriente de desplazamiento a través de un condensador, cuando la tensión sube o baja repentinamente.

Una pantalla de osciloscopio es como la imagen de una resonancia magnética que revela el interior del cuerpo humano, salvo que la pantalla muestra el funcionamiento interno de un circuito. Sin embargo, hay algunas cosas que un osciloscopio no puede hacer; en concreto, no puede medir la corriente, la resistencia ni la capacitancia.

TIPOS DE OSCILOSCOPIOS

Hace décadas, todos los osciloscopios eran dispositivos *analógicos* muy caros y pesados que utilizaban tubos de rayos catódicos monocromos para su visualización. No pienses que podrías ahorrar algo de dinero comprando uno de estos viejos ejemplares de segunda mano, pues su rendimiento será inferior al de los equipos modernos que tienen un precio bastante modesto.

Un osciloscopio *digital* convierte una entrada de tensión variable en muestras digitales y las muestra como patrones de píxeles en una pantalla LCD. Los osciloscopios digitales son dispositivos de sobremesa o portátiles. La figura **D-1** muestra un dispositivo portátil de muy bajo coste, la figura **D-2** muestra un modelo de sobremesa, y la figura **D-3** una versión en tableta con pantalla táctil. También puedes comprar un multímetro que tenga una gama limitada de funciones de osciloscopio, como el ejemplo de la figura **D-4**.

En todos estos ejemplos la pantalla tiene una resolución limitada. La mayoría permite conectar la salida a un ordenador con un cable USB para mostrar imágenes más detalladas, aunque para ello quizás es mejor que ahorres para hacerte con un *USB* (también conocido como *osciloscopio para PC*). Este no tiene su propia pantalla, consta solo de una pequeña caja de plástico, como la de la figura **D-5**, con puertos para cables de entrada y una salida USB. El software suministrado por el fabricante del osciloscopio se ejecuta en el ordenador, interpreta la señal y la muestra en la pantalla. De este modo, el osciloscopio no se ocupa de mantener la pantalla, lo que reduce su coste a la vez que genera una imagen de una alta resolución relativa.

Si estás aprendiendo electrónica, lo mejor es un osciloscopio USB. En este caso, te sugiero encarecidamente que lo tengas en cuenta. El PicoScope 2204A está disponible actualmente por menos de 200 dólares en Estados Unidos (y de segunda mano en eBay), yo lo he utilizado para generar todas las lecturas de osciloscopio que se muestran en este libro. Otros visores USB, de fabricantes como Hantek, funcionan de forma muy parecida y pueden costar un poco menos, aunque les faltan algunas funciones.

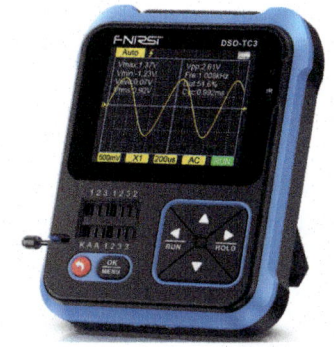

D-1 *El FNIRSI DSO-TC3 es un osciloscopio a muy buen precio y pequeño con características limitadas.*

D-2 *El Hantek DSO2C10 es un conocido osciloscopio de escritorio.*

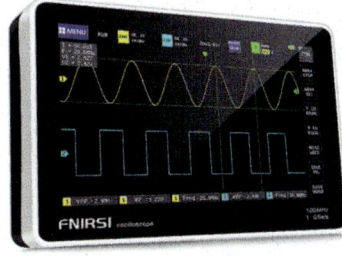

D-3 *El FNIRSI 1013D Plus es un osciloscopio digital bastante económico del tamaño de una tableta con pantalla táctil.*

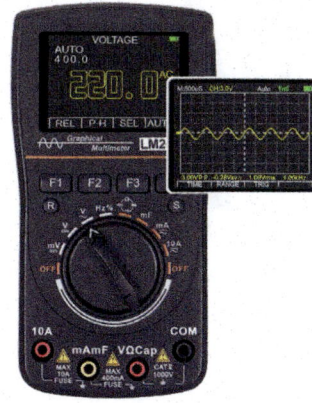

D-4 *El Liumy LM2020 es un multímetro que con algunas funciones de osciloscopio integradas.*

D-5 *El PicoScope 2204A tiene un precio muy modesto pero ofrece un conjunto completo de funciones en software. Dos sondas se conectan a las tomas coaxiales de este extremo de la caja, mientras que en el extremo opuesto hay un puerto USB.*

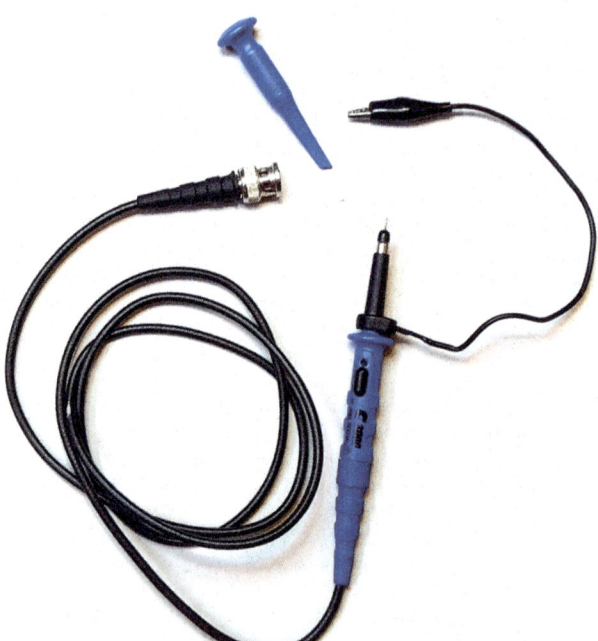

D-6 *Sonda de osciloscopio. La pinza de cocodrilo se conecta a cualquier cable de tierra del circuito.*

Dado que un osciloscopio USB tiene que funcionar con un ordenador, quizás te preguntes cómo va a satisfacer ese requisito. ¿Qué potencia debe tener el ordenador? ¿Y si tu ordenador no está cerca del banco de electrónica?

Una opción es comprar un portátil de segunda mano lo más barato posible que puedas tener permanentemente en tu mesa de trabajo, donde también podrás utilizarlo para tareas como escribir sketches para el microcontrolador Pico (ten en cuenta que el PicoScope no está fabricado por la misma empresa que el microcontrolador Pico. En ambos casos, el término pico se basa en la palabra en español que significa "pequeño"). Casi cualquier portátil capaz de ejecutar al menos Windows 10 funcionará y, si prefieres un Mac, asegúrate de que la versión de macOS que utilizas es compatible con el software del osciloscopio.

Si eres ahorrador y te gusta ir de tiendas, podrías encontrar un portátil y un osciloscopio USB de segunda mano por menos de lo que cuesta un osciloscopio de sobremesa nuevo, y la pantalla tendrá mayor resolución.

CONFIGURACIÓN

Debes distinguir con claridad entre el hardware de un osciloscopio USB y el software que se ejecuta en el ordenador para renderizar la imagen. Las instrucciones para el hardware serán muy pocas, ya que solo hay que conectar los cables de prueba (normalmente dos de ellos, como el que se muestra en la figura **D-6**) y un cable USB al ordenador. El osciloscopio suele alimentarse a través de la conexión USB, por lo que es posible que no disponga de una fuente de alimentación independiente. Quizás debas utilizar un cable USB propio para conectar el osciloscopio con el ordenador, pero suele ser el mismo que el de una impresora.

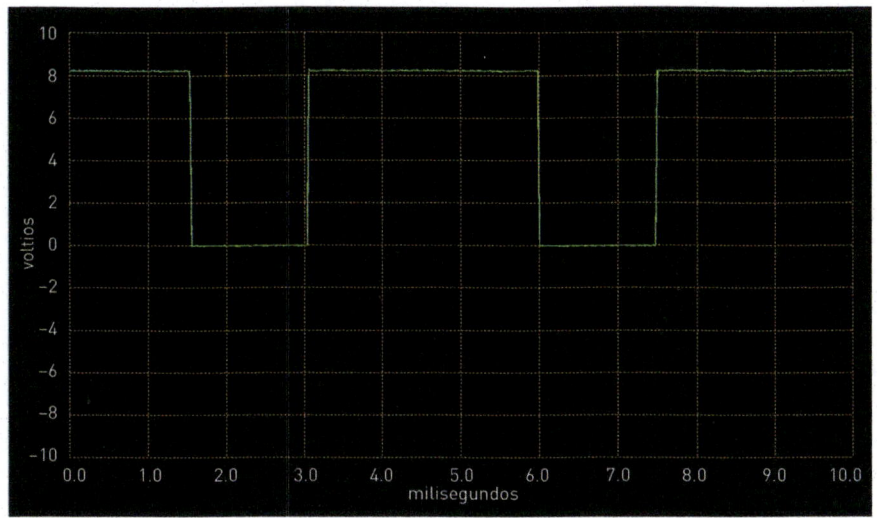

D-7 *Visualización de la salida de un temporizador 555 funcionando en modo astable.*

El software puede tener su propio manual independiente para descargar. Ten en cuenta que un fabricante puede utilizar el mismo software para varias versiones diferentes del hardware. Por ejemplo, la versión 6 del software PicoScope funcionará con casi todos los modelos PicoScope, incluidas las series 2000, 3000, 4000, 5000 y 6000..

CONCEPTOS BÁSICOS

Cuando el software del osciloscopio se está ejecutando en el ordenador, puedes utilizar cualquiera de las sondas para medir la tensión en cualquier punto de un circuito. Cada sonda tiene un cable de tierra conectado, que debe conectar con la masa negativa del circuito, aunque hay osciloscopios que muestran una señal si la conexión no es correcta.

La tensión máxima que puede medir un osciloscopio USB de bajo coste suele ser de +/-20 V. Las sondas tienen una resistencia tan alta que protegerán al osciloscopio de tensiones fuera de ese rango. La resistencia también se ocupa de que las sondas interfieran lo menos posible con el funcionamiento del circuito.

La figura **D-7** muestra una onda cuadrada generada en el pin de salida de un chip temporizador 555 (no un 7555; esta es la versión antigua y original del chip). La línea horizontal en la parte inferior de la imagen muestra el tiempo en milisegundos, mientras que la línea vertical a la izquierda de la imagen muestra los voltios. El gráfico se lee de izquierda a derecha.

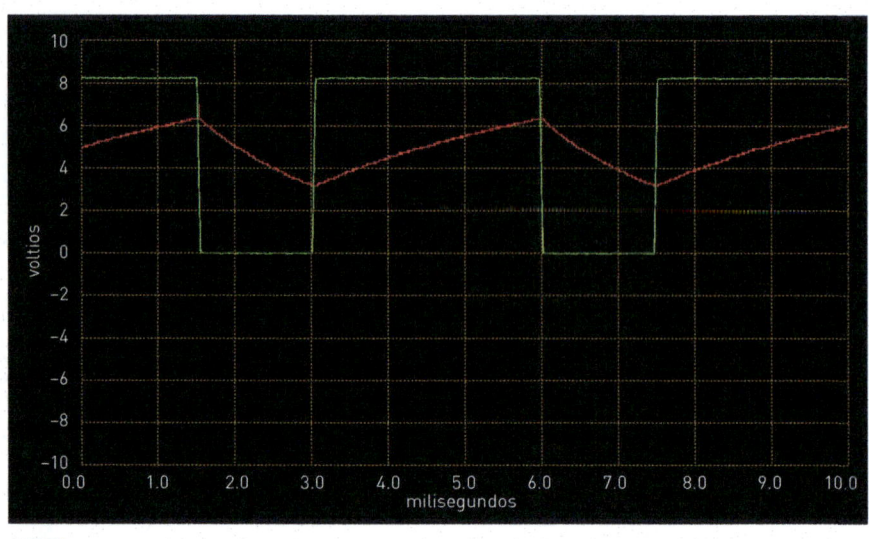

D-8 *La carga y descarga del condensador de temporización que controla un temporizador 555 se ha añadido en rojo.*

Puedes cambiar las escalas para que coincidan con el rango de tensión y la frecuencia de la señal, o puedes utilizar el osciloscopio en modo automático para que elija las escalas por usted. Como el 555 crea una señal que se repite con regularidad, puedes decirle al osciloscopio que la vuelva a muestrear automáticamente a intervalos para revelar cualquier cambio inesperado. También puedes decirle al osciloscopio que tome una instantánea por ti y la guarde. Otra opción es establecer un punto de disparo para que, cuando la tensión suba o baje más allá de ese punto, se capte automáticamente una instantánea.

En la figura **D-8** se ha conectado la segunda sonda del osciloscopio al pin 6 del temporizador 555, que está conectado con un condensador de temporización. Así puedes ver cómo varía la tensión en el condensador mientras se activa y desactiva la salida de onda cuadrada.

Cada sonda genera una línea gráfica de diferente color en la pantalla y las opciones de configuración del software permiten cambiar esos colores si así lo deseas. También puedes cambiar el aspecto de la pantalla: el color de fondo, las líneas de la cuadrícula y otras características.

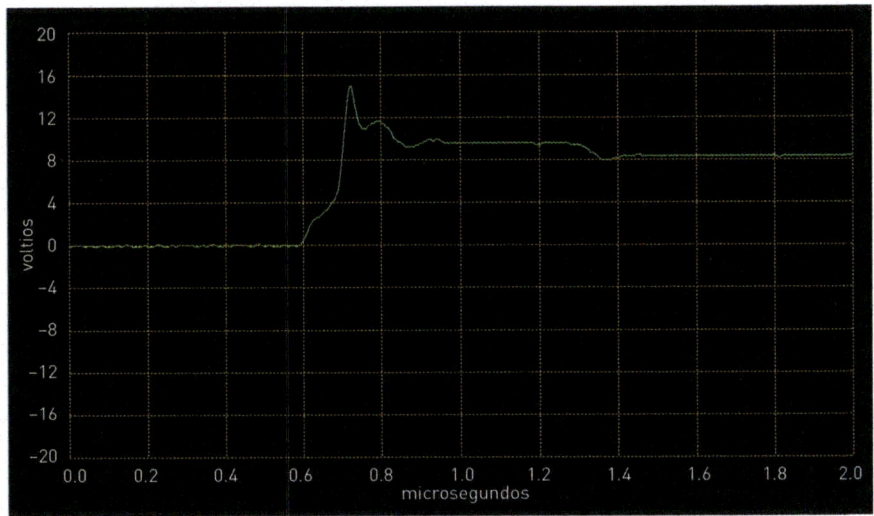

D-9 *Cuando la salida del temporizador se ve en microsegundos se revelan sus imperfecciones.*

Ahora, supongamos que cambias la escala de la pantalla para hacer zoom en la señal, como en la figura **D-9**. El eje vertical se ha duplicado, mientras que el tiempo transcurrido representado por cada intervalo en el eje horizontal se ha reducido en un factor de 5000.

Tal vez hayas leído alguna vez que un temporizador 555 genera picos de tensión; pues bien, ahora puedes comprobarlo por ti mismo. La salida del 555, que parecía una onda cuadrada nítida y bonita, llega a alcanzar casi 15 V antes de aplanarse gradualmente. Aunque la perturbación es breve, puede confundir a otros componentes del circuito (por eso en este libro hemos utilizado temporizadores 7555, porque tienen un rendimiento mucho más estable).

TERMINOLOGÍA

La línea del gráfico en la pantalla se conoce como **forma de onda** o **señal**. La escala horizontal se conoce como **eje x**, mientras que la escala vertical se conoce como **eje y**. El eje x suele mostrar el **tiempo de recogida** y el eje y muestra el **rango de entrada** en voltios o fracciones de voltio.

El software identifica ambas sondas como **Canal A** y **Canal B**. En algún lugar de la pantalla aparecerá la frecuencia de señal de oscilación, si las oscilaciones se producen a intervalos regulares. ¿Qué frecuencia puede medir un osciloscopio? Como mínimo 10 MHz. Para asegurarte de ello puedes ajustar la **tasa de muestreo**, que en general debe ser al menos cinco veces la frecuencia.

Podrás guardar varias instantáneas en un formato gráfico como JPEG, PNG o BMP. La opción más deseable es probablemente PNG, ya que crea un archivo pequeño pero sin pérdidas, por lo que no habrá defectos visuales. También puedes guardar los valores matemáticos que generaron una forma de onda, de modo que puedas volver a cargarla en el software para analizarla más tarde. Y debería ofrecerte una opción tipo .csv para guardar los datos en un formato que pueda abrir un programa de hojas de cálculo.

Ya has visto lo potente y versátil que es un osciloscopio comparado con un humilde multímetro. Aquí solo he resumido algunas funciones básicas; el manual del software de cualquier osciloscopio USB que compres debería describir una gran cantidad de funciones que te ayudarán a capturar y analizar datos.

La radio se compone de señales que suelen cambiar rápidamente. Te harás una idea mucho más clara de lo que está ocurriendo si las visualizas con un osciloscopio.

ÍNDICE

3V3OUT 84

AGRADECIMIENTOS

Gracias a todos los que han contribuido en este libro.

A Charles Platt, además de por dibujar las figuras y escribir el prólogo, por ayudarme en todo el proyecto y a estructurar el libro para el aprendizaje por temas.

A la correctora Sophia Smith, con su agudo ojo para los detalles, por ayudarme a mantener la coherencia y corrección del libro, tanto en cuanto al lenguaje como a la terminología.

A la diseñadora Juliann Brown, por ocuparse de la maquetación y desarrollar el aspecto claro y atractivo del libro creando una obra acabada mucho más bonita de lo que podía imaginar mientras la escribía.

Al editor Kevin Toyama, por encargarse del proceso de producción del libro y ayudarme pacientemente a llevarlo hasta la línea de meta. Durante todo el proceso me ha ofrecido su valioso apoyo y entusiasmo, ayudando a que los experimentos fueran accesibles, probando él mismo algunos de los circuitos y compartiendo su experiencia.

He aprendido mucho trabajando con todos vosotros, y habéis convertido este proyecto en un libro mucho mejor de lo que me esperaba.

A Andrea Klettke, Bernardo Dias, Ludovica Guarneri, Mark Botham, Thomas Bauer, Tom Hoekstra y Vincent Mondamert, por ayudarnos mucho en las pruebas de construcción y en la mejora de las instrucciones. Ha sido muy instructivo y divertido construir juntos y ver cómo los proyectos de este libro cobraban vida. Por último, agradezco a Johanna Grönqvist la organización de las pruebas de construcción y su apoyo durante todo el proyecto.

LOS AUTORES

Minnie Middelberg, CWI

FREDRIK JANSSON es aficionado a la electrónica y a la radio. Trabaja como investigador sobre la física de las nubes en la Universidad Tecnológica de Delft y desarrolla modelos meteorológicos que se ejecutan en superordenadores. Es doctor en Física por la Universidad de Åbo Akademi (Finlandia) y vive en Ámsterdam.

CHARLES PLATT es redactor y columnista habitual de la revista *Make:*, donde escribe sobre electrónica y herramientas. Platt fue redactor jefe de la revista *Wired*, ha escrito varios libros de informática y le fascina la electrónica desde que, a los 15 años, montó un contestador telefónico con un magnetófono y relés sobrantes de material militar. Vive en una área silvestre del norte de Arizona, donde tiene su propio taller para la fabricación de prototipos y los proyectos sobre los que escribe para la revista *Make:*.

Marcombo es una editorial especializada en libros técnicos y científicos que cuenta con más de 75 años de experiencia.

Los títulos de Marcombo están escritos por grandes especialistas y tratan materias sobre tecnología, empresa, instalaciones y otros temas relacionados con las ciencias e ingenierías. Asimismo, Marcombo publica libros sobre formación profesional, certificados de profesionalidad y universitaríos; materias de siempre y actuales que avalan una rigurosa y dilatada trayectoria editorial.

Marcombo está a su disposición para ofrecerle las mejores obras técnicas, científicas y de formación de ayer, hoy y siempre. Los autores, nacionales e internacionales, comparten su amplia experiencia mostrando tutoriales de contenidos paso a paso, expertos consejos e ideas motivadoras que reforzarán sus conocimientos. Estos libros son una valiosa herramienta con la que potenciará notablemente sus habilidades y conocimientos técnicos.

Queremos agradecer su confianza en los libros de Marcombo. Por eso, queremos compartir con usted diversos regalos digitales de algunos de los temas de referencia. Puede acceder a ellos dentro del apartado **Contenido gratuito** en www.marcombo.com